# 氢能技术

## 制备、储运与应用

崔胜民 编

U0243804

化学工业出版社

·北京·

## 内容简介

本书全面系统地介绍了氢能产业链上游所涉及的氢能制取技术、氢能产业链中游所涉及的氢能储运技术、氢能产业链下游所涉及的氢能应用技术等，既包括常识性的知识，也包括前沿科学技术，可以满足不同读者的需求。本书内容新颖，条理清晰，通俗易懂，实用性强。

本书可供从事氢能相关行业的工程技术人员及相关专业的本科生、研究生参考，也可供氢能爱好者阅读。

**图书在版编目（CIP）数据**

氢能技术：制备、储运与应用 / 崔胜民编. —北京：
化学工业出版社，2024.5
ISBN 978-7-122-44699-2

Ⅰ.①氢… Ⅱ.①崔… Ⅲ.①氢能 Ⅳ.① TK91

中国国家版本馆 CIP 数据核字（2024）第 063048 号

---

责任编辑：陈景薇　　　　　　　　　　文字编辑：冯国庆
责任校对：李　爽　　　　　　　　　　装帧设计：张　辉

---

出版发行：化学工业出版社
　　　　　（北京市东城区青年湖南街13号　邮政编码100011）
印　　装：大厂聚鑫印刷有限责任公司
787mm×1092mm　1/16　印张13¾　字数341千字
2024年6月北京第 1 版第 1 次印刷

---

购书咨询：010-64518888　　　　　　　售后服务：010-64518899
网　　址：http://www.cip.com.cn
凡购买本书，如有缺损质量问题，本社销售中心负责调换。

---

定　　价：89.00元　　　　　　　　　　版权所有　违者必究

# 前言 — PREFACE

2022年3月23日，国家发展和改革委员会、国家能源局联合印发《氢能产业发展中长期规划（2021～2035年）》，明确了氢的能源属性。氢能是未来国家能源体系的组成部分，是用能终端实现绿色低碳转型的重要载体，是战略性新兴产业和未来产业重点发展方向。该规划制定了我国氢能产业阶段性发展目标，并首次系统性提出了氢能在交通领域以外的多个规模化应用场景的发展规划，包括储能、发电与工业。其中还提到，到2025年要基本掌握氢能产业链相关的核心技术和制造工艺。氢能产业链涉及氢能制取技术、氢能储运技术和氢能应用技术。

本书全面系统地介绍了氢能技术。全书共分四章：第一章介绍了氢气的基本性质、氢能的分类、燃料氢气的技术指标、氢气的提纯方法、氢系统的安全性、氢能产业链、氢能的发展及政策；第二章介绍了煤制氢、天然气制氢、甲醇制氢、石油制氢、工业副产氢、电解水制氢、可再生能源制氢、其他制氢方式以及制氢产业发展实施路径；第三章介绍了高压气态储氢、液态储氢、固态储氢、车载储氢系统、氢气输送方式、氢气输送设备及运输成本以及氢能储运产业发展实施路径；第四章介绍了氢能在工业领域、建筑领域、电力领域和交通领域的应用以及质子交换膜燃料电池、加氢站和氢能应用产业发展实施路径。本书涉及的内容既有氢能产业链的基础知识，也有氢能产业链的前沿技术和未来发展方向，是一本非常实用的氢能技术书籍。

由于编者学识有限，书中不足之处在所难免，恳盼读者给予指正。

编者

# 目录—CONTENTS

# 第一章

## 绪论

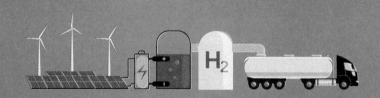

氢能在地球上主要以化合态的形式出现，即氢能是通过氢气和氧气进行化学反应释放出的能量，是一种二次清洁能源，被誉为"21世纪终极能源"，也是在碳达峰与碳中和的大背景下，加速开发利用的一种清洁能源。氢能产业虽然处在发展初期，但在"双碳"大背景下，新能源蓬勃发展，氢能作为一种来源丰富、绿色低碳的二次能源，且在多个领域应用广泛，再加上国家政策倾力支持，以及一大批央企带头布局氢能产业链，氢能将进入高速发展阶段。要想产生氢能，必须先制取氢气。氢气是纯净物，是氢能的载体。

# 第一节　氢气的基本性质

本节主要介绍氢气的基本性质，包括物理性质、化学性质和主要特性。

## 一、氢气的物理性质

物理性质是指物质在不发生化学反应的情况下所表现出来的各种性质。氢气具有以下物理性质。

① 氢（H）位于元素周期表之首，它的原子序数为1。

② 氢气的化学式为 $H_2$，分子量为2.01588，常温常压下，是一种极易燃烧的气体，也是无色透明、无臭、无毒、无味且难溶于水的气体。

③ 氢是宇宙中最丰富的元素，构成了宇宙质量的75%。在地球的自然界中，氢主要以化合物的形态存在，如储存于水（$H_2O$）、甲烷（$CH_4$）、丙烷（$C_3H_8$）、氨（$NH_3$）中，在空气中也含有很少的氢气（$H_2$）。

④ 氢气是世界上已知密度最小的气体，氢气的密度只有空气的1/14，即在1个标准大气压（101325Pa）和0℃时，氢气的密度为0.0899g/L（$kg/m^3$）。由于氢气的密度太小，地球上的氢气逐渐在大气中上升，最后逐渐向宇宙中挥发。

⑤ 氢气是非常难液化的气体，氢气在约101kPa、-253℃（沸点）时能变成无色的液体，液体氢具有超导（电阻降为零）性质；在约-259.2℃（凝固点）时，液体氢能变为雪花状的固态氢。

⑥ 氢气的热值为142351kJ/kg，是汽油热值的3倍，酒精热值的3.9倍，焦炭热值的4.5倍，是化石燃料、化工燃料与生物燃料中最高的。与空气混合时有广泛的可燃范围，而且燃点高，燃烧速度快。

⑦ 氢气的热导率大，导热性能好。热导率是指在稳定传热条件下，1m厚的材料，两侧表面的温差为1K，在1s内通过 $1m^2$ 面积传递的热量，单位为 W/(m·K)。氢气的热导率约为0.182W/(m·K)，约为空气热导率的7倍。

⑧ 氢气的比热容大，吸热强。比热容也称为比热，是指单位质量的某种物质，温度升高1℃时吸收的热量，单位为 kJ/(kg·℃)。空气的比热容为1kJ/(kg·℃)时，氢气的比热容约为14.32kJ/(kg·℃)，约为氮气的比热容的13.5倍，氨气的比热容的6.3倍，氦气的比热容的2.76倍。

⑨ 氢气的扩散系数大，扩散速度快。扩散系数是指单位时间内通过单位面积的气体

量。在气体中，如果相距1cm的两部分，其密度相差为1g/cm$^3$，则在1s内通过1cm$^2$面积上的气体质量，规定为气体的扩散系数，单位为cm$^2$/s或者m$^2$/s。氢气的扩散系数约为0.61cm$^2$/s，约为天然气扩散系数（0.16cm$^2$/s）的3.8倍，汽油扩散系数（0.05cm$^2$/s）的12.2倍。

⑩ 氢气的传声速度快。在标准状态下，空气的传声速度为331m/s，氦气的传声速度为972m/s，而氢气的传声速度为1286m/s。

## 二、氢气的化学性质

化学性质是物质在化学变化中表现出来的性质。氢气具有以下化学性质。

### 1.氢气具有可燃性

在点燃或加热的条件下，氢气很容易和多种物质发生化学反应。如氢气能和氧气、硫、碳、氯气等许多物质发生化学反应，生成水、硫化氢、甲烷、氯化氢等非常重要的化合物。与其他燃料相比，氢气燃烧时最清洁，在空气中燃烧生成水和极少的氮氧化物，不产生温室气体二氧化碳，不污染环境。燃烧生成的水还可继续制氢气，反复循环使用。氢气发生燃烧的浓度范围为4%～75%，低于或超过这个浓度，即使在高压下也不会燃烧或爆炸。

氢气在氧气中燃烧的化学反应式为

$$2H_2+O_2 \longrightarrow 2H_2O$$

氢气在氯气中燃烧的化学反应式为

$$H_2+Cl_2 \longrightarrow 2HCl$$

### 2.氢气具有还原性

氢气的化学性质活泼，与氧气发生化合反应生成水，容易发生燃烧和爆炸。可燃性也是氢气具有还原性的体现，是氢气还原氧气的性质所决定的。氢气不但能与氧单质反应，也能与某些化合物里的氧发生反应。例如，将氢气通过灼热的氧化铜可得到红色的金属铜，同时有水生成。在这个反应里，氢气夺取了氧化铜中的氧，生成了水；氧化铜失去了氧，被还原成红色的铜，证明氢气具有还原性，是很好的还原剂。

氢气与氧化铜的还原反应为

$$CuO+H_2 \longrightarrow Cu+H_2O$$

氢气与氧化铁的还原反应为

$$Fe_2O_3+3H_2 \longrightarrow 2Fe+3H_2O$$

### 3.氢气具有氧化性

氢气可以和金属化合物反应分离出金属，并产生氢化物。在这类反应中氢气属于氧化剂。

氢气与氯化硅的氧化反应为

$$SiCl_4+2H_2 \longrightarrow Si+4HCl$$

氢气与氯化钠的氧化反应为

$$2NaCl+H_2 \longrightarrow 2Na+2HCl$$

### 三、氢气的主要特性

氢气具有以下主要特性。

#### 1. 易泄漏与扩散

氢分子尺寸较小，容易从缝隙或孔隙中泄漏，且氢气的扩散系数比其他气体更大，在空间上能够以很快的速度上升，同时进行快速的横向移动扩散。因此当氢气泄漏时，氢气将沿着多个方向迅速扩散，并与环境空气混合。

#### 2. 易燃性

氢气是一种极易燃的气体，燃点只有574℃。点火源包括快速关闭阀门产生的机械火花，未接地微粒过滤器的静电放电，电气设备、催化剂颗粒和加热设备产生的火花，通风口附近的雷击等，必须以适当的方式消除或隔离点火源。

#### 3. 可发生爆燃爆轰

氢气与空气形成的蒸气云爆炸属于爆燃范畴，是不稳定过程。在爆燃过程中，氢气点燃形成的火焰不断加速，甚至超过声速，从而形成爆轰波。氢气在空气中的爆炸浓度为4%～75%（体积分数）。为了避免爆炸，需要将氢气的质量分数控制在4%以下。若在封闭区间内发生爆炸，如车载储氢罐内，压力瞬间可达初始压力的几倍甚至几十倍，因此，为了避免发生爆炸事故，通常在车载储氢系统上安装有安全泄放装置。

#### 4. 淬熄难

淬熄也称为熄火，是指因传热、膨胀功将足够的能量或活化能分子从燃烧区域移开的现象。氢气火焰很难熄灭，例如，由于水汽会加大氢气-空气混合气体燃烧的不稳定，加强燃烧能力，所以大量水雾的喷射会使氢气-空气混合气体燃烧加剧。与其他可燃气体相比，氢气淬熄距离最低，为0.64mm，仅为汽油淬熄距离的1/3。由于氢气存在重燃和爆炸的危险，通常只有切断氢气供应后，才能扑灭氢火。

#### 5. 易氢脆

氢脆是指溶于金属中的高压氢气在局部浓度达到饱和后引起金属塑性下降、诱发裂纹甚至开裂的现象。氢脆的影响因素众多，例如环境的温度和压力，氢气的纯度、浓度和暴露时间，以及材料裂纹前的应力状态、物理和力学性能、微观结构、表面条件和性质等。另外，使用不当材料也易产生氢脆问题。因此，氢环境下使用的金属材料要求与氢具有良好的相容性，需进行氢气与材料之间的相容性试验。

# 第二节　氢能的分类

氢能可以按照制氢方式和碳排放量的不同进行分类，也可以按照制氢产生的温室气体排放量进行分类。

## 一、按照制氢方式和碳排放量的不同进行分类

按照制氢方式和碳排放量的不同，氢能分为灰氢、蓝氢和绿氢。

### 1. 灰氢

灰氢是指使用化石燃料（如石油、天然气、煤炭等）制取氢气，并对释放的二氧化碳不做任何处理。由于在氢制备环节有二氧化碳排放，没有实现低碳，所以把这种氢定义为灰氢。目前，绝大多数氢气属于灰氢，约占当今全球氢气产量的95%。灰氢的生产成本较低，制氢技术较为简单，而且所需设备、占用场地都较少，生产规模偏小。但灰氢的碳排放量最高，属于限制性发展的制氢方式。在全球气候变暖的大背景下，灰氢注定要被淘汰。

### 2. 蓝氢

蓝氢是指在灰氢的基础上，应用碳捕集、利用与封存技术，实现低碳制氢。制蓝氢时产生的温室气体被捕获，因此减轻了对地球环境的影响，实现了低排放生产。

### 3. 绿氢

绿氢是指通过使用可再生能源（例如太阳能、风能、水等）发电电解或光解制取的氢气，例如通过可再生能源发电进行电解水制氢。在生产绿氢的过程中，完全没有碳排放。绿氢是氢能利用的理想形态，但受到目前技术及制造成本的限制，绿氢实现大规模应用还需要时间。

氢的不同"颜色"代表着制氢过程的清洁程度，灰氢在制备过程中碳排放最多、最不清洁；绿氢在制备过程中碳排放最少、最清洁；蓝氢介于灰氢和绿氢之间。

不同"颜色"的氢在用途和优缺点上也有所区别。灰氢和蓝氢主要作为化工、炼油等行业的原料或添加剂，用于提高产品质量和减少环境影响；而绿氢可应用于交通、冶金、建筑等碳排放重点领域，例如作为燃料电池车辆的动力源或钢铁行业中替代焦炭的还原剂。

目前，制取灰氢和蓝氢的方法有很多种，包括水煤气法、电解法、烃裂解法和烃蒸气转化法等。而制取绿氢主要依赖电解水法，但需要大量的可再生能源发电，并且成本较高。

电解水制氢是"无碳"制氢技术，同时电力是通过太阳能、水电、风能等可再生能源和核能发电获得的，可实现制氢的无碳、绿色。实现绿氢主要受制于可再生能源发电技术和水电解槽技术的发展。要实现氢能的可持续发展，必须大力发展绿氢。《氢能产业发展中长期规划（2021 ~ 2035年）》将氢能作为未来国家能源体系的重要组成部分，强调重点发展基于可再生能源的电解水制氢，即绿氢。

氢能类型与制氢技术的关系见表1-1。

表1-1 氢能类型与制氢技术的关系

| 氢能类型 | 制氢方式 | 主要制氢原料 | 主要制氢技术路线 | 技术成熟度 |
|---|---|---|---|---|
| 灰氢 | 煤制氢 | 煤炭 | 煤气化制氢 | 成熟 |
| | 天然气制氢 | 天然气 | 天然气和水蒸气重整制氢 | 成熟 |
| | | | 天然气自热重整制氢 | 研发阶段 |
| | | | 天然气部分氧化制氢 | |
| | | | 天然气绝热转化制氢 | |
| | | | 天然气高温裂解制氢 | |

| 氢能类型 | 制氢方式 | 主要制氢原料 | 主要制氢技术路线 | 技术成熟度 |
|---|---|---|---|---|
| 蓝氢 | 工业副产氢 | 焦炉煤气、氯碱副产品 | 通过变压吸附法将氢气提纯 | 成熟 |
| | 甲醇制氢 | 甲醇 | 甲醇裂解制氢 | 成熟 |
| | | | 甲醇和水蒸气重整制氢 | |
| | | | 甲醇部分氧化制氢 | 研发阶段 |
| | 化石能源制氢＋碳捕集与封存技术 | 煤炭、天然气 | 煤制氢＋碳捕集与封存技术 | 成熟 |
| | | | 天然气＋碳捕集与封存技术 | |
| 绿氢 | 电解水制氢 | 水（海水） | 碱性电解水制氢 | 成熟 |
| | | | 质子交换膜电解水制氢 | 商业化初期 |
| | | | 高温固体氧化物电解水制氢 | 示范阶段 |
| | | | 阴离子交换膜电解水制氢 | 研发阶段 |
| | 光催化制氢 | 水 | 半导体光催化分解水制氢 | 研发阶段 |
| | 可再生能源制氢 | 光、风、水 | 风力发电制氢 | 成熟 |
| | | | 光伏发电制氢 | |
| | | | 风光互补发电制氢 | |
| | 生物质制氢 | 生物质 | 化学法制氢 | 研发阶段 |
| | | | 生物法制氢 | |

## 二、按照制氢产生的温室气体排放量进行分类

按照制氢产生的温室气体排放量将氢分为低碳氢、清洁氢和可再生氢。

### 1. 低碳氢

低碳氢是指生产过程中制取 1kg 氢气产生的二氧化碳要低于 14.51kg。

### 2. 清洁氢

清洁氢是指生产过程中制取 1kg 氢气产生的二氧化碳要低于 4.90kg。

### 3. 可再生氢

可再生氢生产过程中所产生的温室气体排放的限值与清洁氢相同，且氢气的生产所消耗的能源为可再生能源。

从温室气体排放角度对氢能进行分类，具有以下意义。

① 有助于推动全产业链从源头的绿色发展，逐步发挥氢能零碳能源属性，助力交通、工业、建筑等行业深度脱碳。

② 有助于打通氢市场和碳市场，弥补国内制氢环节碳足迹核查的空白，同时对低碳清洁氢气的使用给予市场奖励。

③ 有助于形成全球低碳清洁氢气标准，推动氢气作为能源大宗商品实现国际贸易。

随着清洁氢与可再生氢成本快速下降，作为绿色发展的新动能将积极支撑高比例可再生能源发展，并在工业、交通、电力、建筑等行业深度脱碳中发挥重要作用。在工业领域，直接为炼化、钢铁、冶金等行业提供高效原料、还原剂和高品质的热源，有效减少碳排放；在交通领域，通过燃料电池技术应用于汽车、轨道交通、船舶和航空器等行业，降低长距离高负荷交通对石油和天然气的依赖；在电力领域，发挥储能作用，支撑高比例可再生能源发展，在局部区域或时段发挥调峰调频作用，保证电力系统稳定；在建筑领域，应用于分布式发电，为家庭住宅、商业建筑等供电供热，或通过天然气掺氢为园区或居民提供供暖。

# 第三节　燃料氢气的技术指标

燃料氢气的技术指标应符合表 1-2 的要求，燃料氢气的纯度要求非常高。表 1-2 中，总硫是指氢中以二氧化硫（$SO_2$）、硫化氢（$H_2S$）、羰基硫（COS）及甲基硫醇（$CH_3SH$）等各种形态存在的硫化物；总卤化物是指氢中以氯化氢（HCl）、溴化氢（HBr）、氯（$Cl_2$）和有机卤化物（R-X）等各种形态存在的卤化物。

表1-2　燃料氢气的技术指标

| 项目名称 | 技术指标 |
| --- | --- |
| 氢气纯度（摩尔分数） | 99.97% |
| 非氢气体总量 | 300μmol/mol |
| 单类杂质的最大浓度 | |
| 水（$H_2O$） | 5μmol/mol |
| 总烃（按甲烷计） | 2μmol/mol |
| 氧（$O_2$） | 5μmol/mol |
| 氦（He） | 300μmol/mol |
| 总氮（$N_2$）和氩（Ar） | 100μmol/mol |
| 二氧化碳（$CO_2$） | 2μmol/mol |
| 一氧化碳（CO） | 0.2μmol/mol |
| 总硫（按 $H_2S$ 计） | 0.004μmol/mol |
| 甲醛（$CH_2O$） | 0.01μmol/mol |
| 甲酸（$CH_2O_2$） | 0.2μmol/mol |
| 氨（$NH_3$） | 0.1μmol/mol |
| 总卤化物（按卤离子计） | 0.05μmol/mol |
| 最大颗粒物浓度 | 1mg/kg |

工业氢关注的是氢气纯度，而燃料电池用氢关注的是敏感杂质含量，所以工业氢不等于燃料电池用氢。

# 第四节　氢气的提纯方法

采用不同方法制得的含氢原料气中氢气纯度普遍较低，为满足特定应用对氢气纯度和杂质含量的要求，还需经提纯处理。

## 一、纯度 5N 及以下氢气的常用提纯方法

纯度 5N（99.999%）及以下氢气的常用提纯方法主要有变压吸附（pressure swing adsorption，PSA）分离法和深冷分离法。

### 1. 变压吸附分离法

变压吸附分离法的基本原理是基于在不同压力下，吸附剂对不同气体的选择性吸附能力不同，利用压力的周期性变化进行吸附和解吸，从而实现气体的分离和提纯。根据原料气中不同杂质种类，吸附剂可选取碳分子筛、活性炭、活性氧化铝等。变压吸附分离法对原料气中杂质的要求不苛刻，一般不需要进行预处理；原料气中氢含量一般为 50%~90%，且当氢含量比较低时，变压吸附分离法具有更突出的优越性；同时，变压吸附分离法可以分离出高纯度的氢气。该分离法的装置和工艺简单，设备能耗低，投资较少，适合中小规模生产。目前，该分离法已用于煤制氢、焦炉煤气制氢、石油制氢等，得到的氢气纯度最高可达 99.9999%。

### 2. 深冷分离法

深冷分离法是在低温条件下，利用原料气中不同组分的相对挥发度的差异来实现氢气的分离和提纯。与甲烷和其他轻烃相比，氢气具有较高的相对挥发度。随着温度的降低，碳氢化合物、二氧化碳、一氧化碳、氮气等气体先于氢气凝结而分离出来。该工艺通常用于氢烃的分离。深冷分离法的特点是适用于氢含量很低的原料气，氢含量在 20% 以上；得到的氢气纯度高，可以达到 95% 以上；氢回收率高，可达 92%~97%；但由于分离过程中压缩和冷却能耗很高，该分离法仅适用于大规模气体分离。深冷分离法可对氨厂弛放气、炼油厂废气中的氢气进行纯化分离。

变压吸附分离法和深冷分离法的比较见表 1-3。

表1-3　变压吸附分离法和深冷分离法的比较

| 方法 | 原理 | 特点 |
| --- | --- | --- |
| 变压吸附分离法 | 在加压下进行吸附，减压下进行解吸。由于循环周期短，吸附热来不及散失，可供解吸之用，所以吸附热和解吸热引起的吸附床温度变化一般不大，波动范围仅为几摄氏度，可近似看作等温过程 | 变压吸附分离法工艺简单，开停车方便，能耗小，操作弹性大，可从多种含氢气体获得纯度大于 99% 的氢气 |

| 方法 | 原理 | 特点 |
|------|------|------|
| 深冷分离法 | 利用各种气体组分的沸点差来分离 | ①气体的沸点越低,制冷的温度也越低,该法回收率高,容量大,但回收氢气的纯度在98%以下,故不适合制高纯氢气<br>②该法对设备要求及操作要求严格,特别是在分离焦炉气时,必须把气体中能在过程中凝固或产生爆炸的杂质除去,加上该法能耗较高,操作也复杂,因此我国很少用此法来提纯氢气 |

## 二、纯度 5N 以上氢气的常用提纯方法

由于受限于吸附平衡和相平衡,常用的氢气分离技术手段无法提纯氢气至 6N 及以上,$10^{-6}$ 级杂质脱除较为困难。目前,生产纯度 5N 以上氢气的方法主要有金属钯膜扩散法、低温吸附法和金属氢化物法等。

### 1. 金属钯膜扩散法

金属钯膜扩散法的原理是基于钯膜对氢气有良好的选择透过性。在 300 ~ 500℃时,氢气吸附在钯膜上,并电离为质子和电子。在浓度梯度的作用下,氢质子扩散至低氢分压侧,并在钯膜表面重新耦合为氢分子。由于钯膜对氢气有独特的透氢选择性,其几乎可以去除氢气外所有杂质,甚至包括稀有气体(如 He、Ar 等),分离得到的氢气纯度高(> 99.9999%),回收率高(> 99%)。为防止钯膜的中毒失效,钯膜提纯技术对原料气中的 CO、$H_2O$、$O_2$ 等杂质含量要求较高,需预先脱除。此外,钯膜的生产成本较高,透氢速度低,无法实现大规模工业化的应用。

### 2. 低温吸附法

低温吸附法的原理是在低温条件下(通常在液氮温度下),由于吸附剂(硅胶、活性炭、碳分子筛等)本身化学结构的极性、化学键能等物理化学性质,吸附剂对氢气源中一些低沸点气体杂质组分的选择性吸附,实现氢气的分离提纯。当吸附剂吸附饱和后,经升温、降低压力的脱附或解析操作,使吸附剂再生,如活性炭、碳分子筛吸附剂可实现氢气与低沸点氮气、氧气等气体的分离。该法对原料气要求高,需精脱 $H_2O$、$H_2S$、$CO_2$ 等杂质,氢含量一般大于 95%,因此,通常与其他分离法联合使用,用于超高纯氢的制备,得到的氢气纯度可达 99.9999%,回收率为 90% 以上。该法设备投资大,能耗较高,适用于大规模生产,通常用于碳捕集过程。

### 3. 金属氢化物法

金属氢化物法是利用储氢合金可逆吸放氢的能力提纯氢气。在降温升压的条件下,氢分子在储氢合金(稀土系、钛系、镁系等合金)的催化作用下分解为氢原子,然后经扩散、相变、化合反应等过程生成金属氢化物,杂质气体吸附于金属颗粒之间。当升温减压时,杂质气体从金属颗粒间排出后,氢气从晶格里释放出来,纯度可高达 99.9999%。金属氢化物法同时具有提纯和存储的功能,具有安全可靠、操作简单、材料价格相对较

低、产出氢气纯度高等优势，可代替金属钯膜扩散法制备半导体用氢气，但是金属合金存在容易粉化，释放氢气时需要较高的温度，且氢气释放缓慢，易与杂质气体发生反应等问题。

# 第五节　氢系统的安全性

氢系统是指氢的制取、储存、运输或应用系统，其安全性非常重要。氢系统的安全性是保障氢能源技术健康发展的重要保障。

## 一、氢系统的组成

氢系统主要包括制氢系统、储氢系统、输氢系统和用氢系统。

### 1. 制氢系统

制氢系统主要包括煤制氢系统、天然气制氢系统、甲醇制氢系统、石油制氢系统、工业副产氢系统、电解水制氢系统、氨制氢系统、生物质制氢系统、核能制氢系统、风力发电制氢系统、光伏发电制氢系统等。

### 2. 储氢系统

储氢系统主要包括气态氢储存系统、液态氢储存系统及固态氢储存系统。

### 3. 输氢系统

输氢系统主要包括气态氢运输系统、液态氢运输系统及固态氢运输系统。

### 4. 用氢系统

用氢系统主要包括氢在工业、交通、电力和建筑等领域的应用系统。

## 二、氢系统的危险因素

氢系统主要包括以下危险因素。

### 1. 泄漏和渗漏

① 氢气易通过多孔材料、装配面或密封面泄漏。氢气泄漏后将迅速扩散，导致可燃、可爆区域不断扩大，且扩散过程肉眼不可见。影响氢气泄漏扩散的主要因素包括泄漏位置、环境温度、环境风速、环境风向和障碍物等。

② 液氢和浆氢系统发生泄漏后，液氢将迅速蒸发扩散，形成可见的可爆雾团，并可能导致形成负压而使周围空气进入系统凝结成固体颗粒，可能堵塞系统的管道、阀门等部件。浆氢是液氢进一步冷却后获得的液氢与固氢的混合物，温度介于三相点（13.8K）和熔点（14K）之间。

③ 氢气易渗入某些非金属材料内而引起氢渗漏。若液氢系统发生氢渗漏，可能导致氢

损耗或真空热层破坏。

### 2. 与燃烧有关的危险因素

① 泄漏的氢气易引起燃烧或爆炸。氢气燃烧可能造成系统材料性能劣化，并可能导致氢系统因内部温度和压力急剧升高而超压失效。

② 氢气爆燃可能导致燃烧区域的迅速扩大和密闭空间压力的迅速升高。氢气爆轰产生的高速爆轰波可能对燃烧区域外的环境产生巨大冲击，并伴随有高温气体的迅速传播。

③ 氢气火焰不易察觉，应使用紫外探测器或紫外/红外复合多波段探测器探测。

### 3. 与压力有关的危险因素

① 氢系统失效可能导致高压氢气储存能量迅速释放，形成冲击波，破坏周围设施。

② 液氢和浆氢系统漏热将引起热分层和氢蒸发，导致系统内的氢体积急剧增大，若泄压装置动作不及时，可能导致系统超压失效。热分层是指重力方向上由于温度不同引起流体密度差异，导致冷流体处于下方，热流体处于上方的流体分层现象。

③ 浆氢中的固态氢颗粒易积聚沉淀而堵塞浆氢系统的管道、阀门等部件。

④ 固态储氢系统超温时系统中的氢气压力急剧上升，导致承压容器超压失效。

⑤ 固态储氢容器使用过程中，氢化物粉末可能由于震动或氢气流推动形成粉体局部堆积，并产生应力集中。

### 4. 与温度有关的危险因素

① 氢气液化过程温度急剧下降，可能导致材料收缩。氢系统材料收缩程度不同，可能导致系统结构变形，不协调，从而造成结构中应力增大或密封面泄漏。

② 液氢和浆氢系统的低温环境可能导致材料韧性下降，应增加材料的裂纹敏感性。液氢和浆氢系统的温度低于材料的韧脆转变温度时，材料将由韧性状态变为脆性状态。

③ 高压氢气瓶快速充装氢气时，瓶内温度会升高，可能导致气瓶承载能力下降或泄漏。

④ 液氢和浆氢系统中混入空气等凝固点高于液氢温度的气体，会形成固体颗粒，积累后有可能堵塞系统的管道、阀门等部件。固体氢颗粒还可能造成系统爆炸着火。

⑤ 当温度接近临界温度时，液氢有可能突然沸腾，导致储存容器内压力迅速升高。

### 5. 氢腐蚀和氢脆

① 钢在高温、高压的氢环境中服役一定时间后，氢可能与钢中的碳反应生成甲烷，造成钢脱碳和微裂的形成，导致钢性能不可逆地劣化。温度越高、氢分压（氢气在同一温度下单独占有混合气体的体积时所具有的压强）越大，钢的氢腐蚀越严重。

② 金属吸收内部氢或外部氢后，局部氢浓度达到饱和时将引起塑性下降，诱发裂纹或延迟断裂。氢分压越大，强度越高，应变速率越小，金属的氢脆往往越严重。

### 6. 生理危害

① 人体皮肤直接接触低温氢气、液氢或浆氢易导致冻伤，低温氢气、液氢或浆氢的管路、设施绝热失效或未做绝热时，人体皮肤直接接触也有低温冻伤的风险；直接接触高温且肉眼不可见的氢火焰易导致高温灼伤。

② 氢气燃烧产生的大量紫外线辐射易损伤人体皮肤，氢火灾引起的次生火灾会产生浓烟或其他有害燃烧产物，危害人体健康。

③ 氢气无色、无臭、无味、无毒，空气中的高浓度氢气易造成缺氧，可能使人窒息。

### 三、氢系统的火灾和爆炸风险控制

对氢系统的火灾和爆炸风险采用以下措施进行控制。

#### 1. 防止氢 / 氧的意外混合

避免形成氢 / 氧混合物是防止火灾和爆炸的重要方法。具体可采取以下措施。

① 定期对氢系统进行氢气泄漏检测。

② 对易导致氢积聚的密闭空间采用强制通风。

③ 防止外部空气进入液氢和浆氢系统。

④ 定期对液氢和浆氢储存容器或真空过滤器进行升温与清洗，以及时去除杂质。

⑤ 氢系统充气前，进行泄漏检测和惰性气体充分吹扫，对于液氢系统宜使用氦气进行吹扫。

⑥ 氢系统向空气开放前，排空氢系统内的氢气。

#### 2. 杜绝电点火源

在氢系统的爆炸危险区域内，应采取以下措施，以防出现电点火源。

① 评估所用材料的静电放电能力。

② 防止管道系统中的固体颗粒引发电荷积聚而导致静电放电。

③ 采用适当的接地方法，以防雷击、闪电放电等产生电点火源。

④ 防止电器短路或其他电气设备故障产生表面高温、电弧和火花。

⑤ 防止作业人员的着装产生静电。

⑥ 避免使用便携电话、寻呼机和收音机等易产生电弧的电器。

#### 3. 杜绝热点火源

在氢系统的爆炸危险区域内，应采取以下措施，防止出现热点火源。

① 不放置烟花、爆竹等易燃易爆物品。

② 不进行焊接、吸烟等产生明火的活动。

③ 控制内燃机和排气管道等所排放废气的温度。

④ 避免管道系统内形成周期性的激波而引起谐振点火。

#### 4. 杜绝机械点火源

在氢系统的爆炸危险区域内，应防止机械冲击或摩擦、金属断裂、机械振动等现象产生机械点火源。

#### 5. 防止产生富氧浓缩物

使用低温绝热管道进行液氢或浆氢运输时，应确保管道各部分充分绝热，以防因管道外的空气冷凝产生富氧浓缩物而使管道周围的材料变得易燃。

## 四、氢能的安全性

氢气具有燃点低，爆炸区间范围宽和扩散系数大等特点，长期以来被作为危化品管理。氢气扩散系数是汽油的 12 倍，发生泄漏后极易消散，不容易形成可爆炸气雾，爆炸下限浓度远高于汽油和天然气。因此，在开放空间情况下安全可控。

### 1. 氢气爆炸条件不易形成

氢气确实是易燃易爆气体，但是爆炸条件并不容易形成，当氢气在空气中的浓度小于 4% 或大于 75% 时，即使遇到火源，也不会爆炸。

因为氢气很轻，具有易扩散的特点，所以在非密闭空间下，氢气几乎不可能达到 4% 的浓度。也就是说，在室外空气流通的地方，很难发生氢气爆炸。

人们已经习惯于汽油作燃料，对于氢气还缺乏了解，未来可以利用氢气易于检测、扩散速度快的特点，在可能有氢气泄漏的地方加上氢气传感器，当氢气浓度高于 5‰ 时，联动风机自动启动，确保安全。不管是室内和室外，在氢气可能泄漏的地方都加上氢气传感器和联动风机，这样来确保室内和室外，特别是地下停车场、制氢场所以及加氢站的安全。

### 2. 氢气清洁无毒

氢能作为燃料总是有一定的危险性的，但它即使燃烧起来以后也不会产生有毒气体。经常看到出现火灾爆炸的场景，人还没有接触到火，有毒的气体已经把人熏倒了，而氢气不存在这个问题。

### 3. 氢气易扩散

在燃料的爆炸性方面，氢气的扩散速度是汽油的 12 倍，它很快能扩散开，不会引起其他更加严重的后果。在汽油汽车和氢燃料汽车分别陷入燃料着火的情况下，氢燃料汽车中的氢气扩散很快，不会产生持续的燃烧；而汽油汽车中的汽油扩散很慢，会产生持续的燃烧。原理还是氢气一旦泄漏到空气中，就会快速向上扩散，所以即使汽油汽车都烧没了，氢燃料汽车还是完整的。因此利用氢扩散速度比较快和容易检测的特点来确保用氢安全。

## 五、氢气爆炸的条件

氢气爆炸是指氢气与空气混合后发生的爆炸。氢气爆炸的三个条件是：氢气浓度达到可燃范围、氧气浓度达到可燃范围、有足够的能量引发反应。这三个条件缺一不可，只有同时满足才会引发氢气爆炸。

### 1. 氢气浓度达到可燃范围

氢气浓度达到可燃范围是氢气爆炸的第一个条件。氢气在空气中的可燃范围是 4% ~ 75%（体积分数），只有在这个浓度范围内才会发生爆炸反应。

### 2. 氧气浓度达到可燃范围

氧气浓度达到可燃范围是氢气爆炸的第二个条件。氧气在空气中的可燃范围是

5%～21%（体积分数），只有在这个浓度范围内才能支持燃烧。如果氧气浓度低于5%，则氢气无法燃烧；如果氧气浓度高于21%，则氢气与空气的混合物过于贫氧，燃烧速度过慢，也不会引发爆炸。

### 3. 有足够的能量引发反应

有足够的能量引发反应是氢气爆炸的第三个条件。氢气在达到可燃范围的条件下，只有在能量达到一定程度时才会发生燃烧反应。这个能量可以来自火花、静电、高温等各种因素。如果没有足够的能量引发反应，即使氢气浓度和氧气浓度都达到了可燃范围，也不会发生爆炸。

# 第六节　氢能产业链

根据国家发展和改革委员会的规划，到2025年，我国将基本形成较为完善的氢能产业发展制度和政策环境。同时，通过在关键材料和核心技术方面的创新与突破，初步建立起包括制氢、储氢、运氢、加氢、燃料电池等在内的完整供应链和产业体系。

## 一、氢能产业链的构成

完整的氢能产业链包含上游的氢气制取、中游的氢气储运以及下游的氢能应用，如图1-1所示。

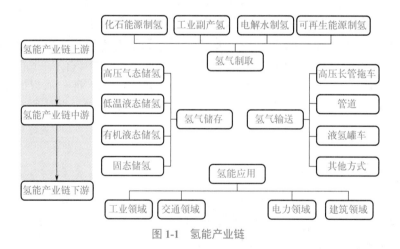

图1-1　氢能产业链

### 1. 氢气制取

氢气制取位于氢能产业链中的上游，按照氢制取技术来分，可以分为化石能源制氢、工业副产氢、电解水制氢和可再生制氢等。在氢气制取方面，氢能作为二次能源，要实现真正意义上的零碳排放，它的发展不可避免地将依赖于太阳能、风能等可再生能源技术的突破。通过电力成本与设备成本的协同降低，方可体现绿氢的经济优势。我国幅员辽阔，具有广阔的沙漠、戈壁、荒漠、草原及海域资源，可以提供丰富的太阳能、风能、潮汐能等可再生能源资源，在发展绿氢方面具有先天优势，可以加快实现"氢能中国"战略。

### 2. 氢气储运

氢气储运位于氢能产业链中的中游，也是制约我国氢能产业发展的关键环节。氢气是自然界中最轻的气体，由于其独特的物理、化学性能，使得它储运难度非常大，成本较高。氢气储运包括氢能储存和氢气运输两方面，一种储氢方式对应着一种氢气运输方式。

储氢方式主要包括高压气态储氢、低温液态储氢、有机液体储氢、固态储氢。其中，高压气态储氢技术较成熟，在未来一段时间内都会是国内主推的储氢技术；低温液态储氢主要运用在航空航天领域；有机液态储氢指的是利用烯烃、炔烃、芳烃等不饱和有机液体做储氢材料，借助不饱和有机物与氢的可逆反应来实现氢的储存；固态储氢指的是利用活性炭、碳纳米管进行物理吸附，或者是利用金属氢化物进行化学吸附，从而达到储氢的目标。目前，有机液态储氢和固体储氢尚处在研究或示范阶段。

氢气运输方式主要有高压长管拖车、管道、液氢罐车和其他方式。其中高压长管拖车和管道用于气态氢的运输；液氢罐车用于液态氢的运输；其他方式如货车用于固态氢的运输，另外还有船舶、铁路运输等。

### 3. 氢能应用

氢能应用位于氢能产业链中的下游，主要涉及工业领域、交通领域、电力领域、建筑领域等，其中目前以工业领域为主，重点发展在交通领域的应用。随着行业聚焦与技术发展，期待很高的是氢燃料电池，它将能带动交通领域应用的变革。

## 二、氢能产业链上的典型企业

氢能上游环节是氢气制取，主要涉及化石能源制氢、工业副产氢、可再生能源制氢等企业；中游是氢气储运，主要涉及高压气态储氢、低温液态储氢和固态储氢等企业；下游是氢能应用，主要涉及燃料电池、氢气加注及各类燃料电池汽车等企业。

### 1. 上游氢气制取企业

当前我国已是世界上最大的制氢国家，工业氢气产量领跑全球。我国目前主要依靠煤制氢和工业副产氢。表1-4为我国当前主要制氢企业。

表1-4　我国当前主要制氢企业

| 企业 | 制氢方式 |
|---|---|
| 国家能源投资集团有限责任公司 | 煤制氢 |
| 中国石油化工股份有限公司 | 制氢装置产氢、炼油重整副产氢和乙烯生产副产氢 |
| 江苏华昌化工股份有限公司 | 硼氢化钠制氢 |
| 山西美锦能源股份有限公司 | 焦炉气制氢 |

| 企业 | 制氢方式 |
|---|---|
| 东华能源股份有限公司 | 丙烷脱氢 |
| 金能科技股份有限公司 | |
| 卫星化学股份有限公司 | |
| 巨正源股份有限公司 | |
| 鸿达兴业集团 | 氯碱工业副产氢 |
| 滨化集团股份有限公司 | |
| 航锦科技股份有限公司 | |
| 浙江嘉化能源化工股份有限公司 | |

## 2. 中游氢气储运企业

我国目前氢气主要储运方式为高压气态和低温液态储氢两种。表1-5为我国当前主要氢气储运企业。

表1-5　我国当前主要氢气储运企业

| 企业 | 储运氢方式 | 主营业务 |
|---|---|---|
| 北京京城机电股份有限公司 | 高压气态储氢 | 车用储氢 |
| 中材科技股份有限公司 | | |
| 中氢新能源技术有限公司 | | |
| 安瑞科能源装备控股有限公司 | | 运输站及站用储氢罐 |
| 浙江巨化股份有限公司 | | 储气罐 |
| 张家港富瑞特种装备股份有限公司 | 低温液态储氢 | 低温槽车、液氢生产 |
| 中国航天科技集团有限公司六院 101 所 | | 液氢生产 |
| 厦门钨业股份有限公司 | 固态储氢 | 储氢合金 |
| 湖南科力远新能源股份有限公司 | | 储氢材料 |
| 安泰科技股份有限公司 | | |
| 武汉氢阳能源有限公司 | 有机液态储氢 | 有机物储氢 |
| 杭州聚力氢能科技有限公司 | | |

## 3. 下游氢能应用企业

目前我国氢燃料电池系统集成技术比较成熟，但距国际先进水平还有一定差距。表1-6

为我国当前主要燃料电池及其部件生产企业。

表1-6　我国当前主要燃料电池及其部件生产企业

| 企业 | 主要业务 |
| --- | --- |
| 北京亿华通科技股份有限公司 | 燃料电池系统集成 |
| 福建雪人股份有限公司 | 燃料电池系统集成、空压机、氢循环泵 |
| 中钢天源股份有限公司 | 双极板 |
| 广东道氏技术股份有限公司 | 膜电极 |
| 山东东岳集团 | 质子交换膜 |
| 兰州长城电工股份有限公司 | |
| 中山大洋电机股份有限公司 | 氢燃料电池系统 |
| 潍柴动力股份有限公司 | 燃料发动机系统及电堆生产线 |
| 贵研铂业股份有限公司 | 催化剂原料 |
| 中国北方稀土（集团）高科技股份有限公司 | |

加氢站是氢燃料电池产业化、商业化的重要基础设施。表1-7为我国当前主要加氢站企业。

表1-7　我国当前主要加氢站企业

| 企业 | 主要业务 |
| --- | --- |
| 上海舜华新能源系统有限公司 | 加氢站建设运营 |
| 上海氢枫能源技术有限公司 | |
| 中国神华能源股份有限公司 | 加氢站建设 |
| 中国石油天然气集团有限公司 | |
| 中国石化集团公司 | |
| 成都华气厚普机电设备股份有限公司 | 压缩机 |
| 北京天高隔膜压缩机有限公司 | 隔膜压缩机 |
| 江苏氢联合新能源有限公司 | 移动加氢站 |
| 苏州绿萌氢能科技有限公司 | 加氢站设计 |

我国目前已研发出燃料电池乘用车、客车、物流车等不同类型，表1-8为我国当前主要燃料电池整车企业。

表1-8 我国当前主要燃料电池整车企业

| 企业 | 整车 |
|---|---|
| 上海汽车集团股份有限公司 | 乘用车 |
| 长城汽车股份有限公司 | |
| 重庆长安汽车股份有限公司 | |
| 广州汽车集团股份有限公司 | |
| 北京新能源汽车股份有限公司 | |
| 宇通客车股份有限公司 | 客车 |
| 中通客车股份有限公司 | |
| 北汽福田汽车股份有限公司 | |
| 中植新能源汽车有限公司 | |
| 东风汽车股份有限公司 | 物流车 |
| 北汽福田汽车股份有限公司 | |
| 中国重型汽车集团有限公司 | |
| 安徽合力股份有限公司 | 叉车 |
| 中国中车股份有限公司 | 有轨电车 |

### 三、氢能产业链发展的关键技术

氢能产业链的发展需要各环节长期的技术创新与突破，来解决全行业所面临的技术成本高、能量转化效率存在瓶颈、安全性管理缺乏体系、数字化水平低等问题。持续的技术迭代，以及跨行业的技术创新，正在为氢能产业注入加速发展的支撑与源动力。

#### 1. 在制氢领域

尽管目前的碱性电解水制氢和质子交换膜制氢被认为相当成熟，但当前市场上的产品都不是为了绿氢场景所设计的。它们来自氯碱行业、船舶行业、汽车行业，其各自的技术特点均无法适应绿氢场景下的电解水制氢需求。因此，无论何种技术路线，制氢领域都需要革命性的产品创新。

#### 2. 在氢储运领域

压缩氢气是目前我国主流的氢储运方式，其研发创新方向主要是提升工作压力以提高氢气密度，同时保障安全性；液氢储运已在海外市场率先实现了商业化；其他各类氢载体的储运技术目前也处于积极的商业化应用探索阶段。

#### 3. "氢-电"转化

"氢-电"转化是氢能利用的关键技术，目前在小功率分布场景下以固定式燃料电池发电为主，而大功率集中式发电则采用氢燃气轮机或锅炉掺氨燃烧方案。这些方案均已有明确的技术发展路线和示范场景，成熟的商用产品预计在 2030 年以前推出并实现应用。

### 4. 氢安全管理

氢安全管理是近年来受到关注的一个新兴领域。大规模用氢场景下的氢安全体系化管理是一项全新的挑战，需要从本征安全、主动安全、被动安全三方面着手，并结合数字化手段，对氢能全链条进行有效管理。

# 第七节　氢能的发展及政策

在低碳、环保的背景下，以氢能为代表的清洁能源将逐步取代传统的化石能源，成为能源结构中的重要组成部分。

## 一、氢能产业的发展现状

从国际看，全球主要发达国家高度重视氢能产业发展，氢能已成为加快能源转型升级、培育经济新增长点的重要战略选择。多个国家、地区开始大力发展氢能产业，并加强政策支持，提高资金和技术投入。美国、欧盟、日本在氢能产业发展方面处于世界领先水平。

### 1. 国际氢能产业的发展现状

（1）美国　在氢能产业的发展中，美国处于世界领先地位。在氢能政策方面，美国已经将氢能研究、开发作为重要的国家战略。美国的氢气消耗量较高，主要应用于炼油、氨生产；在制氢方面，以天然气重整为主，部分氢能来源于石油炼化工业。美国的氢能产业具有完善的产业链，产业链上下游的技术先进，在氢气生产、储运以及氢燃料电池汽车的研发等方面，美国拥有十分成熟的技术。

（2）欧盟　氢能是欧盟能源战略的重要内容，在能源转型的过程中，欧盟将发展氢能作为实现脱碳目标的方式和途径。针对氢能和燃料电池产业的发展，欧盟提供了政策和资金的支持，并积极推进相关技术研发。欧盟在氢能发展战略中，计划在 2030 ～ 2050 年拥有成熟的可再生能源制氢技术并实现产业大规模部署。在发展氢能产业方面，欧盟天然气基础设施完善，同时拥有先进的风力和光伏发电技术，能够为制氢、储氢和运氢提供良好的基础条件。

（3）日本　日本在氢能产业发展中，将构建"氢能社会"作为目标。在构建"氢能社会"的第一阶段，应用化石能源制氢技术，积极进行氢燃料电池的推广，扩大氢能应用范围；在第二阶段，计划应用可再生能源制氢，建立大规模氢能供应系统；在第三阶段，计划建立全生命周期零排放供氢系统。日本在氢能发展战略中，强调氢能与其他能源的协同发展。交通是日本应用氢气的主要领域，在氢燃料电池汽车的研发方面，日本处于世界领先水平。

## 2. 国内氢能产业的发展现状

在碳达峰、碳中和的背景下，优化能源结构势在必行，我国开始积极推动氢能产业体系的建设，氢气需求量显著提升。目前我国已经成为世界上最大的制氢国。可再生能源装机量全球第一，在清洁低碳的氢能供给上具有巨大潜力。国内氢能产业呈现积极发展上升态势，已初步掌握制氢、储氢、运氢、加氢、燃料电池和系统集成等主要技术和生产工艺，在部分区域实现燃料电池汽车小规模示范应用。虽然我国是世界上最大的制氢国，但满足燃料电池所需要的高纯度氢气的制、储、运和应用仍处于发展初期。

（1）氢能制取　按照制氢方式不同，氢能制取可分为化石能源制氢、工业副产氢及电解水制氢等方式。

① 化石能源制氢是我国主要的制氢方式。化石能源制氢主要包括煤制氢、天然气制氢、石油制氢、甲醇制氢及氨分解制氢等，其技术成熟，适合大规模工业化生产。当前，降低化石能源制氢中产生的碳排放是全球氢能制取领域所面临的首要挑战。

② 工业副产氢包括氯碱副产制氢、焦炉气制氢及氨分解制氢等，能够提供大规模廉价氢源。工业副产氢的原料分布广泛，成本低且碳排放量低，是较为经济的制氢方式，可用作燃料电池氢源以解决成本及氢大规模储运等问题。但目前技术受限，氢气的纯度较低。

③ 电解水制氢技术不会生成二氧化碳，无污染，且具有工艺简单、氢气纯度高等优势。但目前主要面临的问题是成本高，能耗高，效率低。

（2）氢气储运　氢气储运是高效利用氢能、促进氢能大规模化发展的主要环节。储氢技术一般要求安全、低成本、取用方便和大容量。目前储氢的方式可以分为气态储氢、液态储氢及固态储氢等。

① 气态储氢技术发展成熟、应用广泛，该技术的储氢密度受压力影响较大，而压力受储罐材质限制，且压缩过程需消耗大量能量。气态储氢可大规模应用，具有技术成熟、结构简单及充放氢速度快等优点，但其仍具有单位体积储氢密度低及安全性能差等缺点。

② 液态储氢密度更高，体积密度为气态储氢密度的 845 倍，其运输效率高于气态储氢，可实现高效储氢。

③ 固态储氢是以化学氢化物、金属氢化物或纳米材料等作为载体，通过化学或物理吸附实现氢的存储。其具有单位体积储氢密度大、能耗低、常温常压即可进行、安全性好及放氢纯度高等优势，其吸放氢的速度较稳定，可保证储氢过程的稳定性。但具有储氢不牢固、技术不够成熟、易发生材料中毒等风险，导致其储氢能力下降。

（3）氢能应用　氢能的应用领域涉及工业领域、交通领域、电力领域和建筑领域等。

① 在工业领域的应用中，氢能除了具有能源燃料属性外，还是重要的工业原料。氢气可以代替焦炭和天然气作为还原剂，可以消除炼铁和炼钢过程中的绝大部分碳排放。利用可再生能源电力电解水制氢，然后合成氨、甲醇等化工产品，有利于化工行业大幅度降碳减排。我国目前氢能应用占比最大的领域是工业领域。

② 在交通领域的应用中，氢能可作为各种交通工具的燃料，特别是氢能在燃料电池汽车的应用是发展重点。

③ 在电力领域的应用中，氢能可以为氢燃气轮机提供动力，从而实现发电行业的脱碳。

因可再生能源具有不稳定性，通过电 - 氢 - 电的转化方式，氢能可成为一种新型的储能形式。在电源侧，氢储能可以减少弃电、平抑电波动；在电网侧，氢储能可以为电网运行调峰容量和缓解输变线路阻塞等。

④ 在建筑领域的应用中，氢燃料电池为建筑发电的同时，余热可以回收用于供暖和热水。在氢能运输至建筑终端方面，可借助较为完善的家庭天然气管网，以小于 20% 的比例将氢气掺入天然气中，并运输至千家万户。

图 1-2 所示为未来氢能产业结构示意。

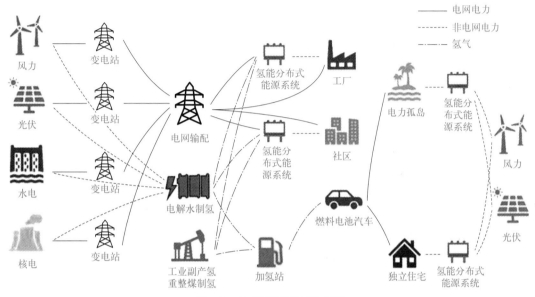

图 1-2　未来氢能产业结构示意

## 二、发展氢能的优势与劣势

### 1. 发展氢能的优势

① 氢能源是一种清洁、高效、可再生的能源，可以实现零碳排放，有利于保护环境和应对气候变化。

② 氢能是一种可再生的能源，它可以从水、天然气、生物质等多种资源中制取，而这些资源都是丰富的或可再生的。

③ 氢能是一种高效的能源，氢气在燃料电池中与氧气结合时可以产生电力和热力，其效率高于内燃机。

④ 氢能可以与多种能源相互转化，具有高度的灵活性和兼容性，可以提高能源系统的稳定性和安全性。

⑤ 氢能可以有效解决可再生能源的消纳问题，通过电解水或其他方式将多余的电力转化为氢气储存或运输，实现能源的最优配置和利用。

⑥ 氢能可以应用于多个领域，如工业领域、交通领域、电力领域、民用领域和航空航天领域等，提高能源效率和降低成本，促进经济社会发展。

⑦ 氢能是实现"双碳"目标的重要途径之一,已成为许多经济体碳中和投资计划的核心要素。氢能与风能、太阳能等可再生能源一起构成完整的绿色能源系统。

### 2. 发展氢能的劣势

① 虽然氢气可以通过电解水、天然气重整等方法生产,但是这些方法的能耗较高,需要大量的电力和水资源。因此,目前氢能源的生产成本仍然较高,难以与传统的化石燃料竞争。

② 氢能的生产、储存、运输和使用等环节还存在一些技术难题和挑战,需要不断研发创新和完善标准规范。

③ 氢能的安全性还有待提高,氢气具有易燃易爆、扩散快、腐蚀性强等特点,需要采取严格的防护措施和管理制度。

④ 氢能的基础设施建设还不完善,需要大量的投资和政策支持,目前还没有形成成熟的市场体系和商业模式。

⑤ 氢能的社会认知度和接受度还不高,需要加强宣传教育和示范推广,提升公众对氢能的信任和支持。

## 三、氢能产业的发展前景

氢能产业具有以下发展前景。

### 1. 国际氢能产业进入快速发展期

美国、欧洲、日本等主要工业化国家和地区都已将氢能纳入国家能源战略规划。目前,氢能已正式纳入我国能源战略体系,我国氢能产业发展正在进入新的历史时期。

### 2. 市场需求量庞大,推动氢能产业发展

在倡导健康环保的时代背景之下,发展氢能是目前的主流趋势之一,氢燃料电池汽车是氢能的主要应用领域。随着氢能应用关键核心技术的不断突破,产业规模化的持续提升,除了汽车领域外,逐步传导至工业、建筑、电力等领域。由于全球能源供应压力的增大和环境污染的严重,替代传统能源的清洁能源技术获得越来越多的政策和市场支持。未来,氢能的下游应用领域会不断扩大,氢能需求随之增大,加速制氢产业发展。

### 3. "双碳"目标助推氢能产业发展

碳达峰、碳中和战略下脱碳成为全球氢能发展的第一驱动力。在此背景下,我国提出二氧化碳排放力争于 2030 年前达到峰值,努力争取 2060 年前实现碳中和。低碳清洁的氢能源成为实现碳中和路径的重要抓手。在政策的推动下,未来我国氢能源行业将进一步扩大市场,迎来新的发展方向。

### 4. 能源转型为氢能产业提供新机遇

近年来,清洁能源在能源结构中占比快速上升,但煤炭和石油等化石能源占比较高,传统工业、能源行业面临巨大的减碳压力。未来,氢能将在能源转型中发挥重要作用,到

2050 年将满足全球最终能源需求的 7%。在能源转型的背景下，氢能产业将迎来重大发展机遇。

### 5. 关键技术加速突破，助推氢能产业发展提速

氢能关键技术近年来发展迅速，技术成熟度越来越高，得到了越来越多的投融资机构的关注。目前，我国已掌握制氢技术，液态储氢已实现国产化，但是有些关键零部件还依赖进口，燃料电池的关键材料（催化剂、质子交换膜与炭纸等）受国外垄断；关键组件制备工艺急需提升，燃料电池堆、膜电极、双极板、空压机、氢气循环泵等与国际先进水平仍然存在差距。随着"双循环""双碳"目标及"十四五"规划等各种鼓励氢能产业发展政策的推出，我国将加速突破氢能产业"卡脖子"关键核心技术，逐渐实现进口替代。在政策支持和产业链降本共振下，氢能产业正在提速，氢能产业开始步入发展的快车道。

总之，发展氢能产业是保障国家能源安全的重要举措，是构建国家能源体系的重要方向，是用能终端实现绿色低碳转型的重要载体，对于优化能源结构、提升我国能源自保能力、实现"双碳"目标，具有十分重要的意义。

## 四、我国氢能的主要来源

我国氢能的主要来源是煤制氢，其次是天然气制氢和工业副产氢，电解水制氢仅占很小部分。图 1-3 所示为 2020 年国内制氢结构。图 1-4 所示为 2050 年国内制氢结构预测。由图 1-3 和图 1-4 可以看出，制氢结构发生了重大变化，煤制氢从 62% 降低到 10%，而电解水制氢从 1% 上升到 49%。

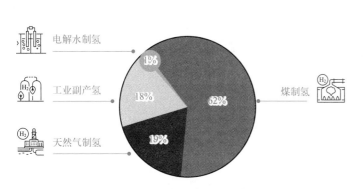

图 1-3　2020 年国内制氢结构

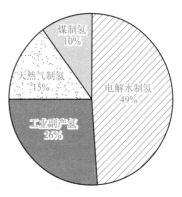

图 1-4　2050 年国内制氢结构预测

从全球来看，目前天然气制氢占据主要位置，其次是煤制氢和工业副产氢。从国内来看，煤制氢占据主要位置，其次是天然气制氢和工业副产氢。国内制氢之所以形成这样的现状，不仅与制氢技术水平、经济效益有关，也与我国目前的国情息息相关。从资源分布上，我国是一个富煤、贫油、少气的国家，在现有的所有制氢技术中煤制氢路线最为成熟、高效，可大规模稳定制备，是当前成本最低的制氢方式。而且我国天然气主要来自进口，采用该路径将使得氢气生产成本上升，所以国内天然气制氢占比较低，而反观中东、俄罗斯、北美洲等国家和地区，由于天然气成本较低，天然气制氢成为这些国家和地区的

主要路径。

目前占比最高的煤制氢和天然气制氢两种方式均不适合未来的发展。这是因为氢能开发的初衷是降低碳排放，据测算，按照当前我国氢能结构中煤制氢占比，若 2050 年实现 1 亿吨氢气的终端应用，需要消耗超过 5 亿吨标准煤，排放二氧化碳 12 亿～18 亿吨，这将使得氢能产业反而会成为非常大的耗能和碳排放领域，这无疑与实现我国能源绿色低碳转型的目标不符。天然气制氢的再利用效率与经济性较低，不符合资源的合理配置。

与煤制氢和天然气制氢对比来看，工业副产氢不仅碳排放量相对较低，生产每千克氢气仅排放少于 5kg 的二氧化碳，从制氢工艺的生产成本上看，工业副产氢的成本也比较低，处于煤制氢和天然气制氢的中间水平。但是工业副产氢也存在区域性限制、运输半径经济性的问题。以氯碱化工企业为例，单个企业可利用的放空氢量均不超过 1 万吨，且产能分散。在目前氢气运输瓶颈尚未完全突破、成本较高的情况下，经济覆盖半径为 200～300km。此外，由于是工业副产氢，我国大部分传统化工产品都已经产能过剩，这种氢制取方式无法通过鼓励开发的方式进行生产，因为有可能造成企业提高化工品产量，从而造成更严重的产能过剩问题。

从更长期的视角来看，采取风、光等可再生能源电解水制氢将是长期发展的必然趋势，目前制约电解水制氢的关键在于成本较高、耗电量大，而且我国电力目前主要还是依赖于火力发电，电解水制氢依旧面临碳排放的问题。但是，若将电力结构由火力发电调整为可再生能源发电，叠加电解水制氢具备工艺简单、无污染、氢气产品纯度高等特性，该路径将具备其他方式不可比拟的优势。

## 五、我国氢能生产企业和产能分布

氢气作为一种清洁、高能的二次能源，在能源领域有着广泛的应用前景。随着国内外对清洁能源需求的不断增加，我国氢气产能也在不断扩大。然而由于不同地区的资源禀赋、生产成本等因素的影响，我国氢气产能分布不均衡，存在一定的发展障碍。

### 1. 化石能源制氢生产企业和产能分布情况

① 短期看化石能源制氢仍是最大的氢气来源，主要通过煤制氢、天然气制氢以及甲醇制氢等方式进行制取，但其存在碳排放问题，如果采用碳捕集技术，成本高，导致价格优势逐渐降低，因此当前应用较少。化石能源制氢造成不可再生能源的消耗，不具备长期大规模应用基础。

② 天然气制氢和煤制氢技术已经完全成熟，并且工艺和设备基本实现国产化。我国煤炭资源丰富，而天然气制氢价格挂钩天然气价格，我国"富煤、缺油、少气"的资源禀赋特点，仅有少数地区可以探索开展，天然气制氢平均成本明显高于煤制氢。煤制氢需要使用大型气化设备，设备投入成本较高，只有规模化生产才能降低成本，因此适合中央工厂集中制氢，不适合分布式制氢。

③ 受原料价格和资源约束影响，目前国内新上炼厂主要以煤制氢作为主要制氢手段。天然气成本占到天然气制氢的 73% 以上，煤炭成本占到煤制氢的 54% 以上。2022 年，我国氢气产量超过 4000 万吨，其中仅工业副产氢就接近 1000 万吨。

④ 灰氢的主要生产企业包括中国神华、美锦能源、东华能源、中国石油、中国石化等，

主要以掌握煤炭、石油、天然气资源的国有企业为主，天然气制氢产能来自掌握天然气资源的中国石化。中国石化在我国氢能源行业和国内氢气制取市场的产能／产量上处于领先地位，凭借石油化工的强大实力，氢气产能超过 350 万吨／年；中国石油氢气产能超过 260 万吨／年。

⑤ 煤制氢主要集中于宁夏宁东能源基地、内蒙古鄂尔多斯等煤炭产区，天然气、炼油重整制氢则多分布在沿海地区，如青岛、宁波等大型石化炼化基地。

⑥ 全国化石能源制氢生产区域主要分布在宁夏宁东能源化工基地和陕西煤炭产区。宁夏宁东能源化工基地氢气总产能达到 240 万吨／年，其中煤制氢 235 万吨／年；陕西煤炭产区具有全球最大的煤制氢变压吸附装置项目，每年产氢能力可达 35 万吨。

## 2. 工业副产氢生产企业和产能分布情况

① 工业副产氢是指现有工业在生产目标产品的过程中生成的氢气，目前主要形式有烧碱（氢氧化钠）行业副产氢、钢铁高炉煤气可分离回收副产氢、焦炭生产过程中的焦炉煤气可分离回收氢、石化工业中的乙烯和丙烯生产装置可回收氢。氢气作为化工生产的原料和中间产品，通常会通过煤炭焦化气化、天然气重整以及甲烷煤炭合成气等化工生产的方式进行制取。以焦炉煤气、轻烃裂解副产氢气和氯碱化工尾气等为主的工业副产氢，由于产量相对较大且相对稳定，也成为现阶段氢气的供给来源之一。

② 当前国家对氢能行业的发展采用有选择性的扶持政策，近期，氢能产业发展较快的地方应充分利用工业副产氢，使产业发展初期可以依托低成本的工业副产氢，快速壮大市场规模。工业副产氢主要来自焦炉煤气制氢、丙烷脱氢、氯碱化工尾气制氢等，现阶段全国工业副产氢年制氢潜力在 500 万吨左右。

③ 工业副产氢的参与者较多，根据副产方式主要有焦炉煤气副产氢（美锦能源、宝丰能源等）、丙烷脱氢（卫星化学等）、氯碱工业（滨化股份等）等。

④ 在很多北方区域和煤化工大省，制氢成本非常低，煤制氢和工业副产氢的成本普遍为 10 元/kg 左右，如山西美锦能源焦炉煤气制氢成本为 10 ~ 13 元/kg，河北旭阳集团焦炉煤气制氢成本为 7.84 ~ 11.2 元/kg。

⑤ 丙烷脱氢制丙烯装置的原料大多依赖进口，东部沿海地区具有码头区位优势，因此丙烷脱氢产能大多数分布在东部沿海地区（京津冀、山东、江苏、浙江、福建、广东）。从产业布局来看，丙烷脱氢产业与氢能产业负荷中心有很好的重叠，丙烷脱氢装置副产氢接近氢能负荷中心，可有效降低氢气运输费用，而且该产业副产氢容易净化，回收成本低，因此丙烷脱氢装置副产氢将是氢能产业品质高、成本低的氢气来源。

⑥ 全国工业副产氢生产区域主要分布在山西焦煤产区、齐鲁氢能经济带和长三角化工区等。山西焦煤产区拥有全国最大的焦化产能，煤炭炼焦过程得到的副产品——焦炉煤气的含氢量约为 60%，年可提取氢气 140 亿立方米；齐鲁氢能经济带是工业副产氢的重要基地，工业副产氢年产量达到 400 万吨；长三角化工区是我国副产氢资源非常丰富的区域，浙江、江苏、上海均分布有大量副产氢企业，长三角区域仅在建及规划的丙烷脱氢装置副产氢资源总量就超 50 万吨／年。

## 3. 电解水制氢生产企业和产能分布情况

① 在技术路线方面，电解水制氢技术可分为碱性电解水制氢、质子交换膜电解水制

氢、固体氧化物电解水制氢和阴离子交换膜电解水制氢。质子交换膜电解水制氢电流密度远大于碱性电解水制氢，但其能耗也相对较高，作为未来主要的电解水制氢技术，降低制备成本与能耗就显得尤为重要。在市场化进程方面，碱性电解水制氢作为非常成熟的电解水制氢技术占据着主导地位，尤其是一些大型项目的应用。我国的碱性电解水制氢技术相对成熟，在国内市场份额较高，碱性电解水制氢核心设备已基本实现国产化。国内的质子交换膜电解水制氢技术发展时间较短，其性能尤其是寿命尚缺乏市场验证，整体上落后于欧美国家。当前电解水制氢量占总制氢量的比例极低，仅为1%左右，主要原因是成本不经济，而且火电为主的电力结构仍会产生污染。电解费用占总成本达70%以上，当电价低于0.3元/（kW·h）时，电解水制氢成本才接近化石能源制氢。火电制氢会造成更高的碳排放，是化石能源制氢的3～4倍。目前国内大型绿氢项目主要分布于西北、华北和西南地区。

② 电解水制氢生产区域主要分布在内蒙古、甘肃、宁夏、四川、河北等地。内蒙古提出"2025年可再生能源制氢产量达到50万吨"；甘肃提出"2025年可再生能源制氢产量达到20万吨"；宁夏提出"2025年可再生能源制氢规划产量达到8万吨；2030年可再生能源制氢产量达到30万吨"；四川充分利用水资源制氢，正推动"10万吨级可再生能源电解水制氢合成氨示范工程"；河北的风电、光伏发电装机均居全国第二位，"十四五"期间，在张家口规划布局了11个重点推进的制氢项目。

可以看出，西北、华北、华东地区是我国主要的制氢产地，合计产能占比超过70%，华南、西南、东北地区产能分布相对较少。这样的产能分布特征与我国以煤为主的能源结构息息相关，以煤制氢为主的制氢产能更多地向煤炭资源密集的西北与华北地区集中。另外，华东地区化工产业较为密集，主要以工业副产氢为主。随着可再生能源制氢的发展，氢气产能分布也会发生变化。

③ 现阶段电解水制氢成本较高，主要原因是电解槽设备成本较高以及电费较高。未来随着技术进步，电解槽成本有望进一步下降，同时伴随风能、太阳能发电技术的不断提升，电费有望进一步下降。综合来看，电解水制氢是未来制氢的主流路线。

未来，我国要重点发展氢能在交通领域，特别是在燃料电池和燃料电池汽车的应用。近年来，多省发布氢能及燃料电池产业发展规划，加速氢能产业化进程。从区域竞争格局来看，我国氢能产业形成了长三角地区、珠三角地区、环渤海地区和中西部重点地区集聚发展态势。其中，长三角地区是我国氢燃料研发和示范最早的地区，在氢气制取、氢燃料电池系统关键零部件研发方面稳步推进；珠三角地区针对燃料电池商用车生产建立了成熟的产业链，在加氢站建设方面领先全国；环渤海地区具有科研、政策和化工产业优势，较早开展工业副产氢、产业链关键零部件研发和燃料汽车大规模应用示范。另外，西部地区以四川为代表，以其油气资源和水电资源优势，成为国内可再生能源制氢和燃料电池电堆研发的重要地区；中部地区以湖北和河南为代表，着力发展氢气制取、氢燃料电池汽车研发和制造、大客车规模示范等方面。我国氢能及燃料电池产业区域分布见表1-9。

表1-9 我国氢能及燃料电池产业区域分布

| 区域分布 | 发展重点 |
| --- | --- |
| 长三角地区 | 氢气制取、燃料电池汽车关键零部件、氢气储运和加氢站基础设施 |

| 区域分布 | 发展重点 |
|---|---|
| 珠三角地区 | 氢燃料电池系统和燃料电池商用车生产 |
| 环渤海地区 | 化石能源和工业副产氢、氢燃料电池关键部件研发、氢气储运和加氢站基础设施 |
| 西部以四川等为代表 | 可再生能源制氢、氢气储运和加氢站基础设施 |
| 中部以湖北和河南等为代表 | 工业副产氢、燃料电池汽车关键零部件 |

## 六、我国氢能的主要消费

我国是全球最大的氢气消费国，氢气的下游消费主要涵盖工业、交通、发电和建筑四个领域，其中以工业为主要领域，但随着全球环保意识的不断提高，氢气在交通、发电和建筑等领域的应用也逐渐增加。图 1-5 所示为 2020 年我国氢能主要消费途径占比，其中，生产合成氨用氢占比为 37%，甲醇用氢占比为 19%，直接燃烧占比为 15%，炼油用氢占比为 10%，其他用氢占比为 19%。

工业领域对氢气的需求最大，主要用于化工行业生产氨、甲醇等化学品，在冶金中充当还原剂、改善钢铁性能以及在炼油中脱硫、脱氮、加氢等；在交通领域，氢气被用作燃料电池汽车的能源，可以实现零排放，因此被认为是未来汽车发展的方向之一；在发电领域，氢气被用作清洁能源的一种，可以通过燃烧或燃料电池的方式发电；在民用领域，氢气被用于供热中，可以通过与氧气反应产生热能，实现清洁能源的供暖。

为了响应"双碳"目标，同时风、光发电成本的下降推动了绿氢的发展，绿氢对灰氢、蓝氢的替代是未来势在必行的方向。从未来空间来看，绿氢短期内以风光基地就地消纳为主，主要应用场景是合成氨制备化肥、合成甲醇；中期可以实现对国内其他区域化工用灰氢、蓝氢的替代，交通领域、炼油用氢也有替代空间；长期化工端冶金用氢，以及氢储能在电网调峰中的应用有望提供较大增量。

根据中国氢能联盟的预测，在 2060 年前实现碳中和的愿景下，我国氢气的年需求量将增至 1.3 亿吨左右，其中，工业领域用氢量占比仍然最大，约为 7800 万吨，占氢总需求量的 60%；交通领域用氢量约为 4030 万吨，占氢总需求量的 31%；电力领域用氢量约为 650 万吨，占氢总需求量 5%；其他领域用氢量约为 520 万吨，占氢总需求量的 4%，如图 1-6 所示。可以看出，氢能在交通领域的应用得到快速增长，这也符合我国氢能的发展战略和规划。

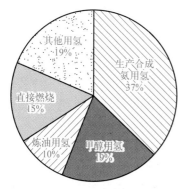

图 1-5　2020 年我国氢能主要消费途径占比

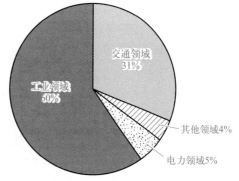

图 1-6　2060 年我国氢能主要消费占比预测

## 七、我国目前用氢成本

用氢成本主要包括制氢成本、储运氢成本和氢气加注成本等。

### 1. 制氢成本

氢成本是制约氢能源发展的主要因素。制氢的方式很多，主要包括化石能源制氢、工业副产氢、电解水制氢和可再生能源电解水制氢等。

① 化石能源制氢主要是指煤制氢和天然气制氢。目前我国制氢成本最低的方式是煤制氢，但天然气制氢相比煤制氢，在环保、投资、能耗等方面都具有明显优势，比如甲烷（$CH_4$）氢碳比为 4：1，原油氢碳比为（1.7～1.8）：1，煤炭氢碳比为 1：10，在化学组成上天然气比煤更适合制氢；天然气制氢仅有少量锅炉污水，而煤制氢产生大量的灰渣、酸性气体和污水；同等制氢规模，天然气制氢装置投资约为煤制氢的 40%，每 $1000m^3$ 产品能耗和碳排放约为煤制氢的 50%。氢气来源对天然气和煤炭的依赖，意味着大量的二氧化碳排放，需要配合碳捕集与封存以及碳捕集、利用与封存技术，但同时也会增加制氢成本。比如天然气制氢，工厂采用碳捕集、利用与封存后，能使碳排放量减少 90% 以上，但资本性支出和运营成本将会各增加约 50%，使最终制氢成本增加约 33%。煤炭价格为 450～950 元/t 时，煤制氢价格为 9.73～13.70 元/kg。天然气价格为 1.67～2.74 元/$m^3$ 时，天然气制氢价格为 9.81～13.65 元/kg；采用碳捕集与封存（carbon capture and storage，CCS）技术以及碳捕集、利用与封存（carbon capture，utilization and storage，CCUS）技术后，煤制氢的成本分别增加 10% 和 38%。

② 工业副产氢具有经济优势和减少碳排放优势，但是排放过程中含有腐蚀性气体会造成一定的环境污染。我国现有工业副产氢产能规模大，工业副产氢的成本为 9.29～22.40 元/kg，具有一定的成本优势和规模优势，有望成为氢产业绿色化可行的过渡方案。

③ 电解水制氢的产品纯度高，但目前电耗高达 4.5～5kW·h/$m^3$，且生产 1kg $H_2$ 需耗水约 9L，约是天然气制氢耗水的 2 倍。电解水制氢装置的经济规模也偏小，价格昂贵，未来随着风电、光电成本的降低，电解水制氢成本有望不断降低。受限于电价水平和初始固定投资成本较高，现阶段电解水制氢的成本仍较高，工业用电价格为 0.4 元/（kW·h）时，在现有条件下碱性电解水制氢成本为 29.9 元/kg，质子交换膜电解水制氢成本为 39.87 元/kg。

④ 可再生能源电解水制氢能从制氢源头上实现零碳或低碳。从长远来看，未来的氢源将以可再生能源制氢为主。电解水制氢的经济性依赖于可再生能源发电成本的降低，以及随着技术迭代和规模增长带来的设备成本降低。当可再生能源电价降至 0.16 元/（kW·h），碱性电解和质子交换膜电解设备价格分别降至 1000 元/kW 和 2750 元/kW 时，碱性电解水制氢和质子交换膜电解水制氢成本分别是 11.64 元/kg 和 14.34 元/kg，与化石能源制氢 + 碳捕集、利用与封存技术的成本相当；当可再生能源电价降至 0.13 元/（kW·h），碱性电解和质子交换膜电解设备价格分别降至 800 元/kW 和 1400 元/kW 时，碱性电解水制氢和质子交换膜电解水制氢成本分别是 9.21 元/kg 和 10.02 元/kg，与现阶段的化石能源制氢成本相当。

影响制氢成本的因素非常多，以上成本仅供参考，最终以企业制氢成本核算为准。

## 2. 储运氢成本

在氢能产业链中，氢的储运是连接氢气生产端与需求端的关键桥梁，深刻影响着氢能发展节奏及进度。由于氢气在常温常压状态下密度极低（仅为空气的1/14）、单位体积储能密度低、易燃易爆等，导致氢能的安全高效运输和储存难度较大。因此，发展安全、高效、低成本的储运氢技术是氢能大规模商业化发展的前提。氢气的储运环节的成本占终端用氢总成本的30%～40%，降低储运环节成本就成为降低终端用氢成本的关键。

按照氢的不同形态，通常将氢储运技术分为气态储运（高压长管拖车、管道）、液态储运（液氢罐车）和固态储运，其中以气态储运和液态储运为主。在氢能产业发展初期阶段，氢气用量及运输半径相对较小，此时高压气态运输的转换成本较低，更具性价比；氢能市场发展到中期，氢气需求半径将逐步提升，将以气态和低温液态为主；远期来看，高密度、高安全储氢将成为现实，管道输氢将被实现。

① 高压长管拖车在小规模、短半径用氢时经济性最佳。高压长管拖车运输成本主要包括固定成本（折旧费、人员工资等）和变动成本（包括氢气压缩耗电费、油料费等）。高压长管拖车运输成本随距离增加大幅上升。可测算出规模为500kg/d、距离氢源点100km的加氢站，运氢成本为6.50元/kg。随着运输距离的增加，高压长管拖车运输成本逐渐上升。距离500km时运输成本达到16.14元/kg。

② 低温液氢成本变动对距离不敏感，长距离下更具优势。液氢罐车的运输成本结构与高压长管拖车类似，但增加了氢气液化成本及运输途中液氢的沸腾损耗。可测算出规模为500kg/d、距离氢源点100km的加氢站，运氢成本为15.31元/kg。当加氢站距离氢源点100～500km时，液氢罐车的运输成本在15.31～15.91元/kg范围内小幅提升，运输成本并不会因为距离增加而大幅提升。这是由于液化成本占据了运输成本的70%左右，该成本仅与载氢量有关，与距离呈正相关的油费、路费等占比并不大，液氢罐车在长距离运输下更具成本优势。

③ 在大规模运输条件下，管道输氢经济性最佳。管道输氢的成本主要包括固定成本（折旧费、维护管理费等）和变动成本（包括氢气压缩耗电费、油料费等）。可测算出长度25km、年运输能力10万吨的氢气管道，运氢成本为1.16元/kg。由于压缩每千克氢气所消耗的电量是相对固定的，管道输氢成本增长的驱动因素主要是与运输距离正相关的管材折旧及维护费用。当运输距离为100km时，运氢成本为1.43元/kg，同等运输距离下管道输氢成本远低于高压长管拖车和液态罐车的输氢成本。因此，当下游需求足够支撑大规模的氢气运输时，通过管道输氢是一种降低成本的可靠方法。

## 3. 氢气加注成本

500kg/d和1000kg/d的加氢站已经成为目前已建及在建加氢站的主流规模。不含土地投资情况下，国内加氢规模为500kg/d的加氢站的投资为1200万～1500万元，1000kg/d的加氢站投资为2000万～2500万元，其中设备及土建的投资约占70%以上。加氢站加注压力正在从35MPa向70MPa甚至90MPa发展，不同压力配置的投资和氢气成本也不同，但可以明显看出的是，提高加氢站规模能明显降低氢气的加注成本。站内天然气制氢能大幅降低氢气成本，是加氢站未来发展的趋势之一。

2023年8月14日，我国长三角加氢站的加氢价格为33.69元/kg，唐山加氢站的加氢价格为34.83元/kg。

## 八、氢能对实现"双碳"目标的作用

碳达峰、碳中和"双碳"目标是我国社会发展的重要战略方向。国家发展和改革委员会、国家能源局联合发布的《氢能产业发展中长期规划（2021～2035 年)》，确定了我国未来氢能发展的整体架构，以氢能技术为代表的现代能源科技也成为未来能源变革的技术创新主要方向。大力发展氢能可为我国低碳转型做出积极贡献。

氢能是助力实现碳达峰、碳中和目标，深入推进能源生产和消费革命，构建清洁低碳、安全高效能源体系的重要支撑技术。氢能发展对"双碳"目标实现具有重要战略意义。

### 1. 氢能是构建以新能源为主体的新型电力系统的重要组成部分

推动光伏、风电等绿色电力占比上升和电源结构的低碳化，逐步构建以新能源为主体的新型电力系统是碳达峰、碳中和的核心任务。光伏发电、风力发电等新能源发电具有不稳定性、间歇性的特点，目前在我国占比仍比较低，尚可靠配置电化学电池来解决新能源发电短时储能（若干小时）的需求，以帮助解决电网在输配、波动性调控、无功调节、调频调峰等方面的问题。但是，随着新能源发电比重的进一步上升，达到 25% 乃至 30% 以上，电力系统必须通过氢能等载体实现大规模、长周期储能，从而促进可再生能源的跨地域和跨季节优化配置，实现可再生能源规模化的高效利用。

### 2. 氢能是工业用能终端降低碳排放的重要载体

钢铁、化工等领域是全社会碳排放的重点领域，占我国全社会碳排放总量的 30% 左右。钢铁、化工等行业的降碳对碳达峰、碳中和非常关键。钢铁领域的碳排放主要包括烧结、炼铁、炼焦等工艺环节，其中煤炭作为燃料燃烧以及作为还原剂使用的过程排放是主要的排放源。石化、化工行业的碳排放也较为类似，包括蒸汽裂解环节大量的化石燃料燃烧的排放以及煤炭、石油等含碳原料使用的工业过程排放。此类排放由于工艺特性难以通过直接电气化（绿色电力 + 电气化）的方式来脱碳，而绿氢的应用可作为重要的降碳路径。因此，加强绿氢的供应，因地制宜引导多元应用，已成为工业领域降碳，特别是钢铁、化工领域降碳的重要路径。

### 3. 氢能是交通领域绿色低碳转型的重要方向

交通领域是节能减排的主要领域之一。交通领域通过氢燃料替代来降碳可细分为道路运输领域、海运领域和航空领域。

① 目前小汽车和轻型商用车降碳将主要由电气化驱动，氢能将在重型运输车（环卫车、工程渣土车、搅拌车、叉车等）和长途商用车运输领域发挥重要作用，特别是氢燃料补给站网络逐步完善后。

② 电气化的潜力仅限于靠泊时的岸电以及近海航运，因为电池的能量密度难以满足深海航运要求。压缩或液体形式的纯氢由于能量密度较低，不太可能在国际航运中大规模使用，安全问题和缺乏补给基础设施也是额外的挑战。但是，用氢生产成氨或合成甲醇等燃料是较有可能的运输选择。使用甲醇或氨可充分利用现有燃料补给基础设施，船舶上的燃料储罐成本也较低，特别是使用甲醇。由于甲醇需要通过氢、二氧化碳进行合成，因此还可实现其他工业设施捕集的二氧化碳的再利用。

③ 以动力电池作为能源在长途飞行中不具可行性，纯氢作为零碳航空燃料是一个可能

的路线选择，但也存在能量密度低、氢罐安全等问题，预计较长时间内还难以大规模使用。与海运领域类似，使用基于绿氢生产的高能量密度的合成燃料更为可行。

在"碳达峰"阶段，为使我国单位 GDP（国内生产总值）的二氧化碳强度下降，氢能可在化石能源与可再生能源之间起到桥梁与纽带的作用，在替代化石能源直接消耗、促进终端能源消费清洁化的同时，也可以成为可再生能源发展的缓冲器，避免可再生能源不稳定性对能源体系带来的负面冲击。

在"碳中和"阶段，碳减排强度史无前例，各行业都要强化转型力度，特别是工业中难以减排的行业要实现进一步深度减排，氢能将在这些行业发挥不可替代的作用。

## 九、氢能的战略地位

氢能是未来国家能源体系的重要组成部分，应充分发挥氢能作为可再生能源规模化高效利用的重要载体作用及其大规模、长周期储能优势，促进异质能源跨地域和跨季节优化配置，推动氢能、电能和热能系统融合，促进形成多元互补融合的现代能源供应体系。

### 1. 氢能是用能终端实现绿色低碳转型的重要载体

以绿色低碳为方针，加强氢能的绿色供应，营造形式多样的氢能消费生态，提升我国能源安全水平。发挥氢能对碳达峰、碳中和目标的支撑作用，深挖跨界应用潜力，因地制宜引导多元应用，推动交通、工业等用能终端的能源消费转型和高耗能、高排放行业绿色发展，减少温室气体排放。

### 2. 氢能产业是战略性新兴产业和未来产业重点发展方向

以科技自立自强为引领，紧扣全球新一轮科技革命和产业变革发展趋势，加强氢能产业创新体系建设，加快突破氢能核心技术和关键材料瓶颈，加速产业升级壮大，实现产业链良性循环和创新发展。践行创新驱动，促进氢能技术装备取得突破，加快培育新产品、新业态、新模式，构建绿色低碳产业体系，打造产业转型升级的新增长点，为经济高质量发展注入新动能。

## 十、发展氢能的基本原则

发展氢能要坚持以下基本原则。

### 1. 创新引领，自立自强

坚持创新驱动发展，加快氢能创新体系建设，以需求为导向，带动产品创新、应用创新和商业模式创新。集中突破氢能产业技术瓶颈，建立健全产业技术装备体系，增强产业链及供应链的稳定性和竞争力。充分利用全球创新资源，积极参与全球氢能技术和产业创新合作。

### 2. 安全为先，清洁低碳

把安全作为氢能产业发展的内在要求，建立健全氢能安全监管制度和标准规范，强化对氢能制、储、输、加、用等全产业链重大安全风险的预防和管控，提升全过程安全管理水平，确保氢能利用安全可控。构建清洁化、低碳化、低成本的多元制氢体系，重点发展可再生能源制氢，严格控制化石能源制氢。

### 3. 市场主导，政府引导

发挥市场在资源配置中的决定性作用，突出企业主体地位，加强产、学、研、用深度融合，着力提高氢能技术经济性，积极探索氢能利用的商业化路径。更好地发挥政府作用，完善产业发展基础性制度体系，强化全国一盘棋，科学优化产业布局，引导产业规范发展。

### 4. 稳慎应用，示范先行

积极发挥规划引导和政策激励作用，统筹考虑氢能供应能力、产业基础和市场空间，与技术创新水平相适应，有序开展氢能技术创新与产业应用示范，避免一些地方盲目布局、一拥而上。坚持点线结合、以点带面，因地制宜拓展氢能应用场景，稳慎推动氢能在交通、储能、发电、工业等领域的多元应用。

## 十一、氢能产业的发展目标

### 1. 到 2025 年

形成较为完善的氢能产业发展制度政策环境，产业创新能力显著提高，基本掌握氢能核心技术和制造工艺，初步建立较为完整的供应链和产业体系。氢能示范应用取得明显成效，清洁能源制氢及氢气储运技术取得较大进展，市场竞争力大幅提升，初步建立以工业副产氢和可再生能源制氢就近利用为主的氢能供应体系。燃料电池车辆保有量约 5 万辆，部署建设一批加氢站。可再生能源制氢量达到 10 万～ 20 万吨 / 年，成为新增氢能消费的重要组成部分，实现二氧化碳减排 100 万～ 200 万吨 / 年。

### 2. 到 2030 年

形成较为完备的氢能产业技术创新体系、清洁能源制氢及供应体系，产业布局合理有序，可再生能源制氢广泛应用，有力支撑碳达峰目标实现。

### 3. 到 2035 年

形成氢能产业体系，构建涵盖交通、储能、发电、工业等领域的多元氢能应用生态。可再生能源制氢在终端能源消费中的比重明显提升，对能源绿色转型发展起到重要支撑作用。

### 4. 到 2060 年

氢能占终端能源消费比重达到 20% 左右，在全国乃至全球范围内实现将绿色能源转化为动力的系统解决方案。

## 十二、我国氢能产业标准体系建设的重点

2023 年 8 月 8 日，国家标准化管理委员会与国家发展和改革委员会、工业和信息化部、生态环境部、应急管理部、国家能源局等部门联合印发《氢能产业标准体系建设指南（2023版）》（以下简称指南）。指南共涉及 158 项氢能标准规划，并针对氢能制、储、输、加、用全链条发展的标准体系制（修）订30 项以上氢能国家标准和行业标准，转化国际标准 5 项

以上，提出国际标准提案3项以上。指南构建了氢能制、储、输、加、用全产业链标准体系，涵盖基础与安全、氢制备、氢储存和输运、氢加注、氢能应用五个子体系，按照技术、设备、系统、安全、检测等进一步分解，形成了20个二级子体系、69个三级子体系。指南提出了标准制（修）订工作的重点。

### 1. 基础与安全

在基础与安全方面，主要包括术语、图形符号、氢能综合评价、氢品质、通用件等基础共性标准以及氢安全基本要求、临氢材料（有氢腐蚀工况条件下使用的材料）、氢密封、安全风险评估、安全防护、监测预警、应急处置等氢安全通用标准，是氢能供应与氢能应用标准的基础支撑。

### 2. 氢制备

在氢制备方面，主要包括氢分离与提纯、电解水制氢、光解水制氢等方面的标准，推动绿色低碳氢来源相关标准的制（修）订。

### 3. 氢储存和输运

在氢储存和输运方面，主要包括氢气压缩、氢液化、氢气与天然气掺混、固态储氢材料等氢储运基本要求，容器、气瓶、管道等氢储运设备以及氢储存输运系统等方面的标准，推动安全、高效氢储运的相关标准的制（修）订。

### 4. 氢加注

在氢加注方面，主要包括加氢站设备、系统和运行与安全管理等方面的标准，推动加氢站安全、可靠、高效发展的相关标准的制（修）订。

### 5. 氢能应用

在氢能应用方面，主要包括燃料电池、氢内燃机、氢气锅炉、氢燃气轮机等氢能转换利用设备与零部件以及交通、储能、发电和工业领域氢能应用等方面的标准，推动氢能相关新技术、新工艺、新方法、安全的相关标准的制（修）订。

这是首个国家层面关于氢能全产业链标准体系建设指南，对我国氢能制、储、输、加、用全链条发展的标准体系的建立有巨大的引导作用和支持作用。

## 十三、我国氢能供应体系的重塑

氢的制取主要有三种较为成熟的技术路线：一是以煤炭、天然气为代表的化石能源重整制氢；二是以焦炉煤气、氯碱尾气、丙烷脱氢为代表的工业副产氢；三是电解水制氢，主要包括碱性电解水制氢、质子交换膜电解水制氢和固体氧化物电解水制氢等。生物质直接制氢和太阳能光催化分解水制氢等技术路线仍处于试验及开发阶段，产收率有待进一步提升，尚未达到工业规模制氢要求。

据中国氢能联盟规划，氢能产业发展初期（至2025年），作为燃料增量有限，工业副产氢因成本较低，且接近消费市场，将以工业副产氢就近供给为主，同时积极推动可再生能源发电制氢规模化、生物制氢等多种技术研发示范；中期（至2030年），将以可再生能源发电制氢、煤制氢配合 CCS 等大规模集中稳定供氢为主,工业副产氢为补充手段;远期(至 2050 年),将以可再生能源发电制氢为主,煤制氢配合 CCS 技术、生物制氢和太阳能光催化分解水制氢等技术成为有效补充。

氢能供应体系将逐步以绿氢为基础进行重塑。我国目前氢气来源主要以化石能源制氢和工业副产氢为主,而绿氢在氢能供应结构中占比很小(电解水制氢占比仅为 1%)。在消费侧,氢气主要作为原料用于化工(如合成甲醇、合成氨)、炼油等工业领域。着眼中长期,预计 2060 年我国氢气需求量 1.3 亿吨,氢能占终端能源消费的比重约为 20%。在碳中和情景下,若基于目前以化石能源制氢为主体的氢能供应体系,氢气生产的碳排放量预计为 10 亿吨 / 年,远高于碳汇所能中和的碳排放量。因此,在推动实现碳中和目标的过程中,氢能供应体系需逐步以绿氢为基础进行重塑,辅以加装碳捕集装置的化石能源制氢方式,才能改变氢能生产侧的高碳格局。

## 十四、鼓励氢能产业发展的主要政策

近几年国家鼓励氢能产业发展的主要政策见表 1-10。

表1-10 近几年国家鼓励氢能产业发展的主要政策

| 发布日期 | 政策名称 | 主要内容 |
| --- | --- | --- |
| 2023 年 8 月 | 《绿色低碳先进技术示范工程实施方案》 | 可再生能源制氢示范,先进安全低成本氢储存、运输装备研发制造与示范应用,氢燃料电池研发制造与规模化示范应用,纯烧、掺烧氢气燃气轮机研发制造与示范应用,氢电耦合示范应用等 |
| 2023 年 8 月 | 《氢能产业标准体系建设指南(2023 版)》 | 系统构建了氢能制、储、输、用全产业链标准体系,涵盖基础与安全、氢制备、氢储存和运输、氢加注、氢能利用五个子体系。按照技术、设备、系统、安全、检测等进一步分解,形成了 20 个二级子体系、69 个三级子体系 |
| 2023 年 1 月 | 《新型电力系统发展蓝皮书(征求意见稿)》 | 提及了氢燃料电池汽车、氢储能等应用环节的推广;长期实现电能与氢能等二次能源深度融合利用 |
| 2022 年 4 月 | 《关于“十四五”推动石化化工行业高质量发展的指导意见》 | 发挥碳固定、碳消纳优势,有序推动石化化工行业重点领域节能降碳,推进冶炼、煤化工与“绿电”“绿氢”等产业耦合以及二氧化碳规模化捕集、封存、驱油和制化学品等示范 |
| 2022 年 3 月 | 《“十四五”现代能源体系规划》 | 以攻坚氢能等前沿技术为核心,重点研究氢能相关技术及产业的攻克,推动氢能全产业链的发展 |
| 2022 年 3 月 | 《氢能产业发展中长期规划(2021～2035 年)》 | 明确了氢的能源属性,是未来国家能源体系的组成部分,推动交通、工业等用能终端和高能耗、高排放行业绿色低碳转型。同时,明确氢能是战略性新兴产业的重点方向,是构建绿色低碳产业体系、打造产业转型升级的新增长点 |

| 发布日期 | 政策名称 | 主要内容 |
|---|---|---|
| 2021 年 12 月 | 《"十四五"工业绿色发展规划》 | 提升清洁能源消费比重，鼓励氢能、生物燃料、垃圾衍生燃料等替代能源在钢铁、水泥、化工等行业的应用。严格控制钢铁、煤化工、水泥等主要用煤行业煤的消费，鼓励有条件地区新建、改扩建项目实行用煤减量替代 |
| 2021 年 11 月 | 《关于推进中央企业高质量发展做好碳达峰碳中和工作的指导意见》 | 优化非化石能源发展布局，不断提高非化石能源业务占比。完善清洁能源装备制造产业链，支撑清洁能源开发利用。全面推进风电、太阳能发电大规模、高质量发展，因地制宜发展生物质能，探索深化海洋能、地热能等开发利用。稳步构建氢能产业体系，完善氢能制、储、输、用一体化布局，积极部署产业链示范项目。加大先进储能、温差能、地热能、潮汐能等新兴能源领域前瞻性布局力度 |
| 2021 年 10 月 | 《2030 年前碳达峰行动方案》 | 积极扩大电力、氢能、天然气、先进生物液体燃料等新能源、清洁能源在交通领域的应用。大力推广新能源汽车，逐步降低传统燃油汽车在新车产销和汽车保有量中的占比，推动城市公共服务车辆电动化替代，推广电力、氢燃料、液化天然气动力重型货运车辆，提升铁路系统电气化水平 |
| 2021 年 6 月 | 《关于组织开展"十四五"第一批国家能源研发创新平台认定工作的通知》 | 氢能及燃料电池技术：研究内容包括但不限于高效氢气制备、储运、加注和燃料电池关键技术；氢能与可再生能源协同发展关键技术 |
| 2021 年 2 月 | 《关于加快建立健全绿色低碳循环发展经济体系的指导意见》 | 坚持节能优先，完善能源消费总量和强度双控制度。提升可再生能源利用比例，大力推动风电、光伏发电发展，因地制宜发展水能、地热能、海洋能、氢能、生物质能、光热发电 |
| 2020 年 11 月 | 《新能源汽车产业发展规划（2021~2035 年）》 | 攻克氢气储运、加氢站、车载储氢等氢燃料电池汽车应用支撑技术。提高氢燃料制、储、运经济性。因地制宜开展工业副产氢及可再生能源制氢技术应用。开展多种形式储运技术示范应用。逐步降低氢燃料储运成本；健全氢燃料制、储、运及加注等标准体系。加强氢燃料安全研究，强化全链条安全监管。推进加氢基础设施建设，完善加氢基础设施的管理规范，引导企业根据氢燃料供给、消费需求等合理布局加氢基础设施，提升安全运行水准 |

续表

| 发布日期 | 政策名称 | 主要内容 |
|---|---|---|
| 2020 年 9 月 | 《关于开展燃料电池汽车示范应用的通知》 | 将对燃料电池汽车的购置补贴政策，调整为燃料电池汽车示范应用支持政策，对符合条件的城市群开展燃料电池关键核心技术产业化攻关和示范应用给予奖励 |
| 2020 年 4 月 | 《中华人民共和国能源法（征求意见稿）》 | 优化发展可再生能源，支持开发应用替代油气的新型燃料和工业原料，氢能纳入能源范畴 |

在鼓励氢能产业发展政策中，除了国家级政策外，还有相当多的省级政策和市县级政策，而且数量还在不断增加。在这些政策当中，有发展规划相关政策、财政支持相关政策、项目支持相关政策、管理办法相关政策、氢能安全和标准相关政策等，其中以发展规划相关政策居多。

# 第二章

## 氢能制取技术

氢能制取技术主要分为化石能源制氢、工业副产氢、电解水制氢和可再生能源制氢等，其中化石能源制氢主要包括煤制氢、天然气制氢、甲醇制氢和石油制氢等。

# 第一节　煤制氢

煤是由含碳、氢的多种结构的大分子有机物和少量硅、铝、铁、钙、镁的无机矿物质组成的。煤制氢是以煤中的碳来取代水中的氢，最终生成氢气（$H_2$）和二氧化碳（$CO_2$）。煤中的碳起到还原作用，并且为置换反应提供热量。煤制氢的主要方法是煤气化制氢。煤气化制氢是先将煤炭与氧气发生燃烧反应，进而与水反应，得到以氢气（$H_2$）和一氧化碳（CO）为主要成分的气态产品，然后经过脱硫净化，一氧化碳（CO）继续与水蒸气发生变换反应生成更多的氢气（$H_2$），最后经分离、提纯等过程而获得一定纯度的产品氢。

煤制氢是目前国内氢气制取的主要方式。煤制氢技术成熟，生产成本较低，且煤炭资源丰富，适合大规模生产，但其具有碳排放量高、能耗高及气体杂质多等缺点。在较长一段时间内，煤制氢仍是氢气制取的主要方式之一，可以通过碳捕集封存技术来降低碳排放量，减少环境污染。

## 一、煤制氢的典型工艺

煤制氢的典型工艺流程如图 2-1 所示，一般包括煤气化、净化、CO 变换以及氢气提纯，最终生产出产品 $H_2$。

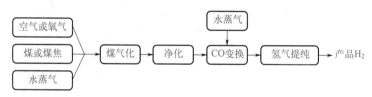

图 2-1　煤制氢的典型工艺流程

### 1. 煤气化

煤气化是以煤（或煤焦）为原料，以空气（或氧气）、水蒸气作为气化剂，在高温高压下通过化学反应将煤（或煤焦）中的可燃部分转化为合成气的工艺过程。合成气主要由一氧化碳、氢气和少量杂质组成。

煤气化工艺在很大程度上影响着产品氢气的成本和煤气化效率，高效、低能耗、无污染的煤气化工艺是发展煤制氢的前提。煤气化技术的形式多种多样，但按煤料与气化剂在气化炉内流动过程中的不同接触方式，通常分为固定床气化、流化床气化、气流床气化等。

（1）固定床气化　固定床气化是以块煤（或焦炭）作入炉原料，床层与气化剂（$H_2O$、空气或 $O_2$）进行逆流接触，并发生热化学转化生成 $H_2$、CO、$CO_2$ 的过程。固定床气化要求原料煤的热稳定性高、反应活性好、灰熔融性温度高、机械强度高等，对煤的灰分含量也有所限制。

（2）流化床气化　流化床气化是煤颗粒床层在入炉气化剂的作用下，呈现流态化状态，并完成气化反应的过程。流化床气化以 0～8mm 的粉煤为原料，由于气化反应速率快，因而，同等规格的气化炉，生产能力一般比固定床气化高 2～4 倍。另外，煤干馏产生的烃类发生二次裂解，所以出口煤气中几乎不含焦油等酚类物质，冷凝冷却水处理简单，环境友好。流化床气化还具有床内温度场分布均匀，径向、轴向温度梯度小和过程易于控制等优点。但也存在许多不足，如气化温度低、热损失大、粗煤气质量差等。

（3）气流床气化　气流床气化是用气化剂将煤粉高速夹带喷入气化炉，并完成气化反应（部分氧化）的过程。气流床气化比固定床、流化床气化的反应速率快得多，一般只有几秒，因而气流床气化炉的气化强度可以比固定床、流化床气化炉高出几倍，甚至几十倍。气流床气化有许多优点，如气流床气化温度高，碳的转化率高，单炉生产能力大；煤气中不含焦油，污水少；液态排渣等。

每种煤气化技术都有各自的优缺点，选择时要考虑自身的条件，选用合适的气化方式制取氢气。大型炼厂的制氢装置规模较大，需要采用成熟可靠的大型气化技术。气流床气化技术包括水煤浆气化技术和粉煤气化技术。我国的水煤浆气化技术已经十分成熟，可以应用于炼厂的煤制氢装置，但水煤浆气化技术对原料煤的成浆性和灰熔点的要求较严格。我国粉煤气化技术也已实现工业化应用，但仍需要长周期的运行考验。

煤气化的主要反应式为

$$C+H_2O \longrightarrow CO+H_2$$

2. 净化

净化的目的是把合成气中的杂质去除。合成气中含有许多杂质，如硫化物、苯系物质、灰尘等。这些杂质会对后续催化剂和设备造成腐蚀和毒化，降低氢气纯度。因此，需要对合成气进行净化处理。净化分为去硫化物、去苯系物质、颗粒去除等。

（1）去硫化物　合成气中的硫化物会影响后续催化剂的活性和寿命。常用的去硫化物方法包括物理吸附、化学吸附、氧化反应等。其中物理吸附是一种较为常用的技术，通过将合成气通入含有活性炭或金属氧化物的床层中，使硫化物被吸附。

（2）去苯系物质　苯系物质是合成气中的另一个主要污染物，其存在会影响催化剂的活性和选择性。去除苯系物质的方法主要包括吸附、洗涤和催化转化等。其中吸附法是较为常用且有效的方法，通过将合成气通入含有活性炭或分子筛等材料的床层中，使苯系物质被吸附。

（3）颗粒去除　合成气中可能存在灰尘等颗粒杂质，这些颗粒会对设备造成堵塞和磨损。常用的颗粒去除方法包括过滤、离心分离和电除尘等。过滤是一种常用且简便的方法，通过将合成气通入过滤器中，使颗粒杂质被截留。

3. 一氧化碳变换

一氧化碳变换是将煤气化产生的合成气中 CO 变换成 $H_2$ 和 $CO_2$，调节气体成分，满足后部工序的要求。

一氧化碳变换技术依据变换催化剂的发展而发展，变换催化剂的性能决定了变换流程及其先进性。变换催化剂主要有 Fe-Cr 系催化剂、Cu-Zn 系催化剂、Co-Mo 系催化剂等。

（1）Fe-Cr 系催化剂　采用 Fe-Cr 系催化剂的变换工艺，操作温度为 350～550℃，称为中、高温变换工艺，其操作温度较高，原料气经变换后CO的平衡浓度高，但其抗硫能力差，适用于总硫含量非常低的气体。

（2）Cu-Zn系催化剂　采用Cu-Zn系催化剂的变换工艺，操作温度为200～280℃，称宽温耐硫变换工艺，其操作温区较宽，特别适合高浓度CO变换且不易超温。

（3）Co-Mo系催化剂　Co-Mo系催化剂的抗硫能力极强，对硫无上限要求。在煤制氢装置中，一氧化碳变换常采用耐硫变换工艺，即采用Co-Mo系催化剂。

一氧化碳变换反应式为

$$CO+H_2O \longrightarrow CO_2+H_2$$

一氧化碳变换反应的反应程度及装置运行状态常用变换率进行衡量。一氧化碳变换率是指在标准状态下已经发生反应的一氧化碳气体体积分数与发生变换反应前的一氧化碳气体体积分数的比值，也可以表示成已反应的一氧化碳物质的量与反应前的一氧化碳物质的量之比。例如，合成气反应前一氧化碳含量为 $a$，变换后气体中一氧化碳含量为 $b$，则一氧化碳变换率 $E$ 可表示为

$$E = \frac{a-b}{a} \times 100\%$$

一氧化碳变换率直接反应装置产出氢气的多少，变换率越高，一氧化碳转化为氢气组分越多，装置产氢能力越高。因此，选用活性优良、活性稳定周期长的优质催化剂，并根据催化剂特性制定不同使用周期的操作参数，才能保证装置较长周期的高一氧化碳变换率，进而保证装置具有较高的产氢能力。

### 4.氢气提纯

一氧化碳变换后，还需要对合成气中的二氧化碳、水蒸气等杂质进行进一步去除，以得到高纯度的氢气，使氢气纯度达到使用要求。常用的氢气提纯方法有吸附法、膜分离法和催化转化法等。

（1）吸附法　吸附法是一种常用的氢气提纯方法，通过将合成气通入含有特定吸附剂（如分子筛、活性炭等）的床层中，使二氧化碳、水蒸气等被吸附而将纯净的氢气输出。

（2）膜分离法　膜分离法是一种基于物质在膜上传递速率差异的方法。通过选择适当的膜材料和操作条件，使二氧化碳、水蒸气等杂质被截留在膜上，而氢气通过膜的选择性传递而得到纯净的氢气。

（3）催化转化法　催化转化法是利用催化剂对合成气中的二氧化碳、水蒸气等进行反应转化，使其生成其他物质，从而实现纯净氢气的分离。常用的催化剂有镍基催化剂、铁基催化剂等。

氢气提纯常用的方法是吸附法中的变压吸附法。变压吸附法是利用固体吸附剂对不同气体的吸附选择性及气体在吸附剂上的吸附量随压力变化而变化的特性，在一定压力吸附下，通过降低被吸附气体分压、被吸附气体解吸的气体分离方法。

变压吸附法氢气提纯工艺流程如图2-2所示。变压吸附法氢气提纯采用多塔变压吸附技术，原料气由吸附塔入口端进入，在出口端获得纯氢。变压吸附基本工作步骤分为吸附和再生两个步骤，吸附剂的再生又是通过降压、解析、升压三个基本步骤来完成的，吸附塔在执行程序的安排上相互错开，构成一个闭路循环，以保证原料连续输入和产品不断输出。采用变压吸附法可以制取纯度为99%～99.9999%的氢气。

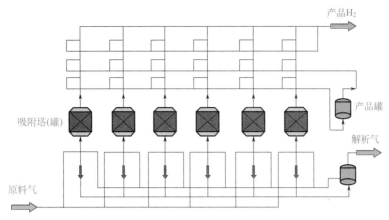

图 2-2　变压吸附法氢气提纯工艺流程

煤气化制氢的总反应式为

$$C+2H_2O \longrightarrow CO_2+2H_2$$

图 2-3 所示为榆林清水工业园的煤制氢装置，产氢总能力（标准状况，即空气的条件为一个标准大气压、温度为 0℃、相对湿度为 0%）为 48 万立方米 /h。

图 2-3　榆林清水工业园的煤制氢装置

## 二、煤制氢的特点

### 1. 煤制氢的优点

（1）成本低　煤制氢成本主要由煤炭、氧气、燃料动力能耗和制造成本构成，但煤炭费用的比例远小于天然气费用的比例，仅占 36.9%。一般煤制氢气采用部分氧化工艺，按照配套空气分离装置氧气成本测算，氧气占氢气生产成本的 25.9%。由于煤制氢投入大，制造及财务费成为重要的成本影响因素，占比达到 22.5%。燃料动力费用占 7.9%，其他占 6.7%，如图 2-4 所示。

目前，煤制氢工艺在工业化大规模生产中得到应用，原料来源是影响制氢成本的主要因素，也成为企业选择技术的关键因素之一。氢气成本

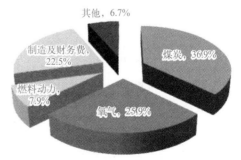

图 2-4　煤制氢成本构成

与煤炭价格的关系见表2-1。

表2-1　氢气成本与煤炭价格的关系

| 氢气（标准状态）成本 /（元 /m³） | 煤炭价格 /（元 /t） |
| --- | --- |
| 0.87 | 450 |
| 0.94 | 550 |
| 1.01 | 650 |
| 1.08 | 740 |
| 1.15 | 850 |
| 1.22 | 950 |

（2）煤资源丰富　作为煤制氢的主要原料——煤炭资源丰富。我国煤炭资源保有量约1.95 万亿吨，假设 10% 用于煤制氢，制氢潜力约为 243.8 亿吨。而据预测，到 2050 年，我国氢气需求量接近 6000 万吨 / 年。

（3）能源效率适中　煤制氢的能源效率为 50% ～ 60%，但随着煤制氢技术的不断发展，煤制氢的能源效率也将进一步提高。

（4）技术成熟　煤制氢技术路线稳定高效，制备工艺成熟。

### 2. 煤制氢的缺点

（1）产生碳排放　由于生产过程排放大量二氧化碳，污染大气环境，因此被视为不完全清洁的"灰氢"，是限制发展的制氢技术。

（2）与"双碳"目标背道而驰　煤炭制备 1kg 氢气，大约产生 11kg 二氧化碳。从碳减排的角度看，煤制氢副作用凸显，在 CCUS 技术尚不能规模化应用之前，大规模采用煤制氢来解决氢源问题与"双碳"目标背道而驰。

（3）提纯要求高　煤制氢生产的氢气，必须通过变压吸附技术将其提纯到燃料电池的用氢需求，造成成本增加。

为了降低煤制氢产生的碳排放量，减少环境污染，需要通过 CCUS 技术，对碳进行捕捉和封存。

## 三、CCUS 技术

CCUS 技术是指将 $CO_2$ 从化石能源、工业过程、生物质利用或大气等排放源处分离出来，直接加以利用或注入地层以实现 $CO_2$ 永久减排的过程。按照技术流程，CCUS 主要分为碳捕集、碳运输、碳利用与封存等环节，如图 2-5 所示。其中，碳捕集主要方式包括燃烧前捕集、富氧燃烧捕集和燃烧后捕集等；碳运输是指将捕集的 $CO_2$ 通过管道运输、船舶运输、罐车运输等方式运输到指定地点；碳利用是指通过工程技术手段将捕集的 $CO_2$ 实现资源化利用的过程，利用方式包括地质利用、化工利用和生物利用等；碳封存是指通过一定技术手段将捕集的 $CO_2$ 注入深部地质储层，使其与大气长期隔绝，封存方式主要包括地质封存和海洋封存。该技术对于短期内缓解由于 $CO_2$ 排放引起的气候变化有着重要意义。

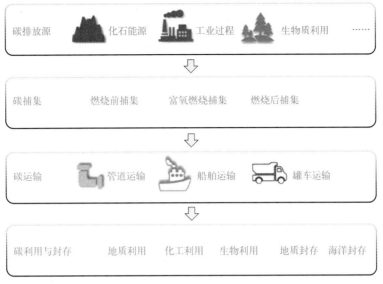

图 2-5 CCUS 技术示意

## 1. 碳捕集

碳捕集主要是指从工业生产、能源利用和大气等排放源捕获 $CO_2$，并将捕获的 $CO_2$ 进行分离、收集并压缩的过程。根据碳源捕获与燃烧过程的先后顺序，可将碳捕集技术分为燃烧前捕集、富氧燃烧捕集和燃烧后捕集等。

（1）燃烧前捕集　燃烧前捕集是指将捕集到的气体成分通过化学反应转化成 $H_2$ 和 $CO_2$，捕集的 $CO_2$ 浓度相对较高，为 15%～60%。典型的燃烧前捕集流程如图 2-6 所示。该技术的特点是纯度高，捕集成本低，但捕集设施占地大，设备成本高。

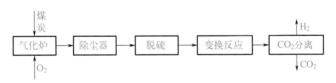

图 2-6　典型的燃烧前捕集流程

（2）富氧燃烧捕集　富氧燃烧捕集是指用高浓度（体积分数）的 $O_2$ 与 $CO_2$ 的混合气体作为氧化剂代替空气进行燃烧反应，产生仅由 $CO_2$ 和水蒸气组成的混合气体。混合气体在经冷凝处理后最终产生纯度较高的 $CO_2$，可以直接进行运输和储存。典型的富氧燃烧捕集流程如图 2-7 所示。该技术捕集的 $CO_2$ 浓度较高，可达 90%～95%，避免后续对 $CO_2$ 的分离操作，分离成本大大降低。富氧燃烧捕集技术优势主要体现在可直接液化 $CO_2$，无须烟气脱硫脱硝装置。但缺点是采用空气助燃技术成本高、制氧成本高、捕集流程设备投资成本高。

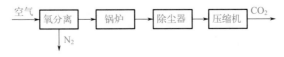

图 2-7　典型的富氧燃烧捕集流程

（3）燃烧后捕集　燃烧后捕集是指先将烟气净化，然后在烟气通道中捕集 $CO_2$。典型的燃烧后捕集流程如图 2-8 所示。该技术捕集系统灵活，适用范围广，并且对现有电站继承性好。但是，烟气体积流量大，烟气中的 $CO_2$ 易被 $N_2$ 稀释，脱碳过程能耗较大，增加了捕集成本。

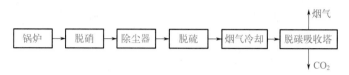

图 2-8　典型的燃烧后捕集流程

碳捕集方式的对比见表 2-2。

表2-2　碳捕集方式的对比

| 项目 | 燃烧前捕集 | 富氧燃烧捕集 | 燃烧后捕集 |
|---|---|---|---|
| 工艺流程 | 将化石燃料气化后，在燃烧前将燃料中的含碳组分分离并转化为以 $H_2$、$CO$ 和 $CO_2$ 为主的合成气，后将 $CO_2$ 从中分离，实现前端脱碳 | 以纯氧（而非空气）作为氧化剂进入燃烧系统，化石燃料在纯氧中燃烧得到浓度较高的 $CO_2$，进而实现碳捕集 | 烟气通道安装 $CO_2$ 分离单元，直接捕集燃烧后烟气中 $CO_2$ 组分 |
| 优势 | 成本相对较低，效率高 | 碳捕获能耗和成本相对较低 | 仅需在现有燃烧系统后增设 $CO_2$ 捕集装置，对原有系统变动较小 |
| 局限 | 局限于基于煤气化联合发电装置，适用性较差 | 对操作环境有要求，额外增加制氧系统，会提高总投资和能耗 | 能耗相对较高，设备尺寸大，投资和运营成本高 |
| 适用范围 | 一般用于煤气化联合发电装置 | 用于新建燃煤电厂及部分改造后的燃煤电厂 | 用于各种改造和新建的碳排放源，如电力、钢铁、水泥等行业 |

碳捕集 $CO_2$ 分离技术主要有物理吸收技术、化学吸收技术以及膜分离技术，它们的比较见表 2-3。三种碳捕集 $CO_2$ 分离方法各有侧重，需并行发展，在各自优势领域应用，实现 $CO_2$ 吸收分离效果的最优化。

表2-3　碳捕集 $CO_2$ 分离技术的比较

| 项目 | 物理吸收技术 | 化学吸收技术 | 膜分离技术 |
|---|---|---|---|
| 原理 | 采用水、甲醇等作为吸收剂，利用 $CO_2$ 在这些溶剂中的溶解度随压力而变化的原理进行吸收 | 利用弱碱性吸收剂与 $CO_2$ 发生反应进行吸收 | 利用膜材料对不同气体的不同渗透率来分离 $CO_2$ |
| 优势 | 选择性强，吸收量大，腐蚀性较小 | 吸收量大，吸收效果好，吸收剂循环利用并能得到高纯度 $CO_2$ | 分离过程中无相变，操作性强，能源效率较高 |

| 项目 | 物理吸收技术 | 化学吸收技术 | 膜分离技术 |
|---|---|---|---|
| 局限 | 吸收或再生能耗和成本较高 | 吸收剂再生热损耗较高，吸收剂损失较大，操作成本高 | 能耗较高，投资和发电成本高 |
| 适用范围 | 适用于 $CO_2$ 排放浓度较高的行业，如天然气处理、煤化工等 | 应用于发电、燃料改造和工业生产等项目 | 应用于制氢、天然气处理等 |

## 2. 碳运输

碳运输是指将捕获的 $CO_2$ 运送到需要利用或封存的地方的过程。根据运输方式的不同，可分为管道运输、船舶运输、公路罐车运输和铁路罐车运输等。$CO_2$ 的运输状态可以是气体、液体、固体以及超临界流体。不同碳运输方式有着各自的适用条件及优缺点，其对比见表 2-4。

表2-4  不同碳运输方式对比

| 运输方式 | 优点 | 局限 | 适用范围 |
|---|---|---|---|
| 管道运输 | 连续性强，安全性高；运输量大，运行成本低；输送 $CO_2$ 密闭性好，对环境污染小 | 灵活性差，初始投资成本高，对 $CO_2$ 浓度、温度和气压要求高 | 大规模、长距离、定向 $CO_2$ 输送 |
| 船舶运输 | 灵活性高，远距离运输成本低 | 连续性差，适用性差，交付成本高，近距离运输成本高，对 $CO_2$ 形态要求高 | 大规模、长距离的海洋封存 |
| 公路罐车运输 | 灵活性高，适应性强，机动性好，初始投资成本低 | 运输量小，单位运输成本高，连续性差，远距离运输安全性差 | 较小量的 $CO_2$ 运输 |
| 铁路罐车运输 | 运输距离长，通行能力强，成本相对较低 | 连续性差，运输和装卸费用高，地域限制大 | 较大规模、较长距离的运输（管道运输的替代品） |

限于目前CCUS示范项目规模较小，尚无大规模碳运输需求，70%以上的 $CO_2$ 采用罐车输送。未来，碳减排量的高速增长将衍生出对碳运输的规模化发展要求，管道运输等能实现大规模 $CO_2$ 运输的方式急需发展，能满足大规模 $CO_2$ 运输需求的管道输运方式将脱颖而出，成为主流。一是从运输效率上看，管道运输连续性强，运输量大，且不受天气影响，稳定性强，可满足长距离、大规模运输的需求；二是从安全性上看，管道运输 $CO_2$ 泄漏量极少，对环境污染小，安全性远高于其他运输方式；三是从成本上看，大规模运输下，管道运输运行的成本更低；四是从建设进展上看，目前我国已具备大规模的管道设计能力，正在制定相关设计规范，未来建设潜力巨大。以管道运输的发展为重点，未来多样的碳运输方式各展所长，建立起多运输方式结合的碳输运体系，满足碳中和目标下大规模的碳减排需求。

## 3. 碳利用

碳利用是指通过工程技术手段将捕集的 $CO_2$ 实现资源化利用的过程。根据工程技术手段的不同，可分为地质利用、化工利用和生物利用等。

（1）地质利用 地质利用是指将$CO_2$注入地下，利用地下矿物或地质条件生产或强化有用产品以达到减少$CO_2$排放的过程。主要包括强化石油开采、强化煤层气开采、强化天然气开采、强化咸水开采、强化页岩气开采、铀矿浸出增采等。强化石油开采是当前CCUS的主力技术，封存潜力大，还能增加原油产量。研究表明，将超临界$CO_2$注入油层可以扩大原油体积，增加原油流动性，降低原油黏度30%～80%，有效提高原油采收率7%～20%。

（2）化工利用 化工利用是指通过化学转化将$CO_2$和共反应物转化成目标产物，实现$CO_2$的再利用，如制备液体燃料、合成甲醇、合成有机高分子材料、钢渣矿化利用等。

（3）生物利用 生物利用是指以生物转化为主要手段，将$CO_2$用于生物质合成，实现$CO_2$资源化利用，包括微藻固定$CO_2$转化为食品和饲料添加剂、化学品等。

### 4. 碳封存

碳封存是指通过工程技术手段将捕集的$CO_2$注入深部地质储层，实现$CO_2$与大气长期隔绝的过程。碳封存的方式主要有陆地封存和海洋封存。

（1）陆地封存 陆地封存是指将$CO_2$封存在陆地地质构造中，如石油和天然气田以及枯竭的、不可开采的煤田中，深盐沼池中，即陆上咸水层封存、枯竭油气田封存。其中陆上咸水层封存占主导地位，是最主要的碳封存场所。一是从封存条件上看，陆上咸水层地质条件优良，封闭性较好，分布广泛，是最为理想的$CO_2$封存场所；枯竭油气田封存则需要完整的构造、封闭稳定的地质环境和详细的地质勘探基础等条件，限制条件更多。二是从封存潜力上看，我国CCUS陆上咸水层地质封存潜力巨大，为1.21万亿～4.13万亿吨。我国深部咸水层$CO_2$地质储存潜力占总潜力的90%以上，是我国未来实现规模化$CO_2$地质储存的主力储存空间。仅其中松辽盆地、塔里木盆地和渤海湾盆地这3个陆上最大的封存区域就能封存总封存量一半的$CO_2$。

（2）海洋封存 海洋封存是指将$CO_2$直接释放到海洋水体中或海底。

CCUS技术能够大幅度减少化石燃料使用过程中的$CO_2$排放量。将CCUS技术与化石能源制氢技术相结合，可以将灰氢转变为蓝氢，在满足低成本、大规模制氢需求的同时大大减少碳排放量。

# 第二节 天然气制氢

在化石能源制氢方式中，以天然气制氢最为合理且经济。与煤制氢相比，天然气制氢投资低，产率高，$CO_2$排放量少，耗水量小，但系统能耗较大，需要减少反应过程能耗损失，改善反应条件，以提高整体环保效应。天然气是全球最大的制氢来源，约占全球氢气供应量的48%，但在我国占比不足20%。

## 一、天然气制氢方法

天然气制氢方法主要有天然气水蒸气重整制氢、天然气部分氧化制氢、天然气自热重整制氢和天然气高温裂解制氢等。

## 1. 天然气水蒸气重整制氢

天然气水蒸气重整制氢是指将预处理后的天然气与水蒸气高温重整制成合成气，在中温下进一步变换成氢气与二氧化碳，再经冷凝、变压吸附最终得到氢气，其化学反应式为

$$CH_4+2H_2O \longrightarrow CO_2+4H_2$$

天然气水蒸气重整制氢是最普遍采用的制氢技术，但反应过程需要吸收大量的热，能耗较高。

## 2. 天然气部分氧化制氢

天然气部分氧化制氢是指甲烷与氧气的不完全燃烧生成一氧化碳和氢气，其化学反应式为

$$CH_4+\frac{1}{2}O_2 \longrightarrow CO+2H_2$$

这个反应是轻放热反应，无须外界供热。为了提高甲烷的转化率以及防止颗粒状的炭烟尘形成，通常反应温度高达 $1300 \sim 1500℃$。过高的工作温度容易出现局部高温热点、产生固体炭而形成积炭等问题，因此通常需要添加催化剂来降低反应温度，催化剂主要是过渡金属以及钙钛矿氧化物。与水蒸气重整相比，部分氧化反应速率更快，但甲烷的转化效率较低，其转化率为 $55\% \sim 65\%$。此外，由于需要向反应中输入纯氧，所以需要为装置配备空分系统，因此，部分氧化制氢工艺的建设投资较大。目前，该技术还没有实现规模工业应用。

## 3. 天然气自热重整制氢

天然气自热重整制氢是指在部分氧化反应中引入水蒸气，使放热的部分氧化产生的氧气和吸热的水蒸气重整结合，并控制放热和吸热使其达到热平衡的一种自热重整技术，其化学反应式为

$$2CH_4+2H_2O+O_2 \longrightarrow 2CO_2+6H_2$$

天然气自热重整技术不需要外界提供热源，简化了系统并减少了启动时间。与水蒸气重整相比，自热重整的启动和停止更迅速；与部分氧化相比，自热重整制氢的转化效率较高，为 $60\% \sim 75\%$，能产生更多的氢气。此外，自热重整制氢设备结构相对紧凑，使得这种方法制氢具有较好的市场潜力。但其反应温度较高，其设备与部分氧化设备一样需要耐高温，因而使得设备造价高。

## 4. 天然气高温裂解制氢

天然气高温裂解制氢是将 $CH_4$ 高温催化分解生成 C 和 $H_2$，不仅可以得到不含 CO 和 $CO_2$ 的 $H_2$，而且可以得到碳纳米纤维、石墨烯等材料，降低了制氢过程中的碳排放，其化学反应式为

$$CH_4 \longrightarrow C+2H_2$$

天然气高温裂解制氢产生的氢气纯度高，能耗相较水蒸气重整制氢低，且不产生碳氧化物，不需要进行进一步的变换反应去除碳氧化物。其生产设备比其他天然气制氢简单，可缩短流程，减少投资，此外还能生产高附加值的碳产品，因此天然气高温裂解制氢有广阔的市场前景。但催化裂解反应中生成的炭富集在催化剂表面，易造成催化剂积炭失活，目前该工艺仍在研究开发阶段。

天然气不同制氢方法的比较见表2-5。

表2-5　天然气不同制氢方法的比较

| 制氢种类 | 制氢方法 | 特点 |
|---|---|---|
| 天然气制氢 | 天然气水蒸气重整制氢 | ①需吸收大量的热，制氢过程能耗高，燃料成本占生产成本的60%左右<br>②反应需要昂贵的耐高温不锈钢管作反应器<br>③水蒸气重整是慢速反应，因此该过程制氢能力低，装置规模大和投资高 |
| | 天然气部分氧化制氢 | ①与水蒸气重整相比，部分氧化反应速率更快，但甲烷的转化效率较低，其转化率为55%～65%<br>②由于需要向反应中输入纯氧，所以需要为装置配备空分系统，因此，部分氧化制氢工艺的建设投资较大 |
| | 天然气自热重整制氢 | ①同重整工艺相比，变外供热为自供热，反应热量利用较为合理<br>②其控速步骤依然是反应过程中的慢速水蒸气重整反应<br>③由于自热重整反应器中强放热反应和强吸热反应分步进行，因此仍需耐高温的不锈钢管作反应器，这就使得天然气自热重整反应过程具有装置投资高、生产能力低的特点 |
| | 天然气高温裂解制氢 | 天然气经高温催化分解为氢和碳。其关键问题是所产生的碳能够具有特定的重要用途和广阔的市场前景，否则，若大量氢所副产的碳不能得到很好利用，必将限制其规模的扩大 |

## 二、天然气水蒸气重整制氢

天然气水蒸气重整制氢是大规模工业制氢的主要方法。重整是指由原燃料制备富氢气体混合物的化学过程；天然气水蒸气重整是指通过天然气和水蒸气的化学反应制备富氢气体的过程；重整制氢是指烃类化合物原料在重整器内进行催化反应获得氢气的过程。

天然气水蒸气重整制氢的工艺流程主要包括脱硫、蒸汽转化、CO 变换、氢气提纯等，如图 2-9 所示。

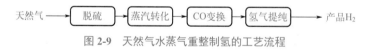

图 2-9　天然气水蒸气重整制氢的工艺流程

### 1. 脱硫

天然气的主要成分是甲烷、乙烷和丙烷，同时还有少量的无机硫。脱硫环节的主要目的是对天然气中的无机硫进行去除，使用的主要方式是将氧化锌（ZnO）与硫化氢（$H_2S$）进行相应的反应，产生结构稳定的硫化锌（ZnS），实现天然气的脱硫处理。如果天然气中还含有其他硫化物，也要进行脱硫处理。

脱硫的化学反应式为

$$ZnO+H_2S \longrightarrow ZnS+H_2O$$

### 2. 蒸汽转化

蒸汽转化是指采用镍系催化剂将天然气中的甲烷（$CH_4$）转化为主要成分是一氧化碳和氢气的合成气。天然气与水蒸气一般按照 1：3 的比例在转化炉内产生合成气，催化剂通常为金属镍（活性成分）与氧化铝（$Al_2O_3$）（载体）混合体，当水蒸气加入不足量时，反应过程容易碳析导致催化剂失活；当水蒸气加入过量时，反应过程容易造成能耗浪费，增加运行成本。反应压力一般控制在 1.5 ～ 2.5MPa，有利于分子扩散，并压缩反应器体积。天然气的主要成分是甲烷（$CH_4$），它与水蒸气在 1100℃下进行反应，其化学反应式为

$$CH_4 + H_2O \longrightarrow 3H_2 + CO$$

### 3. CO 变换

含有一氧化碳和氢气的合成气在变换单元中依靠催化剂（铁铬、钴钼）实现转化氢气反应，该反应过程可在常温下自行进行，但为使反应充分彻底，通常反应温度控制在 300 ～ 400℃。其化学反应式为

$$CO + H_2O \longrightarrow H_2 + CO_2$$

### 4. 氢气提纯

最终产物中的 $CO_2$ 可通过高压水清洗去除，所得氢气可直接用作工业原料氢气。如果要作为燃料电池汽车的燃料，还需要对氢气进行提纯处理。最常用的氢气提纯方法是变压吸附分离方法，最终得到的氢气纯度可以达到 99.99%。

图 2-10 所示为河北黄骅某 8 万立方米 /h（标准状况）天然气制氢装置。

图 2-10　河北黄骅某 8 万立方米 /h（标准状况）天然气制氢装置

## 三、小型撬装天然气制氢

小型撬装天然气制氢就是将天然气制氢装置集成于一个集装箱内，可以满足公路运输要求，实现制氢装置的快速安装及可移动化。由于小型撬装天然气制氢设备规模较小，可作为匹配氢气加注站，以解决加氢站氢气来源问题，并且通过替代氢气高压长管拖车运输从而降低加氢站运行成本。

小型撬装天然气制氢的规模为 200 ～ 800m³/h，撬体内的所有设备设施集中在一个紧凑的集装箱内部，视为一套相对独立的工艺设备整体，其典型工艺流程包括脱硫、天然气水蒸气重整、蒸汽转化、CO 变换和氢气提纯，如图 2-11 所示。

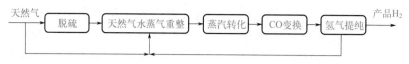

图 2-11 典型站内小型橇装天然气制氢工艺流程

原料天然气中的硫化物，如硫化氢（$H_2S$）、硫氧化碳（COS）、二硫化碳（$CS_2$）、硫醇（RSH）、硫醚（RSR）、噻吩（$C_4H_4S$）及微量卤素元素等会造成重整催化剂、变换催化剂和 PSA 吸附剂性能降低甚至失活，因此天然气在送入转化炉转化之前，必须净化到总硫（以 $H_2S$ 计）含量 ≤ 0.1μmol/mol、总卤素（以 Cl 计）含量 ≤ 0.1μmol/mol。

天然气水蒸气重整是强吸热反应，过程中需要的热量通过燃烧变压吸附（PSA）解吸气提供，不足的部分通过一部分燃料天然气来补充。重整转化炉（天然气水蒸气重整）是站内橇装天然气制氢设备的"心脏"，是为整个系统提供热源及反应的核心。

CO 会导致燃料电池中的催化剂中毒，从而影响电堆寿命，因此变换工段将转化气中大量 CO 变换为 $CO_2$，以便尽可能多地生产氢气，并使变换后的气体在 PSA 中更容易提纯得到满足纯度要求的氢气产品，实际一般控制 CO 含量（摩尔分数）≤ $10 \times 10^{-6}$，高于《质子交换膜燃料电池汽车用燃料　氢气》（GB/T 37244—2018）的要求。实际运行中，为了更好地保护燃料电池，氢气产品纯度需 ≥ 99.999%。

典型橇装天然气制氢加氢一体站工艺流程如图 2-12 所示。橇装天然气制氢装置制得的氢气经过缓冲罐后，先经过 20MPa 压缩机增压，储存在 20MPa 储氢瓶组中，再经过 45MPa 压缩机增压，经顺序控制盘顺序控制后分 3 路，分别至高、中和低压固定储氢瓶组储存。氢气加注时，加氢机通过顺序控制盘按照低、中和高压顺序从储氢瓶组取气，达到设定压差后切换储氢瓶组顺序，保证加气速率。20MPa 储氢瓶组也具备对外充装氢气管束车的功能，使橇装制氢运行具有连续性，提高了加氢站运营的灵活性，可在夜间加氢负荷低时实现对外充装。

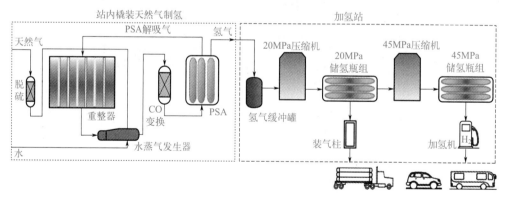

图 2-12 典型橇装天然气制氢加氢一体站工艺流程

国内首台小型橇装天然气制氢设备如图 2-13 所示，该设备制氢能力（标准状况）为 250m³/h，可以满足 500kg/d 规模加氢站用氢需求。设备为高度集成的集装箱式，能够满足公路运输要求，以极小的占地实现快速、高效、安全的氢气生产，制备的氢气产品纯度 ≥ 99.999%，满足燃料电池用氢国家标准。设备操作弹性为 30% ~ 100%，能够实现"一键开停车""一键 30%、50%、80% 和 100% 四挡负荷调整"等智能化控制。

图 2-13　国内首台小型橇装天然气制氢设备

目前，小型橇装天然气制氢已经成为全球小规模制氢发展的新趋势，尤其适合于在加氢站内制氢，不但能够省去昂贵的氢气运输过程，而且能够借助城市燃气和天然气网络实现近用户低成本制氢，使终端氢气价格比站外供氢低 15% ～ 20%。

## 四、天然气制氢的特点

### 1. 天然气制氢的优点

（1）技术成熟　目前天然气制氢在世界氢气制取市场占比排第一位，我国天然气制氢的占比排在第二，约占 15%，位于煤制氢之后。

（2）成本适中　天然气制氢成本远低于电解水制氢，但高于煤制氢。天然气制氢的成本主要是天然气，占比超过 70%，燃料气、制造费用等其他成本占比相对较低。氢气成本与天然气价格的关系见表 2-6。

表2-6　氢气成本与天然气价格的关系

| 氢气（标准状态）成本 /（元 /m³） | 氢气（标准状态）成本 /（元 /kg） | 天然气价格 /（元 /m³） |
|---|---|---|
| 0.87 | 9.74 | 1.67 |
| 0.94 | 10.53 | 1.88 |
| 1.01 | 11.31 | 2.10 |
| 1.08 | 12.10 | 2.31 |
| 1.15 | 12.88 | 2.52 |

考虑到燃料电池汽车用氢气纯度更高，需要进一步提纯天然气制取的氢气。目前提纯车用氢气主要采用变压吸附法，成本为 3 ～ 7 元 /kg。如果不考虑变压吸附法氢气提纯，当天然气价格为 1.88 元 /m³ 时，制氢成本约为 10.53 元 /kg；当天然气价格为 2.52 元 /m³ 时，制氢成本为 12.88 元 /kg。如果考虑变压吸附法氢气提纯，当天然气价格为 1.88 元 /m³ 时，制氢成本约为 15.53 元 /kg；当天然气价格为 2.52 元 /m³ 时，制氢成本

约为 17.88 元 /kg。

（3）生产效率高　相比于其他制氢方法，天然气制氢的生产效率高，能够快速、大规模地生产氢气。

### 2. 天然气制氢的缺点

（1）天然气资源有限　我国天然气资源供给有限且含硫量高，预处理复杂，制氢经济性远低于国外。

（2）环境污染　天然气制氢过程中还会产生 $CO_2$ 等有害气体，其对环境造成的污染也成为天然气制氢的一大问题。但与煤制氢相比，产生的 $CO_2$ 等有害气体要少。

虽然天然气属于化石燃料，在生产蓝氢时也会产生温室气体，但如果使用碳捕集、利用与封存（CCUS）等先进技术，温室气体被捕获，则能够减轻对地球环境的影响，实现低排放生产。

# 第三节　甲醇制氢

甲醇制氢是一种通过甲醇催化重整或部分氧化来产生氢气的技术。甲醇制氢作为一种高效、灵活的氢气生产技术，具有广阔的应用前景和重要的作用。它可以为氢气储存与输送、能源转化与利用以及化工工业等领域提供可靠的氢气来源，推动清洁能源的发展和能源转型的实现。

## 一、甲醇制氢方法

甲醇制氢方法主要有甲醇水蒸气重整制氢、甲醇裂解制氢、甲醇部分氧化制氢和甲醇直接电解制氢等。

### 1. 甲醇水蒸气重整制氢

甲醇水蒸气重整制氢是指甲醇与水蒸气的混合物通过加压，在催化剂和 $170 \sim 300℃$ 反应温度的条件下实现裂解转化，生成氢气和二氧化碳，其化学反应式为

$$CH_3OH + H_2O \longrightarrow CO_2 + 3H_2$$

甲醇水蒸气重整制氢技术具有操作方便、反应条件温和、副产物成分少、易分离等优点，制氢规模（标准状况）在 $10 \sim 10000m^3/h$ 内均能实现，产能灵活可调整，因此是技术较为成熟、应用广泛的制氢方法。

### 2. 甲醇裂解制氢

甲醇裂解制氢是利用甲醇的直接分解反应制备氢气，该反应为合成气制甲醇的逆反应，其化学反应式为

$$CH_3OH \longrightarrow CO + 2H_2$$

甲醇裂解制氢技术氢气产率高，能量利用合理，过程控制简单，便于工业操作。但该工艺产物混合气中一氧化碳含量较高，后续分离装置复杂，投资较高。

### 3. 甲醇部分氧化制氢

甲醇部分氧化制氢是以空气为氧源，利用氧气与甲醇之间的不完全燃烧反应来制备氢气，主其化学反应式为

$$CH_3OH + \frac{1}{2}O_2 \longrightarrow CO_2 + 2H_2$$

甲醇部分氧化制氢的优点在于利用氧气氧化甲醇的放热反应，反应速率快，反应条件温和，能量效率高。其缺点在于产品气中氢气的含量不高，且由于通入空气氧化时，其中氮气的含量降低了混合气中氢气的含量，使其低于 40%，若将空气改为氧气，则氢气含量可提升至 66%。

### 4. 甲醇直接电解制氢

甲醇直接电解制氢是一种比较经济的制氢方法，甲醇在阳极发生电解反应，在阴极产生氢气，其阳极发生的化学反应式为

$$CH_3OH + H_2O \longrightarrow 6H^+ + CO_2 + 6e^-$$

阴极发生的化学反应式为

$$2H^+ + 2e^- \longrightarrow H_2$$

甲醇直接电解制氢总的化学反应式为

$$CH_3OH + H_2O \longrightarrow CO_2 + 3H_2$$

甲醇直接电解制氢的优点在于电解过程中仅需要很低的电压。一方面可以利用甲醇自身电解得到氢，另一方面可以由水电解获得氢，因此，氢的利用率非常高。其缺点是施加在膜电极两端的电压难以控制，若电压过低则影响甲醇的电解；反之电压过高，反应速率加快，则导致收集的氢气不纯净。

## 二、甲醇水蒸气重整制氢的工艺流程

甲醇水蒸气重整制氢技术是以甲醇、脱盐水为主要原料，甲醇水蒸气在催化剂床层转化成主要含氢气和二氧化碳的转化气，该转化气再经变压吸附技术提纯得到纯度为 99.99% 的产品氢气的工艺技术。

甲醇水蒸气重整制氢系统主要由加热器、转换器、过热器、汽化器、换热器、冷却器、水洗塔和变压吸附提纯装置等设备组成。甲醇和脱盐水按一定比例混合，由换热器预热后送入汽化器，汽化后的甲醇、蒸汽再经导热油过热后进入转换器催化变换成 $H_2$、$CO_2$ 的转化气。转化气经换热、冷却后进入脱盐水水洗塔，塔底收集未转化的甲醇和水以循环使用，水洗塔顶的转化气送变压吸附提纯装置。变压吸附提取氢气的纯度可以达到 99.9% ～ 99.999%。转换器、过热器和汽化器均由加热器加热后的导热油提供热量。甲醇水蒸气重整制氢工艺流程如图 2-14 所示。

甲醇水蒸气重整制氢反应时，先发生甲醇分解反应生成 CO 和 $H_2$，其化学反应式为

$$CH_3OH \longrightarrow 2H_2 + CO$$

然后发生变换反应生成 $CO_2$ 和 $H_2$，其化学反应式为

$$CO + H_2O \longrightarrow H_2 + CO_2$$

甲醇水蒸气重整制氢的总化学反应式为

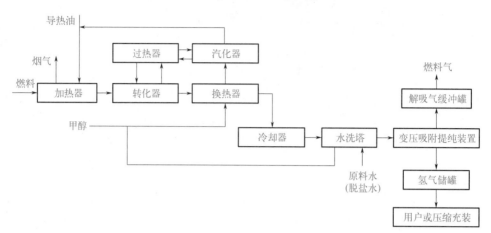

$$CH_3OH+H_2O \longrightarrow CO_2+3H_2$$

图 2-14　甲醇水蒸气重整制氢工艺流程

　　甲醇作为储氢载体具有能量密度高、安全可靠、存储运输成本低、制氢转化条件相对温和、不含硫、低毒、制氢过程相对容易实现等特点成为这些富氢燃料中的首选。甲醇制氢被认为是最有希望利用在氢燃料电池上的制氢技术之一。

　　基于甲醇制氢技术的特点，可在站内制氢，现制现用，无须大量运输和存储 $H_2$，也可在化工园区集中制氢，再通过短距离运输（＜ 100km）至加氢站，两种应用方式都具有切实的可行性。随着 $CO_2$ 合成甲醇技术的突破，甲醇制氢能够进一步发展成为甲醇储氢，从而实现 $CO_2$ 的零排放，表现出更广阔的应用前景。基于甲醇制氢技术的应用及其研究进展，采用甲醇制氢技术为加氢站提供 $H_2$ 具有较好的应用前景。

　　图 2-15 所示为国内首套量产型分布式甲醇制氢 - 加氢一体站（200kg/d），为国内加氢站选择低成本供氢技术提供了应用示范。

图 2-15　国内首套量产型分布式甲醇制氢 - 加氢一体站

## 三、甲醇在线制氢

甲醇在线制氢是一种通过甲醇作为原料在线产生氢气的技术。图 2-16 所示为甲醇在线制氢工艺流程。将经过预处理的甲醇水溶液，经汽化、过热后在一定的温度、压力、流量条件下通过催化剂作用，发生甲醇重整反应和一氧化碳变换反应，生成氢气、二氧化碳的混合气；然后进入纯化器生成纯氢，随后纯氢进入氢燃料电池，氢气与空气（氧气）发生电化学反应形成电流，向外部源源不断供应电力，做到了氢气的"即产即用"，高效率，低成本。氢燃料电池具有体积小、使用寿命长的特点，甲醇在线制氢则具有无须储氢、燃料加注便捷、氢气成本低的优势，搭载在重卡物流车上，可以降低氢能重卡的用车成本，推动氢能汽车产业发展，减少对环境的污染，贯彻落实国家"双碳"政策。

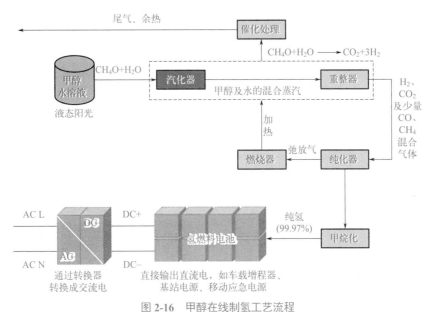

图 2-16　甲醇在线制氢工艺流程

图 2-17 所示为车载甲醇重整制氢系统。

图 2-17　车载甲醇重整制氢系统

图 2-18 所示为国内某公司生产的甲醇重整制氢燃料电池厢式运输车。在动力方面，这款车匹配锰酸锂蓄电池，搭载甲醇重整制氢发动机，配装永磁同步电机，额定功率为 112kW，峰值功率为 246kW。

图 2-18　国内某公司生产的甲醇重整制氢燃料电池厢式运输车

## 四、甲醇制氢的特点

### 1. 甲醇制氢的优点

（1）原料丰富　甲醇制氢原料来源广泛且价格低廉，甲醇作为一种常见的化工原料，既可从化石资源中制得，又可从生物质（一切直接或间接利用绿色植物光合作用形成的有机物质）中制得。

（2）氢气产出率高　甲醇含氢量高，能量密度高，氢气产出率高。

（3）设备简单　甲醇制氢装置简单，甲醇便于储存和运输，可以做成组装式或可移动式的甲醇制氢装置。

### 2. 甲醇制氢的缺点

（1）成本较高　虽然甲醇制氢成本低于电解水制氢，但仍高于其他方式制氢成本。甲醇制氢技术在经济性方面还需要进一步改善。目前，甲醇制氢的成本相对较高，主要源于甲醇的制备成本和催化剂的价格。因此，需要通过技术创新和工艺优化来降低成本，提高甲醇制氢的竞争力。

（2）有碳排放　甲醇制氢过程中产生的副产物一氧化碳（CO）对环境和人体健康具有潜在的风险。CO是一种有毒气体，如果未经适当处理就排放到大气中，会对空气质量和人体健康造成危害。因此，在甲醇制氢过程中需要采取有效的措施来捕获和处理CO，以确保环境安全。

（3）存在安全隐患　甲醇本身作为一种化学品，具有易燃易爆的特性，对安全管理提出了挑战。在甲醇制氢的生产、储存和运输过程中，需要严格遵守相关的安全标准和操作规程，确保设备和工艺的安全性，防止事故的发生。

（4）基础设施缺乏　甲醇制氢技术的推广和应用还需要建立完善的基础设施及供应链，包括甲醇的生产、储存、运输以及氢气的储存、输送等方面，都需要建立健全的设施和网络，以满足不同行业和领域对氢能源的需求。

总之，甲醇制氢具有原料丰富且易储运、反应温度低、技术成熟、氢气产率高、分离简单等优势，可满足氢气生产的技术需求，尤其适合于中小规模的现场制氢。但其所需原料甲醇属于二次能源产品，与天然气和煤炭相比成本较高，不具有经济优势，另外 CO 的充分清除也是一大挑战。

# 第四节　石油制氢

石油制氢是一种利用石油作为原料进行加热分解生成氢气的过程。其原理是通过高温高压的条件，将石油中的高分子链断裂成低分子链，并且在催化剂的作用下，将其中的烃类化合物进行加氢反应，产生大量的氢气。

石油是从地下深处开采的棕黑色可燃黏稠液体，是重要的液体化石燃料。通常不直接用石油制氢，而是用石油初步裂解后的产品，如石脑油、重油、石油焦以及炼厂干气制氢。

## 一、石脑油制氢

石脑油是蒸馏石油的产品之一，是以原油或其他原料加工生产的用于化工原料的轻质油，又称粗汽油，一般含烷烃 55.4%、单环烷烃 30.3%、双环烷烃 2.4%、烷基苯 11.7%、苯 0.1%、茚满和萘满 0.1%；平均分子量为 114，密度为 0.76g/cm³，爆炸极限为 1.2% ～ 6.0%。

石脑油制氢主要工艺流程有石脑油脱硫、蒸汽转化、CO 变换、PSA 提纯等，其工艺流程与天然气制氢极为相似，石脑油制氢工艺流程如图 2-19 所示。

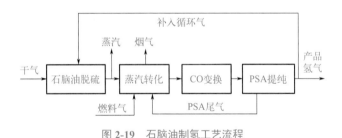

图 2-19　石脑油制氢工艺流程

## 二、重油制氢

重油是原油提取汽油、柴油后的剩余重质油，其特点是分子量大、黏度高。重油的密度为 0.82 ～ 0.95g/cm³，其成分主要是烃，另外含有部分硫黄及微量的无机化合物。重油中的可燃成分较多，含碳 86% ～ 89%，含氢 10% ～ 12%，其余成分氮、氧、硫等很少。

重油与水蒸气及氧气反应可制得含氢气体产物。部分重油燃烧提供转化吸热反应所需的热量及一定的反应温度。气体产物主要组成（体积分数）：氢气 46%，一氧化碳 46%，二氧化碳 6%。我国建有大型重油部分氧化法制氢装置，用于制取合成氨的原料。重油制氢工艺流程如图 2-20 所示。

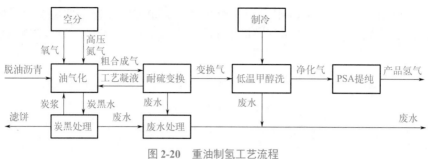

图 2-20　重油制氢工艺流程

## 三、石油焦制氢

石油焦是重油再经热裂解而成的产品。石油焦为形状、尺寸都不规则的黑色多孔颗粒或块状。其中 80%（质量分数）以上为碳，其余为氢、氧、氮、硫和金属元素。通常可用于制石墨、冶炼和化工等工业。水泥工业是世界上石油焦的最大用户，其消耗量约占石油焦市场份额的 40%；其次大约 22% 的石油焦用于生产炼铝用预焙阳极或炼钢用石墨电极。近年来，石油焦也成为制氢原料。

石油焦制氢与煤制氢非常相似，是在煤制氢的基础上发展起来的。由于原油重，含硫量高，所以高硫石油很常见。石油焦制氢主要工艺装置有空分、石油焦气化、CO 变换、低温甲醇洗、PSA 提纯，石油焦制氢工艺流程如图 2-21 所示。

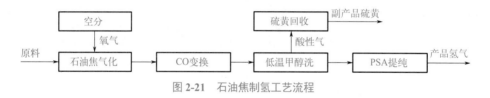

图 2-21　石油焦制氢工艺流程

## 四、炼厂干气制氢

炼厂干气是指炼油厂炼油过程中（如重油催化裂化、热裂化、延迟焦化等）产生并回收的非冷凝气体（也称蒸馏气），主要成分为乙烯、丙烯和甲烷、乙烷、丙烷、丁烷等，主要用作燃料和化工原料。其中催化裂化产生的干气量较大，一般占原油加工量的 4%～5%。催化裂化干气的主要成分是氢气（占 25%～40%）和乙烯（占 10%～20%），延迟焦化干气的主要成分是甲烷和乙烷。

炼厂干气制氢主要是轻烃水蒸气重整加上变压吸附分离法，目前已有多家公司采用这种方法来制氢。干气制氢工艺流程包括干气加氢压缩脱硫、干气蒸汽转化、CO 变换、PSA 提纯，干气制氢工艺流程与天然气制氢非常相似，其工艺流程如图 2-22 所示。

石油制氢多应用在石化行业。采用炼油副产品石脑油、重油、石油焦和炼厂干气等制氢，在制氢成本上不具有优势。应该将这些原料用于炼油深加工，发挥更大的经济效益。因此，不建议将炼油副产品制氢作为炼油厂制氢的发展方向，而应该考虑可再生能源制氢。

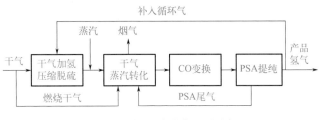

图 2-22　炼厂干气制氢工艺流程

# 第五节　工业副产氢

工业副产氢是指现有工业在生产目标产品的过程中生成的氢气，工业副产气制氢相较于化石燃料制氢流程短，能耗低，且与工业生产结合紧密，配套公辅设施齐全，下游氢气利用和储运设施较为完善，因此工业副产气被认为是一种较为理想的氢气来源。

工业副产氢约占全球制氢总量的 7%，工业副产氢主要有焦炉煤气制氢、氯碱副产制氢、氨分解制氢和丙烷脱氢等。

## 一、焦炉煤气制氢

焦炉煤气是指焦煤在炼焦过程中，煤炭在炉中经过高温干馏后，产生焦油和焦炭的同时，伴生的一种可燃性气体。典型的焦炉煤气组成见表 2-7。可以看出，焦炉煤气组成中氢气占比超过一半，非常有利于焦炉煤气作为氢能经济的氢气来源。

表2-7　典型的焦炉煤气组成

| 成分 | $H_2$ | $CH_4$ | $CO$ | $C_nH_m$ | $N_2$ | $CO_2$ | $O_2$ |
|---|---|---|---|---|---|---|---|
| 体积占比 /% | 57.2 | 25.8 | 7.4 | 3.1 | 2.9 | 3.2 | 0.4 |

焦炉煤气制氢有两种途径：一是从焦炉煤气中直接提纯制氢；二是先将 CO 和 $CH_4$ 转化为 $H_2$，再提纯制氢。

### 1. 焦炉煤气直接提纯制氢

焦炉煤气先经煤气压缩机 I 增压后进入预处理工序，除去焦油、苯、萘、氨、有机硫、无机硫等杂质；净化后的煤气送至净化煤气压缩机 II 继续增压，再进入变压吸附（PSA）提纯工序；塔顶氢气中含少量 $O_2$，再经过脱氧、干燥等工序，生成产品 $H_2$；塔底气作为预处理的再生气源，再生后的尾气返回上游焦炉作为自热燃料。其工艺流程如图 2-23 所示。经过 PSA 提纯、脱氧、干燥后，可获得 99.9% ～ 99.999% 纯度的氢气。

### 2. 焦炉煤气转化制氢

焦炉煤气先经煤气压缩机 I 增压后进入预处理工序，除去焦油、苯、萘、氨、有机硫、无机硫等杂质；净化后的煤气送至净化煤气压缩机 II 继续增压进行加氢脱硫处理后，经过甲烷（$CH_4$）蒸汽转化和 CO 变换，进入 PSA 提纯，可获得更多的产品 $H_2$，再生尾气可用于转化炉燃料，剩余再生尾气返回焦炉作为自热燃料。其工艺流程如图 2-24 所示。

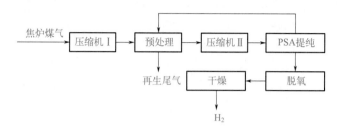

图 2-23　焦炉煤气直接提纯制氢工艺流程

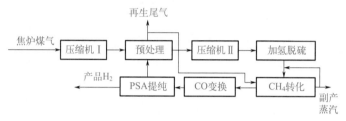

图 2-24　焦炉煤气转化制氢工艺流程

　　采用焦炉气转化制氢的方式虽然增加了 $CH_4$ 转化和 CO 变换，并增加了相应的投资成本，但产氢量会大幅提升，且焦炉煤气成本低于天然气成本，相较于天然气制氢仍具有优势。未来随着氢能行业的快速发展，氢气储运成本下降，焦炉煤气制氢将具有更好的发展前景。

　　煤气压缩机是焦炉煤气制氢主要设备之一，图 2-25 所示为三级煤气压缩机原理流程。煤气压缩机主要由机身、气缸、缓冲罐、冷却器、分离器等组成。压缩机工作时，煤气经由一级进气缓冲罐缓冲后进入一级气缸，气体在一级气缸中被压缩到一定压力后，经一级排气

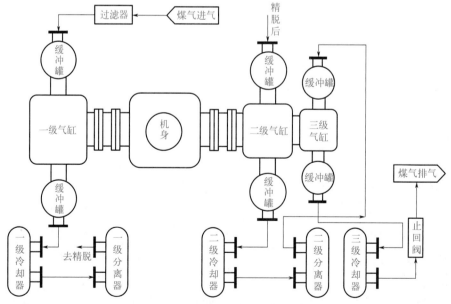

图 2-25　三级煤气压缩机原理流程

缓冲罐进入中间冷却器冷却，再进入气液分离器中分离。然后去精脱，精脱后的气体通过二级进气缓冲罐进入二级气缸继续压缩增压到较高压力，经二级排气缓冲罐进入中间冷却器及气液分离器后，再经三级进气缓冲罐进入三级气缸压缩增压到额定压力，然后经三级排气缓冲罐、三级冷却器、三级分离器后进入工艺系统。

## 二、氯碱副产制氢

氯碱副产制氢是以食盐水（NaCl）为原料，采用离子膜或者石棉隔膜电解槽生产烧碱（NaOH）和氯气，同时得到副产品氢气的工艺方法。之后再使用 PSA 等技术去除氢气中的杂质即可得到纯度高于 99% 的氢气。

富含氢气的氯碱尾气主要有氯酸钠尾气及聚氯乙烯（PVC）尾气。

氯酸钠主要由电解工艺生产，每生产 1t 氯酸钠可副产约 620m³ 氢气。氯酸钠尾气中氢气含量高，原料气处理关键在于脱氯脱氧和 PSA 分离纯化，流程简单，其工艺流程如图 2-26 所示。

图 2-26　氯酸钠尾气制氢工艺流程

烧碱装置一般联合聚氯乙烯装置，每吨烧碱可副产 270m³ 氢气。该部分氢气用于 HCl 合成，最终用于聚氯乙烯生产。聚氯乙烯尾气含有氢气、氯乙烯、氯化氢等气体，其制氢工艺流程如图 2-27 所示。

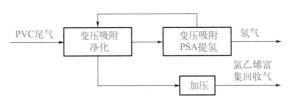

图 2-27　聚氯乙烯尾气制氢工艺流程

图 2-28 所示为某企业氯碱副产制氢工艺流程。

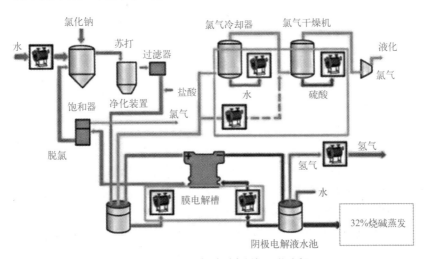

图 2-28　某企业氯碱副产制氢工艺流程

氯碱副产制氢净化回收成本低，环保性好，纯度高，PSA 处理后适用于燃料电池，因此在氯碱企业解决好氯平衡的基础上适合进一步提高氢气附加值。此外，相比于焦炉煤气资源相对集中的分布，氯碱化工分布广泛，生产基地与氢能潜在的负荷中心重合，是未来降低制氢成本的良好选择。在氢能产业的导入期，可以优先利用周边氯碱企业的副产氢，降低原料和运输成本，提高竞争力。

### 三、氨分解制氢

氨分解制氢是指液氨在一定温度下，在镍基催化剂作用下将氨进行分解，可以得到含 $75\%H_2$、$25\%N_2$ 的氢氮混合气体。其化学反应式为

$$2NH_3 \longrightarrow 3H_2+N_2$$

氨分解制氢的工艺流程如图 2-29 所示。液氨经过气化器形成气态氨，然后进入氨分解炉进行分解反应，在炉内，1mol 的氨（气态）在一定压力和温度及催化剂的存在下，可分解为 3/2mol 的氢气和 1/2mol 的氮气，并吸收一定的热量；之后通入预处理装置除去未反应的氨和少量的水；再通入分离系统中分离出纯氢。使用氨作为氢储存中间体的关键挑战在于实现氨的分解以及随后的氢产物的分离和纯化。

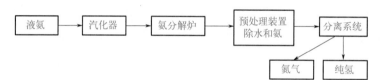

图 2-29　氨分解制氢的工艺流程

图 2-30 所示为某企业的氨分解制氢工艺流程。

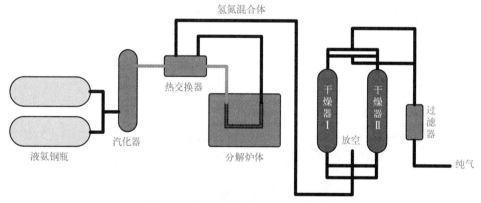

图 2-30　某企业的氨分解制氢工艺流程

液氨钢瓶中流出的液态氨首先进入汽化器，使液氨汽化至 45℃左右、压力为 1.5MPa 的气态氨。1.5MPa 的气态氨经减压阀组调压后降至 0.05MPa，再经过与分解炉出来的高温气体进行换热，预热后的氨气便可进入高温分解炉。在分解炉中，在高温（铁催化为 650℃、镍催化为 850℃）和催化剂的作用下，氨分解成含 $75\%H_2$、$25\%N_2$ 的氢氮混合气体。氢氮混合气体经过干燥器和过滤器，得到高纯度的氢气。

## 四、丙烷脱氢

丙烷脱氢（PDH）是指丙烷（$C_3H_8$）经过脱氢催化反应生成主产丙烯（$C_3H_6$）、副产氢气（$H_2$）的过程，其化学反应式为

$$C_3H_8 \longrightarrow C_3H_6 + H_2$$

该反应为强吸热过程，也是平衡反应，所以提高温度和降低压力有利于脱氢反应的进行，从而获得较高的丙烷转化率。

图 2-31 所示为丙烷脱氢制丙烯工艺流程，主要由原料预处理工段、反应工段、回收精制工段、催化剂再生工段组成。

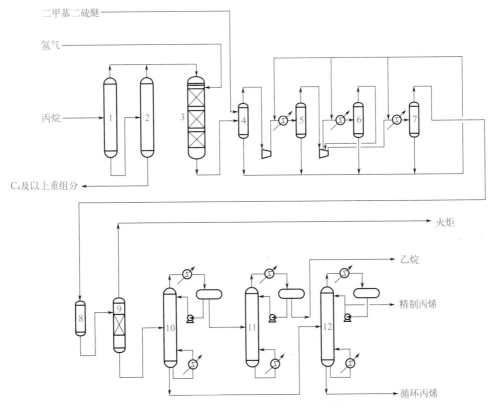

图 2-31　丙烷脱氢制丙烯工艺流程

1—脱丙烷塔 $1^\#$；2—脱丙烷塔 $2^\#$；3—丙烷脱氢反应器；4—产品气体压缩机入口罐；5—产品压缩机一级罐；6—产品压缩机二级罐；7—氯化物处理罐；8—干燥塔；9—SHP 反应器；10—脱乙烷汽提塔；11—脱乙烷精馏塔；12—丙烯精制塔

（1）原料预处理工段　原料丙烷经脱汞床、干燥床除去原料中金属化合物汞和水，以保护 Pt 催化剂和设备。含量 95% 以上的丙烷经脱丙烷塔 $1^\#$、$2^\#$ 后，塔顶丙烷进入反应工段，$2^\#$ 塔底回收 $C_4$（含有 4 个碳原子的烃类混合物）及以上重组分。

（2）反应工段　原料丙烷或轻烃经加热后在脱氢反应器内横向穿过催化剂床层进行反应，催化剂在反应器内重力作用下自上而下流动。反应器为移动床反应器，由加热炉和反应器交替串联布置，加热炉提供反应所需热能。原料氢和轻烃比大约为 1∶1，用 Pt-Sn/Al$_2$O$_3$ 作为催化剂，氢气作为稀释剂，用于抑制结焦和热裂解，并作载热体维持脱氢反应温度。

（3）回收精制工段　反应气经多级压缩深冷，经氯化物处理罐和干燥冷凝后，丙烷、丙烯等送入SHP（选择性加氢脱氧）反应器脱除大部分二烯烃、炔烃，以得到聚合级丙烯产品。再经脱乙烷塔、丙烯精制塔后得到产品精制丙烯。

（4）催化剂再生工段　反应后待生催化剂经二氧化碳提升到再生器顶部料斗，含有催化剂的粉尘经集尘器回收催化剂粉末，从而回收贵金属铂。在重力作用下，待生催化剂在再生塔中往下流，待生催化剂上的积炭通过与二氧化碳和氧气（约1%）烧焦再生，利用增压氢气返回反应系统，从而实现催化剂连续再生。

Oleflex丙烷脱氢制丙烯的工艺特点是采用移动床反应器，技术成熟，催化剂能连续再生；缺点是采用贵金属铂系催化剂，对原料丙烷要求高，需要预处理。

图2-32所示为丙烷脱氢制氢工艺流程。丙烷脱氢制丙烯工艺中，生成产品丙烯的同时，副产同等量（mol）的氢气，混合在乙烷、乙烯、一氧化碳、甲烷等的混合尾气中，如采用PSA提纯可获得大量的高纯度氢气，作为产品出售能获取更大经济效益。

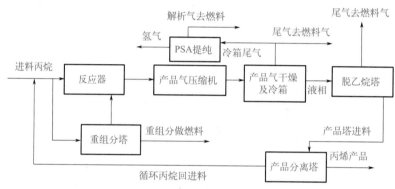

图2-32　丙烷脱氢制氢工艺流程

丙烷脱氢制氢具有生产流程短、占地面积小、建设周期短、成本低、能耗小、碳排放量少、制氢纯度高、制氢产能大等优势，是当前国内制氢市场具有氢气供给潜力的方式之一。

高纯度丙烷是丙烷脱氢的主要原材料。当前国内丙烷主要来源于炼厂副产，含硫量较高、纯度较低，不适合丙烷脱氢装置，因此国内丙烷脱氢装置所需高纯度丙烷仍依赖进口。上游原材料国产化程度较低，制约着丙烷脱氢行业发展，未来丙烷生产企业还需加快提升技术水平，促进高纯度丙烷产能不断提升。

## 五、工业副产氢的特点

### 1. 工业副产氢的优点

（1）资源丰富　工业副产氢是我国目前第二大主要氢气来源途径。工业副产氢是指现有工业在生产目标产品的过程中生成的氢气，目前主要形式有氯碱（氢氧化钠）行业副产氢气、钢铁高炉煤气可分离回收副产氢气、焦炭生产过程中的焦炉煤气可分离回收氢气、石化工业中的乙烯和丙烯生产装置可回收氢气等。我国氯碱、炼焦以及化工等行业有大量工业副产氢资源，可满足近期和中期氢气的增量需求。

（2）成本较低　工业副产氢产量稳定，制氢成本较低。

（3）二氧化碳排放少　工业副产氢相对于煤制氢，二氧化碳排放少，属于蓝氢范畴，是中短期内最为可行的制氢途径，可以通过CCS技术的运用，进一步降低二氧化碳排放。

（4）技术成熟　工业副产氢相比于电解水制氢，工艺简单，技术成熟。

### 2. 工业副产氢的缺点

（1）制氢纯度低　工业副产氢是产品生产过程的副产物，因副产氢纯度较低、成分复杂，目前通常只有燃烧等低效利用途径，甚至直接送到火炬排空。如果要进行利用，一般要对工业副产氢进行提纯处理。

（2）难以满足燃料电池用氢要求　对于工业氢气，关注的是氢气纯度，而对于燃料氢气，关注的是特定杂质含量。对于燃料氢气，一氧化碳是氢气所含杂质中处理难度最大的。目前工业副产氢普遍采用变压吸附提纯，纯度可以满足燃料电池用氢要求，但微量一氧化碳分离是变压吸附提纯的"短板"，难以满足浓度 $\leqslant 0.2 \times 10^{-6}$ 的要求。

# 第六节　电解水制氢

目前全球约4%的氢气供应是通过电解水方法获得的，而我国仅1%左右的氢气是由电解水获得的。电解水制氢是指水在直流电的作用下，会发生电化学反应，并分别在电解槽的阴极和阳极产生氢气及氧气。

按照工作原理和电解质的不同，电解水制氢技术可以分为4种，分别为碱性电解水制氢、质子交换膜电解水制氢、高温固体氧化物电解水制氢和固体聚合物阴离子交换膜电解水制氢。

## 一、碱性电解水制氢

我国碱性电解水制氢技术已经完成了商业化进程，产业链发展较为成熟。目前已经发布的最大单槽制氢规模（标准状况）为 $1400m^3/h$，电解槽直流电耗（标准状况）最低可以达到 $4.2kW \cdot h/m^3$。

### 1. 碱性电解水制氢的工作原理

碱性电解水制氢是指在碱性电解质环境下进行电解水制氢的过程，电解质一般为30%（质量分数）的氢氧化钾（KOH）溶液或者26%（质量分数）的氢氧化钠（NaOH）。

在直流电的作用下，水分子在阴极一侧得到电子发生析氢还原反应，生成氢气和氢氧根离子，氢氧根离子在电场和氢氧侧浓度差的作用下穿过物理隔膜到达阳极，并且在阳极一侧失去电子发生析氧反应，生成氧气和水，如图2-33所示。

阳极化学反应为

$$4OH^- - 4e^- \longrightarrow 2H_2O + O_2$$

阴极化学反应为

$$4H_2O + 4e^- \longrightarrow 2H_2 + 4OH^-$$

总的化学反应为

$$2H_2O \longrightarrow 2H_2 + O_2$$

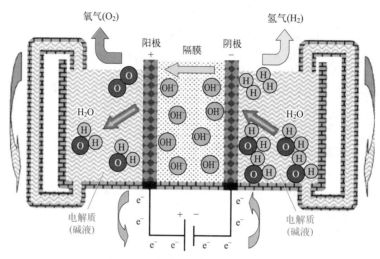

图 2-33　碱性电解水制氢工作原理

由于隔膜的阻碍，氢气和氧气不会通过隔膜混合在一起，但是电解液可通过隔膜进入另一侧。制氢系统运行时，氢气与碱液的混合液以及氧气与碱液的混合液分别经过气水分离器，将气体和溶液分离，碱液回流至电解槽，氢气和氧气分别进入纯化装置提纯后进行收集。

图 2-34 所示为某企业生产的 500m³（标准状况）集装箱式碱式水电解制氢系统，用于给加氢站供氢。

图 2-34　某企业生产的 500m³（标准状况）集装箱式碱式水电解制氢系统

### 2. 碱性电解水制氢的现状

（1）产业成熟度　碱性电解水制氢技术是电解水制氢的主流技术，已经完成规模产业化并在快速发展，碱性电解槽技术是所有路线中最成熟的，也是成本最低的，但关键部件隔膜、电极、催化剂仍有很大的技术革新和降本的空间。

（2）技术特点　碱性电解水制氢系统效率为 51% ～ 60%，负荷弹性为 20% ～ 100%，电流密度为 0.25 ～ 0.45A/cm²，热启动时间为 1 ～ 5min，冷启动时间为 1h，电堆寿命最长可达 120000h，投资成本最低，为 3000 ～ 6000 元 /kW。商业化规格一般为 5MW，最大单槽已达 7.5MW。无须贵金属催化剂。

（3）市场规模　2022 年我国电解槽总出货量为 800MW 左右，其中碱性电解槽为776MW，占比 97%。

（4）应用场景　由于成本低、寿命长、规模大，非常适合大规模工业化制氢。

（5）发展瓶颈　由于目前的动载性能较弱、电流密度一般，不太适合电网调幅与便携制氢。国内的隔膜材质还多用聚苯硫醚（polyphenylene sulfide，PPS），厚度较欧美常用的复合隔膜更厚，且面电阻较高；国内的电极主要以纯镍网为主，尚未导入泡沫镍和镍系合金；国内的催化剂也处于早期阶段。

### 3. 碱性电解水制氢系统组成

图 2-35 所示为碱性电解水制氢系统组成示意，主要由电解槽、气液分离器、气体洗涤器、冷却器、脱氧器、干燥塔、直流电源等组成。水在电解槽内分解成氢气和氧气，氢气和碱液混合物经气液分离器分离出氢气，电解液回流至电解槽中，氢气经洗涤、纯化后进行存储；氧气和碱液混合物经气液分离器分离出氧气，电解液回流至电解槽中，氧气经洗涤、纯化后，收集或直接放空处理。

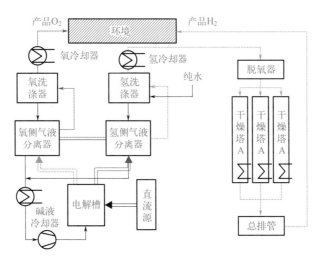

图 2-35　碱性电解水制氢系统组成示意

（1）电解槽　电解槽为电解水制氢系统的核心设备，为了降低水的电阻，提高电解效率，必须在水中加入氢氧化钠或氢氧化钾电解质，配成 30% 左右的碱液注入电解槽。碱性电解水制氢系统的电解槽属于碱性电解槽。

（2）气液分离器　气液分离器的作用就是处理含有少量凝液的气体，实现凝液回收或者气相净化。气液分离器有氢侧气液分离器和氧侧气液分离器。

电解槽产生的氢气与氧气由电解槽排出进入气体分离器，含有碱液，气体中也有雾状的碱液，必须将碱液分离出去，气液分离器可实现气液的分离。图 2-36 所示为气液分离器的结构和原理，氢气分离器与氧气分离器结构和原理相同。气液分离器有一个能承受一定压力的容器，称为壳体，壳体由筒体与封头组成。在壳体内有绕成螺旋状的金属管，金属管两端接到壳体的管口，连接冷却水管。壳体上方有气体出口，壳体底部有液体出口，壳体侧面有液体进口（气液混合物入口与纯净水入口）。

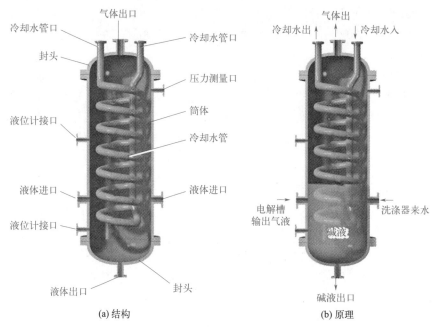

图 2-36　气液分离器的结构和原理

气液分离器是利用重力沉降分离的方法，进入气液分离器的气液混合物中的液体下沉到分离器底部，气体部分进入上部空间。由于气体中含有液滴等雾状液体，还要进行分离。在分离器内的冷却水管使分离器内保持较低的温度，温度下降使气体中的雾状液粒结成大的液滴，大的液滴因重量下降到下面液体中，实现气液分离。分离出的气体从上部出口输出。气液分离器安装位置要高于电解槽，保证电解槽生成气体上升到分离器。实际的气液分离器内采用多管并列方式，以加大换热面积。气液分离器侧面还有上下 2 个液位计接口，用于测量分离器内的液位。分离器液位下降时，补充液体来自洗涤器。分离出的液体由下部出口返回电解槽。气液分离器上部有压力测量口，该点压力代表系统压力。

气液分离器还有卧式结构，可增大气液接触面积，减少设备高度。

（3）气体洗涤器　气体洗涤器用于洗涤（冷却）氢气和氧气，分为氢洗涤器和氧洗涤器。

从气液分离器出来的气体仍会含有少量的雾状碱液与水蒸气，通过气体洗涤器可洗去残存的液体。图 2-37 所示为气体洗涤器的结构和原理。洗涤器同样是一个能承受一定压力的容器，容器顶部有气体入口，底部有液体（纯净水）入口，在侧面中部有液体出口，在侧面上方有气体出口。顶部还有冷却水管的出口与入口。在洗涤器内部有螺旋状的金属管，是冷却水管。在洗涤器内部有一根直管，管上端是气体入口，管下端有一个喇叭口，喇叭口边缘为锯齿状。

从分离器来的气体经洗涤器顶部进入直管，直管下半部分浸在纯净水中，气体从锯齿状喇叭口出来形成无数小气泡，并随纯净水上升，无数小气泡与水有很大的接触面积。纯净水温度较低，小气泡中的液体会溶于水中。纯净气体从上部出口输出。纯净水从底部进入洗涤器，补充系统因电解失去的水分。洗涤器安装位置要高于气体分离器，以保证内部液体能流入分离器。

气体洗涤器也有采用喷淋加筛板的结构。洗涤器与卧式气液分离器合成一体，在电解水制氢系统中应用较多。

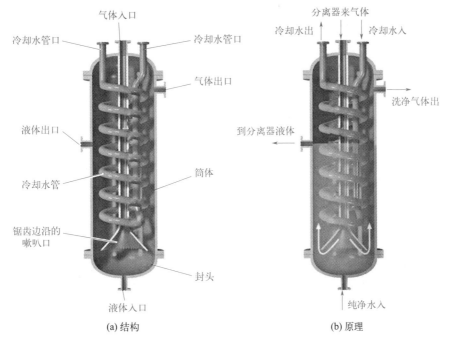

图 2-37　气体洗涤器的结构和原理

（4）冷却器　冷却器分为氧冷却器、氢冷却器和碱液冷却器。系统生成的氢气与氧气在输出前通过冷却器进一步降温；在电解水时碱液温度会上升，为了保证电解槽内碱液温度维持在 85～90℃，必须对进入电解槽的碱液通过碱液冷却器进行降温。

（5）脱氧器　脱氧器主要利用氢气和氧气在催化剂作用下加热可生成水的原理进行脱氧。原料氢气进入脱氧器后，在高温和催化剂的作用下，少量氧气经过催化剂催化后与氢气结合生成水，使含氧量降低，达到要求。

碱性电解水制氢时，因为隔膜不能完全隔绝氢气和氧气的相互渗透，同时由于电解液不断循环，分离器中的氢气、氧气和电解液很难达到完全分离，所以电解水制氢得到的氢气里含有杂质氧等，必须用脱氧器进行脱氧。

在实际生产中，脱氧一般是利用催化剂（俗名触媒）使氢和存在于气体中的杂质氧发生化学反应而生成水，从而达到除掉杂质氧的目的。化合生成的水以气态形式随氢气流出脱氧器，在随后的氢气冷却器中冷凝，在气水分离器中过滤并被排出系统。

脱氧器通常做成直立圆筒形，脱氧催化剂通常是由具有高脱氧活性的金属（如钯、铂、银、镍-铬、铜等）负载在多孔性物质上（如硅藻土、活性氧化铝、分子筛、半导体粉末等）制成的。图 2-38 所示为脱氧器原理示意。

（6）干燥塔　原料氢气经过脱氧器脱氧后，夹带着水分，这时就需要干燥器（塔）进行变温吸附干燥。其原理是利用吸水性能优良的吸附剂（如活性氧化铝、硅胶、分子筛等）在常温（或低温）下吸附气体中的水分，当吸附剂吸附的水分接近饱和时，采用升高温度的方法使水分从吸附剂中解吸出来（即吸附剂的再生），从而实现循环工作。图 2-39 所示为干燥器（塔）原理示意。

因此，一套碱性电解水制氢纯化装置中至少包含两台干燥器，一台工作时另一台再生，才能保证连续不断地生产露点稳定的氢气。

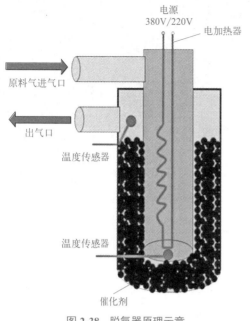

图 2-38 脱氧器原理示意

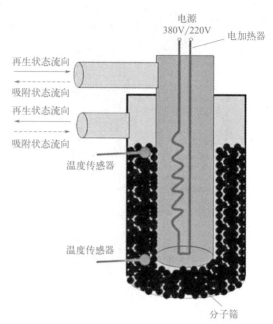

图 2-39 干燥器（塔）原理示意

干燥时通常用分子筛作为吸附剂，干燥后氢气的露点可达到 -70℃以下。分子筛是一种具有立方晶格的硅铝酸盐化合物，经脱水后内部形成许多大小相同的空腔，具有极大的表面积。能把形状和直径大小不同的分子，极性程度不同的分子，沸点不同的分子，饱和程度不同的分子分离开来，故称为分子筛。水是极性很强的分子，分子筛对水有强烈的亲和力。

（7）直流电源　电解槽直流电源输出电压与电流要根据电解槽规格配套，中小型电解水制氢系统直流电源输出电压为数十伏，电流为数百安，供电电源直接采用 380V 交流电，转换成直流电输出，电源装置采用风扇降温或水冷却。大型电解水制氢系统的电源输出超过 200V，电流超过 5000A，供电电源采用 3kV 或 6kV 或 10kV 等高电压。电源系统采用风冷却，功率电子器件采用水冷却。电解直流电源的输出电压和电流均要可控。

另外，电解过程要消耗大量的水，要不断向系统补充纯净水。对于小型电解水系统，可直接向纯净水装置注入蒸馏水。大中型电解水系统配有专门的纯净水生产设备，直接用自来水生产纯净水。自来水经过多种方式过滤，再经反渗透装置处理后生成纯净水。纯净水通过补水泵送往气体洗涤器。采用去离子水代替可以增加电解水制氢设备的使用寿命，提高电解效率。

图 2-40 所示为宁夏宝丰能源建设的"国家级太阳能电解水制氢综合示范项目"中的电解水制氢系统流程。该项目采用单台产氢量 1000m³/h 的碱性电解水装置，利用采煤区空地布置光伏电站给制氢设备供能制取氢气，所产氢气用于该企业的煤化工过程，实现绿色氢气对煤制氢的替代。通过碱性电解水制氢技术，该项目同步实现了以下目标：消纳波动可再生能源；利用绿色氢气作为煤化工原料，实现高碳排放企业绿色转型。可见，通过碱性电解水制氢技术大规模制备绿氢，可成为可再生能源与高碳排放行业协同实现"双碳"目标的关键环节。高效大功率电解水制氢装置的规模化、大型化势在必行。

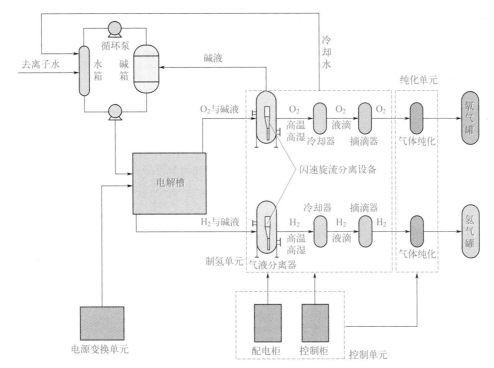

图 2-40　宁夏宝丰能源建设的"国家级太阳能电解水制氢综合示范项目"中的电解水制氢系统流程

## 4. 电解槽的结构与原理

电解槽分为单极式电解槽和双极式电解槽。

（1）单极式电解槽的结构与原理　单极式电解槽是把所有阳极并联在一起接直流电源正极，所有阴极并联在一起接直流电源负极。接通电源后，在阳极板析出氧气，在阴极板析出氢气。由于阳极板在相邻两个小室是阳极，阴极板在相邻两个小室都是阴极，所以每个极板正反面都是同一极性。单极式电解槽的结构与原理如图 2-41 所示，阳极与阴极间有隔膜。在电解槽内充满电解液（氢氧化钠或氢氧化钾水溶液），接通电源后，在阴极板两面析出氢气，在阳极板两面析出氧气。

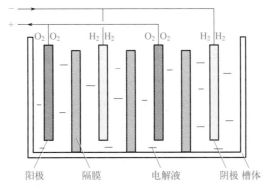

图 2-41　单极式电解槽的结构与原理示意

（2）双极式电解槽的结构与原理　双极式电解槽的结构与原理如图 2-42 所示。一块极板正反两面具有相反极性，故称为双极板。在电解槽内充满电解液（氢氧化钠或氢氧化钾水溶液），接通电源后，在阴极侧析出氢气，在阳极侧析出氧气。

双极式电解槽结构紧凑，减小了由电解液电阻引起的电能损失，是目前工业最常用的。双极式电解槽内部由阴极板、阳极板、集流器、电解液、隔膜、密封垫圈等组成，它们构成电解槽小室；把数十甚至上百个电解槽小室由螺杆和端板压在一起形成电解槽，如图 2-43 所示。

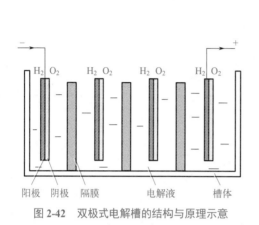

图 2-42　双极式电解槽的结构与原理示意　　图 2-43　电解槽的组成

### 5. 碱性电解槽的极板

极板是碱性电解槽的关键部件之一，它主要起到传导电子、阻隔阴极碱液和阳极碱液、支撑电极和隔膜的作用。一台 1000m³/h（标准状况）的电解槽一般需要 200 ～ 300 块极板。极板在电解槽中的位置如图 2-44 所示。国内以双极板为主。

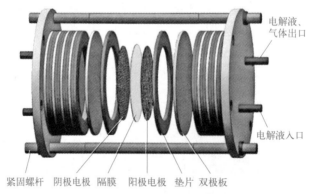

图 2-44　极板在电解槽中的位置

国内极板材质一般采用铸铁金属板、镍板或不锈钢金属板。在结构上，为增大电流密度，降低制氢能耗，极板被设计成两部分：主极板 + 极框，如图 2-45 所示，极板是由主极板和极框焊接后镀镍而成的。其中极框上分布有气道孔和液道孔；主极板呈乳突结构，有支撑电极和隔膜的作用，电解液可以在乳突与隔膜布形成的流道中流动，同时乳突还有输电的作用；镍是非消耗性电极，在碱液里不易被腐蚀。

图 2-45　极板实物

6. 碱性电解槽的隔膜

碱性电解槽在电解过程中，阳极产生氧气，阴极产生氢气，隔膜位于阳极与阴极之间，其作用是防止阳极产生的氢气和阴极产生的氧气混合。

适用于碱性电解槽的隔膜应具备以下要求。

① 保证氢气和氧气分子不能通过隔膜，但允许电解液离子通过。

② 能够耐高浓度碱液的腐蚀。

③ 具有较高的机械强度，能够长时间承受电解液和生成气体的冲击，隔膜结构不被破坏。

④ 为了降低电能损耗，隔膜必须要有较小的面电阻，因此隔膜孔隙率要尽可能高。

⑤ 在电解温度和碱性条件下隔膜能够保持化学稳定。

⑥ 原料易得、无毒、无污染，废弃物易处理。

用于碱性电解槽的隔膜主要有石棉隔膜、聚四氟乙烯树脂改性石棉隔膜、聚苯硫醚隔膜、聚砜类隔膜、聚醚醚酮隔膜等。

（1）石棉隔膜　石棉是最早用于电解水制氢的隔膜材料。

石棉隔膜的优点：具有耐化学品腐蚀、耐高温、高拉伸强度、亲水性好等。

石棉隔膜的缺点：具有溶胀性，使电解能耗升高；限制电解温度，使电流效率无法提高；对人体有毒性，在石棉的开采、制作以及应用过程中，石棉细小纤维通过呼吸与肺部接触，可能引起肺病，许多国家都已经限制石棉材料的使用。

（2）聚四氟乙烯树脂改性石棉隔膜　针对石棉隔膜的弊端，对石棉隔膜进行改性，其中通过共混的方法在石棉纤维中掺杂聚四氟乙烯树脂制备聚四氟乙烯改性石棉隔膜是较为成熟的石棉隔膜改性工艺。

聚四氟乙烯树脂改性石棉隔膜的优点：聚四氟乙烯包覆石棉纤维的隔膜结构，增强了隔膜的耐腐蚀性和机械强度，降低了石棉的溶胀性，有效地克服了石棉隔膜溶胀和易遭受碱腐蚀的缺点。

聚四氟乙烯树脂改性石棉隔膜的缺点：由于聚四氟乙烯树脂亲水性差，加入聚四氟乙烯的石棉隔膜亲水性大大降低，使得电流效率降低，能耗升高，加入量越大，隔膜亲水性下降得越多。

（3）聚苯硫醚隔膜　聚苯硫醚隔膜用于碱性电解槽中，具有以下优点。

① 耐热性能优异，可以在200℃长期使用，短期耐热性和长期连续使用的热稳定性都很

优越。

② 力学性能好，刚性极强，表面硬度高，具有优异的耐蠕变性和耐疲劳性，耐磨性突出。

③ 耐腐蚀性强，碱和无机盐的水溶液，即使在加热条件下，对聚苯硫醚隔膜几乎没有腐蚀作用。

④ 尺寸稳定性好，成型收缩率小，线性热膨胀系数小，因此，在高温条件下仍表现出良好的尺寸稳定性。

⑤ 电性能优良，高温、高湿、高频率下仍具有优良的电性能。

聚苯硫醚隔膜用于碱性电解槽中的缺点是隔膜电阻高。由于聚苯硫醚隔膜亲水性差，电解液不能充分进入隔膜孔隙中，在电解过程中隔膜表面出现微小气泡聚集的现象，这些现象会增加隔膜电阻，导致能耗增加。

为此，需要对聚苯硫醚隔膜进行改性，降低与水的接触角，增加润湿度，改善亲水性的同时，维持耐高温、耐浓碱等特性基本不变。

如果能在不降低聚苯硫醚隔膜优良的物理化学性能的前提下，改善聚苯硫醚隔膜的亲水性能，聚苯硫醚隔膜将成为最有前景的碱性电解槽隔膜之一。

（4）聚砜类隔膜　聚砜类材料是应用比较早、比较广泛的一类隔膜材料，也是隔膜材料研究的热点之一。聚砜类树脂主要有双酚 A 型聚砜、聚醚砜、聚醚砜酮、聚苯硫醚砜等。

聚砜类隔膜的优点：具有优良的抗氧化性、热稳定性和高温熔融稳定性，同时具有优良的力学性能以及耐高温、耐酸碱、耐细菌腐蚀、原料价廉易得、pH 值应用范围广等。

聚砜类隔膜的缺点：亲水性能差，使隔膜的水通量低，抗污染性能不理想，影响其应用范围和使用寿命。

因此，对聚砜类隔膜材料的改性工作多集中在提高其亲水性上，主要通过向其中引入亲水性物质，来改善聚砜类隔膜材料的亲水性。

（5）聚醚醚酮隔膜　聚醚醚酮是一种具有耐高温、耐化学品腐蚀的高分子材料，可用作高温结构材料、电绝缘材料、增强材料等。近年来也逐渐应用于碱性水电解槽的隔膜材料。常见的聚醚醚酮隔膜由聚醚醚酮纤维通过机织制得，隔膜的性能与隔膜的厚度、编织方式有关。

国内碱性电解槽企业使用聚苯硫醚隔膜居多，聚苯硫醚隔膜绝大部分依赖进口品牌供应，部分企业开始使用复合隔膜。复合隔膜是由陶瓷粉体和支撑体组成，有纳米多孔表面，内部为微米孔道结构，阻断氢气穿越能力强，同时透过电解液离子，具有永久亲水性，以及较好的电解性能和使用寿命。目前复合隔膜最大宽幅可达 2m，可以满足大型电解槽尺寸需求。图 2-46 所示为碱性电解槽的隔膜。

图 2-46　碱性电解槽的隔膜

### 7. 碱性电解槽的电极

碱性电解槽的电极是电化学反应发生的场所，也是决定电解槽制氢效率的关键。

目前国内大型碱性电解槽使用的电极大多是镍基的，如纯镍网、泡沫镍或者以纯镍网或泡沫镍为基底喷涂高活性催化剂。

镍网一般由 40 ～ 60 目的镍丝网经过裁圆而成，镍丝的直径为 $200\mu m$ 左右。镍网产品比较成熟，价格低廉，具有良好的耐酸、耐高温等性能。

泡沫镍价格低廉，产品成熟，电极材料内部充满大量微孔，表面积非常大，溶液与电极的接触面积大大增大，缩短了传质距离，极大地提高了电解反应效率。

涂层催化剂种类主要有两种：一种是高活性镍基催化剂，目前常见的有雷尼镍、活化处理的硫化镍、镍钼合金或者活化处理的镍铝粉等；另一种是含有贵金属的催化剂（铂系催化剂、钌系催化剂、铱系催化剂等）。

涂层方式有喷涂、滚涂、化学镀等方式，不同方式的性能和成本也会有差异。国内电解槽电极喷涂分三种：只喷涂阳极、只喷涂阴极和阴阳极全部喷涂。

图 2-47 所示为各种电极。碱性电解槽电极生产制备已全部国产化。

图 2-47　各种电极

### 8. 碱性电解槽的性能

国内主流的碱性电解槽企业均具备大功率电解槽的生产能力，负载可调范围广，产品成熟度高。代表企业电解槽产品参数对比见表 2-8。

表2-8　代表企业电解槽产品参数对比

| 项目 | 中船（邯郸）派瑞氢能科技有限公司 | 考克利尔竞立（苏州）氢能科技有限公司 | 天津市大陆制氢设备有限公司 | 西安隆基氢能科技有限公司 | 山东奥扬新能源科技股份有限公司 |
|---|---|---|---|---|---|
| 产品型号 | CDQ 系列 | DQ 系列 | FDQ 系列 | Lhy-A 系列 | AQ 系列 |
| 氢气产量（标准状况）/（$m^3$/h） | 1000 | 1000 | 1000 | 1000 | 1200 |
| 运行温度 /℃ | 95±5 | 90±5 | 90±5 | 90±5 | 90±5 |

| 项目 | 中船（邯郸）派瑞氢能科技有限公司 | 考克利尔竞立（苏州）氢能科技有限公司 | 天津市大陆制氢设备有限公司 | 西安隆基氢能科技有限公司 | 山东奥扬新能源科技股份有限公司 |
|---|---|---|---|---|---|
| 氢气纯度 /% | ≥ 99.8 | ≥ 99.9 | ≥ 99.9 | ≥ 99.9 | ≥ 99.9 |
| 氧气纯度 /% | ≥ 98.5 | ≥ 98.5 | ≥ 99.5 | ≥ 98.5 | ≥ 98.5 |
| 工作压力 /MPa | 1.5 ～ 2.0 | 1.6 | 3.0 | 1.6 | 1.6 |
| 运行负荷 /% | 30 ～ 100 | 30 ～ 100 | 30 ～ 110 | 25 ～ 115 | 30 ～ 110 |
| 能耗（标准状况）/（kW·h/m³） | ≤ 4.3 | ≤ 4.4 | ≤ 4.4 | ≤ 4.4 | ≤ 4.4 |

图 2-48 所示为全球单槽产能最大的碱性电解槽，额定产氢量（标准状况）为 1300m³/h，最高可达 1500m³/h；额定电流密度为 5000A/m²，最高可达 6000A/m²；1m³ $H_2$ 直流能耗（标准状况）低于 4.2kW·h。

图 2-48　全球单槽产能最大的碱性电解槽

## 二、质子交换膜电解水制氢

质子交换膜电解水技术还处于商业化初期，国内已经具备生产制氢规模（标准状况）为 200m³/h 的质子交换膜（PEM）电解槽的能力，工业级 PEM 电解槽产品的制氢能耗（标准状况）大约为 5kW·h/m³，但产业链仍存在国产化程度不足的问题。电解槽中的质子交换膜大多依赖国外进口，电解槽使用的催化剂主要由铂和铱等贵金属组成，由于全球 85% 左右的铱由南非提供，这意味着催化剂也极度依赖进口供应。这些都可能成为未来制约我国质子交换膜电解水产业链发展的问题。

### 1. 质子交换膜电解水制氢的工作原理

质子交换膜电解水制氢是使用质子交换膜作为固体电解质替代碱性电解槽使用的隔膜和液态电解质（30% 的氢氧化钾溶液或 26% 的氢氧化钠溶液），并使用纯水作为电解水制氢的原料，避免了潜在的碱液污染和腐蚀问题。

质子交换膜电解槽工作如图 2-49 所示。质子交换膜电解槽运行时，水分子在阳极侧发生氧化反应，失去电子，生成氧气和质子。随后，电子通过外电路传导至阴极，质子在电场的作用下，通过质子交换膜传导至阴极，并在阴极侧发生还原反应，得到电子生成氢气，反应后的氢气和氧气通过阴阳极的双极板收集并输送。

阳极发生的化学反应为

$$2H_2O \longrightarrow O_2 + 4H^+ + 4e^-$$

阴极发生的化学反应为

$$4H^+ + 4e^- \longrightarrow 2H_2$$

总的化学反应为

$$2H_2O \longrightarrow O_2 + 2H_2$$

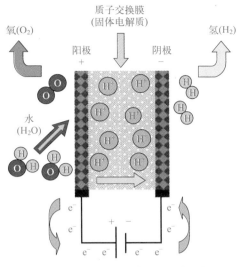

图 2-49  质子交换膜电解槽工作示意

图 2-50 所示为国内首座兆瓦级氢能综合利用示范站，主要配备兆瓦级质子交换膜电解水制氢系统、燃料电池发电系统和热电联供系统、风光可再生能源发电系统等，年制氢可达 70 余万立方米（标准状况），氢发电 73 万千瓦·时，对于推动氢能研究应用、服务新型电力系统建设具有重要的示范引领作用。所制氢气可在氢燃料电池车、氢能炼钢、绿氢化工等领域广泛应用，氢能发电可用于区域电网调峰需求。

图 2-50  国内首座兆瓦级氢能综合利用示范站

### 2. 质子交换膜电解水制氢的现状

（1）产业成熟度  质子交换膜电解水制氢技术是电解水制氢的新兴技术，尚处于商业化早期阶段，成本很高，关键部件质子膜、双极板、催化剂仍主要依靠进口，但近几年技术进步和零部件国产化的进程在持续加速。

（2）技术特点  质子交换膜电解水制氢系统效率为 46%～60%，负荷弹性为 0～120%，电流密度为 1～2A/cm²，热启动时间只需不到 5s，冷启动时间为 5～10min，电堆寿命最长

100000h，投资成本较高，为8000～13800元/kW。商业化规格一般为1MW。

（3）市场规模　2022年我国电解槽总出货量为800MW左右，其中质子交换膜电解槽接近24MW，占比不到3%。

（4）应用场景　由于在各指标上表现很均衡，且启动时间短，负荷弹性高，电流密度高，因此适合电网调幅与便携制氢等动态负载场景。

（5）发展瓶颈　我国质子交换膜电解水制氢产业发展相对滞后，虽然部分企业已形成具有较高自主化程度的制氢样机，但还存在质子交换膜等关键材料的"卡脖子"问题。后续应加大力度攻关低成本催化剂和气体扩散层等关键技术，提升关键设备的效率与寿命。

图2-51所示为某企业生产的基于质子交换膜电解水制氢技术的可移动制加氢一体撬装设备。该设备集制氢、增压、加氢等功能于一体，主要由制氢及纯化系统、压缩系统、加注系统、冷却系统、控制系统、辅助系统等组成。设备尺寸极其紧凑，并可移动，便于灵活布置。

图2-51　某企业生产的基于质子交换膜电解水制氢技术的可移动制加氢一体撬装设备

该设备具有以下优势。

① 利用绿电电解制氢，氢气纯化后，进行增压，输送并保持氢气系统压力稳定，保证电解槽安全、平稳运行，并为下游氢燃料电池车加氢提供气源。

② 制氢系统采用质子交换膜电解槽，具备$10m^3/h$的产氢能力（标准状况）。氢气纯度满足《质子交换膜燃料电池汽车用燃料　氢气》（GB/T 37244—2018）的要求。

③ 压缩系统使用隔膜式氢气压缩机，排气压力达45MPa，排气温度不超过40℃（冷却后），排量（标准状况）达$10m^3/h$（吸气2.0MPa）。

④ 加注系统配备加氢枪，具备计量功能，具有对车辆高压氢气系统的氢气加注功能，软件上控制系统包含加氢系统的控制。

⑤ 安全监控系统包括氢气探测器、火焰探测器和视频监控系统，并完成对可燃气体泄漏、火焰探测及环境温度检测、区域和声光报警，具备报警联锁关断控制功能。

### 3.质子交换膜电解水制氢系统组成

质子交换膜电解水制氢系统由质子交换膜电解槽和辅助系统组成。

（1）质子交换膜电解槽　质子交换膜电解槽是质子交换膜电解水制氢装置的核心部分。质子交换膜电解槽的最基本组成单位是电解池。电解池的数量取决于电解槽功率的大小，一个质子交换膜电解槽包含数十甚至上百个电解池。每个电解池由5部分组成，由内而外分别为质子交换膜、阴（阳）极催化剂、气体扩散层和双极板。图2-52所示为质子交换膜电解槽内部结构示意。

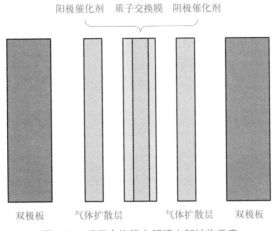

图 2-52　质子交换膜电解槽内部结构示意

（2）辅助系统　辅助系统包括电源供应系统、氢气干燥纯化系统、去离子水系统和冷却系统，见表2-9。

表2-9　质子交换膜电解水制氢装置辅助系统

| 系统 | 设备 | 作用 |
| --- | --- | --- |
| 电源供应系统 | 电流传感器、变压器 | 将交流电转化为稳定的直流电源 |
| 氢气干燥纯化系统 | 氢气纯化设备及相关仪表阀门 | 对生产的氢气进行干燥和纯化 |
| 去离子水系统 | 氧气分离器、循环泵及相关仪表阀门 | 为电解槽提供达标的去离子水 |
| 冷却系统 | 换热器、冷却泵、冷凝器等 | 降温或冷却从干燥器出来的气体 |

图2-53所示为质子交换膜电解水制氢系统。

图 2-53　质子交换膜电解水制氢系统

### 4. 质子交换膜电解水制氢系统的质子交换膜

质子交换膜是质子交换膜电解槽的核心零部件之一。在质子交换膜电解槽中，质子交换膜既充当质子交换的通道，又作为屏障防止阴极和阳极产生的氢气和氧气互相接触，并为催化剂涂层提供支撑。因此，质子交换膜需要具备极高的质子传导率和气密性，极低的电子传导率。与此同时，质子交换膜还需要具备良好的化学稳定性，可以承受强酸性的工作环境；较强的亲水性也必不可少，这可以预防质子交换膜局部缺水，避免干烧。质子交换膜的性能好坏，直接影响着质子交换膜电解槽的运行效率和寿命。

质子交换膜在加工上仍然存在难度。和燃料电池使用的质子交换膜（厚度 $10\mu m$ 左右）相比，质子交换膜电解槽使用的质子交换膜更厚，在加工的过程中更容易发生膨胀和变形，膜的溶胀率更高，加工难度更大。目前使用的质子交换膜大多采用全氟化磺酸基聚合物作为主要材料。国内外使用最为广泛的主要为杜邦的 Nafion 系列，如 Nafion115 和 Nafion117 系列质子交换膜，见表2-10。

表2-10　杜邦的Nafion系列膜参数

| 项目 | Nafion115 | Nafion117 |
|---|---|---|
| 厚度 /$\mu m$ | 127 | 183 |
| 基重 / ($g/m^2$) | 250 | 360 |
| 电导率 / (S/cm) | 0.083 | |

国内的质子交换膜电解槽生产企业对于进口质子交换膜仍然具有很高的依赖性。由于质子交换膜生产技术长期被欧美国家和日本所垄断，国内的工业级质子交换膜产品几乎全部使用杜邦的 Nafion 系列。目前，国内仅东岳未来氢能和科润新材料等少数企业有能力生产应用于质子交换膜电解槽的质子交换膜产品，在民用领域取得一定应用。

如何在减少膜的厚度的同时，保持膜的力学稳定性是膜技术开发的重点之一。膜的厚度会影响质子交换膜电解槽的欧姆内阻，厚度过高会加大极化损失，增加制氢能耗。尽管如此，考虑到质子交换膜需要在高压环境中工作，为了保持质子交换膜的力学稳定性，防止气体交叉渗透现象的发生，行业内大多数仍然采用厚度超过 $100\mu m$ 的膜。未来，质子交换膜的技术开发必须注重质子传导率、气体交叉渗透和高压力学稳定性三者之间的平衡。开发复合增强膜，在材料中引入聚芳烯类的聚合物对膜进行结构强化和改性，比如聚醚醚酮、聚砜，可能会成为未来的方向之一。

### 5. 质子交换膜电解水制氢系统的催化剂

阴、阳极催化剂是质子交换膜电解槽的重要组成部分。阴、阳极催化剂是电化学反应的重要物质，催化剂需要具备良好的抗腐蚀性、催化活性、电子传导率和孔隙率等特点，才能确保质子交换膜电解槽可以稳定运行。

和燃料电池相比，质子交换膜电解槽在催化剂的使用上更加依赖贵金属材料。在质子交换膜电解槽的强酸运行环境下，非贵金属材料容易受到腐蚀，并可能和质子交换膜中的磺酸根离子结合，降低质子交换膜的工作性能。目前常用的阴极催化剂为以碳为载体材料的碳铂催化剂。在酸性和高腐蚀性的环境下，铂仍然可以保持较高的催化活性，确保电解效率；而碳基材料既为铂提供了载体，又充当着质子和电子的传导网络。催化剂中的铂载量为 $0.4 \sim 0.6g/cm^2$，铂的质量分数为 20% ~ 60%。

阳极的反应环境比阴极更加苛刻，对催化剂材料的要求更高。由于阳极电极材料需要承受高电位、富氧环境和酸性环境的腐蚀，燃料电池常用的碳载体材料容易被析氧侧的高电位腐蚀降解，因此一般选用耐腐蚀且析氧活性高的贵金属作为质子交换膜电解槽阳极侧的催化剂。结合催化活性和材料稳定性来看，铱、钌及其对应的氧化物（氧化铱和氧化钌）是目前最适合作为质子交换膜阳极催化剂的材料。相比氧化铱，虽然氧化钌的催化活性更强，但在酸性环境下氧化钌容易失活，稳定性比氧化铱稍差。因此，氧化铱是目前应用最广泛的阳极催化剂。催化剂中的铱载量为 $1 \sim 2g/cm^2$。

质子交换膜电解槽催化剂对贵金属的依赖是阻碍质子交换膜电解水制氢快速推广的因素之一。应用于质子交换膜电解槽的催化剂铂、铱、钌等贵金属产量稀少，成本高昂。铱作为质子交换膜电解槽阳极最重要的催化剂材料，供应上存在很大的制约。

降低催化剂中贵金属的含量已经成为目前催化剂技术开发的主要方向。针对阴极催化剂，开发方向集中于降低铂在催化剂中的用量。在催化剂中加入非贵金属基化合物，例如非贵金属的硫化物、氮化物、氧化物等，可以在保持催化活性的前提下，降低铂的使用量。

阳极催化剂的技术开发方向包括使用载体材料或设计新的催化剂结构。

使用高比表面积的材料作为铱的载体，可以将铱颗粒高度分散在载体材料上，从而提高铱的利用率和活性，借此减少铱的负载量。由于阳极的反应条件苛刻，为了确保催化剂的耐久性，阳极材料需要具备耐腐蚀性、导电性和高比表面积等特性。目前常用的载体材料有氧化钛和掺杂铌的氧化钛等。

设计新的催化剂结构，例如采用核壳式结构，也可以减少铱的用量。由于催化反应集中于材料表面的活性电位，阳极催化剂可以采用核壳式结构——在外层的壳上使用铱，在内层的核使用非贵金属材料。这样既可以减少铱的用量，也不会影响铱的催化活性。

国内已经有少数企业有能力生产质子交换膜电解槽的催化剂，如宁波中科科创新能源科技有限公司、上海济平新能源科技有限公司等。图 2-54 所示为催化剂。

图 2-54　催化剂

宁波中科科创新能源科技有限公司在质子交换膜电解水制氢领域先后推出了氧化铱、铱黑和铱钌黑等相关催化剂产品，并且已经具备了单批次千克级的生产能力。宁波中科科创新能源科技有限公司催化剂产品参数见表 2-11。

表2-11　宁波中科科创新能源科技有限公司催化剂产品参数

| 名称 | 氧化铱 | 铱黑 | 铱钌黑 |
| --- | --- | --- | --- |
| 含量（质量分数）/% | 二氧化铱（$IrO_2$）大于 95 | 铱（Ir）大于 95 | 铱钌（IrRu）大于 95 |

| 名称 | 氧化铱 | 铱黑 | 铱钌黑 |
| --- | --- | --- | --- |
| 粒径 /nm | 7.5 | 4 | 4 |
| 多电位 /mV | 315 | 319 | 305 |

### 6. 质子交换膜电解水制氢系统的气体扩散层

气体扩散层又称集流器，是夹在阴阳极和双极板之间的多孔层。气体扩散层作为连接双极板和催化剂层的桥梁，确保了气体和液体在双极板和催化层之间的传输，并提供有效的电子传导。在阳极，液态水通过气体扩散层传导至催化剂层，被分解为氧气、质子和电子。生成的氧气通过气体扩散层反向汇流至双极板，质子通过质子交换膜传导至阴极，电子则通过气体扩散层传导至阳极侧双极板后进入外部电路。在阴极，电子从外部电路通过气体扩散层进入阴极催化剂层，和质子反应后产生氢气。产生的氢气通过气体扩散层汇流至双极板。因此，为了确保气 / 液运输效率和导电性能，气体扩散层既需要拥有合适的孔隙率，也需要拥有良好的导电性，确保电子传输效率。

质子交换膜电解槽的气体扩散层材料选择和燃料电池的气体扩散层选择有所不同。燃料电池通常选择炭纸作为阴极和阳极的气体扩散层材料。在质子交换膜电解槽中，由于阳极的电位过高，高氧化性的运行环境足以氧化炭纸材料，通常选择耐酸、耐腐蚀的钛基材料作为质子交换膜电解槽阳极气体扩散层的主要材料，并制作成钛毡结构以确保气液传输效率。钛基材料在长时间的使用下容易钝化，形成高电阻的氧化层，降低电解槽的工作效率。为了防止钝化现象的发生，通常会在钛基气体扩散层上涂抹一层含有铂或者铱的涂层进行保护，确保电子传导效率。质子交换膜电解槽的阴极电位较阳极更低，炭纸或钛毡都可以作为气体扩散层的材料。

钛毡式气体扩散层的制作工艺较为复杂。高纯的钛材料需要经过一系列的工艺，包括钛纤维制作、清洗、烘干、铺毡、裁剪、涂层等一系列的工艺，才可以入库保存。

未来，气体扩散层优化的关键在于保持系统的动态平衡。随着水电解反应的持续推进，阳极生成的氧气会逐渐积聚在气体扩散层的通道内阻塞流道，对液态水的运输产生潜在的影响。这可能会导致气液运输效率下降，对质子交换膜电解槽的工作效率产生负面影响。在气液逆流的情况下，减少气液阻力，及时移除阳极产生的氧气，并将液态水及时运输至阳极催化层，将是气体扩散层优化的方向。孔隙率、孔径尺寸和厚度等指标都是未来需要研究的重点。

图 2-55 所示为钛毡实例。

国内目前可以生产钛基气体扩散层的企业较少。由于质子交换膜电解槽使用的气体扩散层——钛毡的结构和金属纤维烧结毡的结构有异曲同工之处，因此气体扩散层的生产企业大多由金属加工行业转入，例如浙江非尔特过滤科技有限公司、浙江玖昱科技有限公司等。

图 2-55　钛毡实例

浙江非尔特过滤科技有限公司采用直径为微米级的钛合金纤维生产钛毡。产品的常规厚度为0.3mm、0.4mm和0.6mm，孔隙率为50%～80%。产品尺寸可以根据客户要求进行调整，最大尺寸可达1.2m×1.5m。

浙江玖昱科技有限公司生产的气体扩散层，厚度分别为0.25mm、0.4mm、0.6mm、0.8mm和1.0mm等，孔隙率为60%～75%，产品尺寸可以根据客户要求进行调整，最大尺寸可达1.2m×1.5m。

### 7. 质子交换膜电解水制氢系统的双极板

双极板不仅是支撑膜电极和气体扩散层的支撑部件，也是汇流气体（氢气和氧气）及传导电子的重要通道。阴阳极两侧的双极板分别汇流阴极产生的氢气和阳极产生的氧气，并将它们输出。因此，双极板需要具备较高的机械稳定性、化学稳定性和低氢渗透性。阳极产生的电子经由阳极双极板进入外部电路，再通过阴极双极板进入阴极催化层。因此，双极板还需要具备高导电性。

质子交换膜电解槽双极板和燃料电池双极板的结构及使用材料有很大的区别。在结构方面，质子交换膜电解槽双极板不需要加入冷却液对设备进行冷却，使用一板两场的结构就可以满足运行要求，相比于燃料电池双极板两板三场的结构更为简单（去掉了中间冷却水的场）。在材料方面，质子交换膜电解槽中阳极的电位过高，燃料电池常用的石墨板或者不锈钢制金属板容易被腐蚀降解。使用钛材料可以很好地避免金属腐蚀导致的离子浸出，预防催化剂的活性电位受到影响。但由于钛受到腐蚀后，容易在表面形成钝化层，增大电阻，通常会在钛板上涂抹含铂的涂层来保护钛板。

钛基双极板目前有三种加工工艺，分别是冲压工艺、蚀刻工艺和使用钛网加钛板组合制造工艺。相比之下，冲压工艺的单位加工成本更低，更适合大规模化生产，可能成为未来主要工艺路线。

图 2-56 所示为质子交换膜电解槽双极板。

国内目前能制造质子交换膜电解槽双极板的企业数量相对较少。上海治臻新能源股份有限公司、深圳金泉益科技有限公司是国内少数可以生产质子交换膜电解槽双极板的企业。

上海治臻新能源股份有限公司拥有 350 万片/年的双极板产能，为燃料电池用双极板和电解水制氢用双极板的混合生产线。上海治臻新能源股份有限公司生产的双极板采用工业级钛合金作为主要材料，可以应用于功率 1～200kW 的质子交换膜电解槽。上海治臻新能源股份有限公司电解槽双极板产品参数见表 2-12。

图 2-56　质子交换膜电解槽双极板

表2-12　上海治臻新能源股份有限公司电解槽双极板产品参数

| 指标 | 参数 |
| --- | --- |
| 可装配电解槽功率 /kW | 1～200 |

| 指标 | 参数 |
|---|---|
| 基材厚度 /mm | 0.5 |
| 长度 /mm | 400 |
| 宽度 /mm | 283 |
| 双极板厚度 /mm | 2.6 |
| 反应区最大长度 /mm | 242 |
| 反应区最大宽度 /mm | 230 |
| 寿命 /h | ＞ 40000 |

### 8. 质子交换膜电解槽产品参数

目前国内仅有少数企业具备兆瓦级制氢设备的生产能力，例如中船（邯郸）派瑞氢能科技有限公司、山东塞克赛斯氢能源有限公司、阳光氢能科技有限公司等。电解槽产品运行无须使用碱液，并且具备负载范围广、氢气纯度高、出口压力大等特点。

部分代表企业质子交换膜电解槽产品参数见表 2-13。

表2-13　部分代表企业质子交换膜电解槽产品参数

| 项目 | 中船（邯郸）派瑞氢能科技有限公司 | 山东塞克赛斯氢能源有限公司 | 阳光氢能科技有限公司 |
|---|---|---|---|
| 制氢规模（标准状况）/（$m^3$/h） | 0.01 ～ 300 | 0.5 ～ 260 | 200 |
| 氢气纯度 /% | 99.999 | 99.999 | 99.999 |
| 氢气压力 /MPa | 4 | 3 | 3.5 |
| 运行负荷 /% | 0 ～ 100 | 0 ～ 100 | 5 ～ 110 |

图 2-57 所示为国内某公司开发的 50$m^3$/h（标准状况）、功率为 3MW 的质子交换膜电解槽。

图 2-57　国内某公司开发的质子交换膜电解槽

未来质子交换膜电解水制氢设备将向大功率制氢的方向发展。

## 三、高温固体氧化物电解水制氢

### 1. 高温固体氧化物电解水制氢的工作原理

高温固体氧化物电解水制氢技术是将水分解为氢气和氧气的一种可持续的方法，其具有高效、环保等优点，在能源转型和新能源技术应用方面具有广泛的应用前景。

高温固体氧化物电解水制氢技术通过固体氧化物电解池将水电解成氢气和氧气，其中固体氧化物是电解池的主要组成部分。在高温（800℃左右）下，电解池中的氧离子通过电化学反应氧化，在阴极表面与水反应生成氢气，同时在阳极表面与水反应生成氧气。通过此过程，氢气可以被高效地分离出来，并被用于各种用途，例如燃料电池、汽车动力等领域。图 2-58 所示为高温固体氧化物电解水制氢设备。

图 2-58　高温固体氧化物电解水制氢设备

相对于传统的化石能源制氢，高温固体氧化物电解水制氢技术具有很多优势。首先，它是一种可持续的能源生产方式，可以更好地保护环境，并满足未来经济和人口的能源需求。其次，其高效性使其在工业和市场中拥有更广泛的应用，具有更高的经济收益。此外，氢气的产生和消耗过程不存在二氧化碳的排放，可以显著减少大气污染。

尽管高温固体氧化物电解水制氢技术具有如此多的优势，但其仍然存在一些挑战。一个重要的挑战是电解池的使用寿命。由于高温热量和高能量流密度的影响，电解池的寿命相对较短，需要进行长期注意和更新。另一个挑战是技术的成本。尽管其在市场和工业方面的应用越来越广泛，但其成本仍然过高。因此，未来需要更多的科技突破来优化此技术。

总体来说，高温固体氧化物电解水制氢技术是一种有效的清洁能源来源，应用前景广阔。尽管其存在一些挑战和难点，但未来随着科技的不断进步和应用的推广，相信其成本和效率都会得到进一步改善和提升。

### 2. 高温固体氧化物电解水制氢的现状

（1）产业成熟度　尚处在示范项目阶段，很多技术尚未成熟，未达到应用验证阶段。

（2）技术特点　高温固体氧化物电解水制氢系统效率为 76%～81%，负荷弹性为 0～100%，电流密度为 0.2～1A/cm²，热启动时间为 15min，冷启动时间为几小时，电堆寿命最长为 20000h，投资成本较高，＞15000 元/kW。目前商业化规格一般为 10kW。

（3）市场规模　目前很小。

（4）应用场景　效率是各种电解水制氢技术路线中最高的，热机状态动载性能极佳，还可双向工作，非常适合核电制氢和大规模热电联供。

（5）发展瓶颈　工作温度过高，达到 600 ～ 1000℃，且设备投资很高，目前难以在工业制氢、电网调幅等领域与碱性电解水制氢和质子交换膜电解水制氢技术竞争。

## 四、固体聚合物阴离子交换膜电解水制氢

### 1. 固体聚合物阴离子交换膜电解水制氢的工作原理

AEM（anion exchange membrane）是固体聚合物阴离子交换膜的英文缩写。AEM 电解水制氢技术是目前较为前沿的电解水制氢技术之一。

AEM 电解水制氢技术结合了碱性电解水制氢技术和质子交换膜电解水制氢技术的优点。与碱性电解水制氢技术相比，AEM 电解水制氢技术具有更快的响应速度和更高的电流密度；与质子交换膜电解水制氢技术相比，AEM 电解水制氢技术的制造成本更低。

AEM 电解水制氢原理如图 2-59 所示。

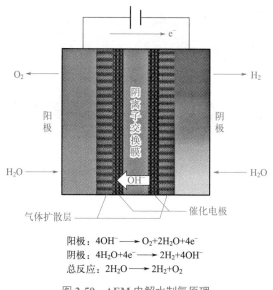

阳极：$4OH^- \longrightarrow O_2+2H_2O+4e^-$
阴极：$4H_2O+4e^- \longrightarrow 2H_2+4OH^-$
总反应：$2H_2O \longrightarrow 2H_2+O_2$

图 2-59　AEM 电解水制氢原理

电解设备运行时，原料水从 AEM 电解设备的阴极侧进入。水分子在阴极参与还原反应并得到电子，产生氢氧根离子和氢气。氢氧根离子通过聚合物阴离子交换膜到达阳极后，参与氧化反应并失去电子，生成水和氧气。根据设备设计的不同，有时会在原料水中加入一定量的氢氧化钾（KOH）溶液或者碳酸氢钠（NaHCO_3）溶液作为辅助电解质，这有助于提高AEM 电解设备的工作效率。

### 2. 阴离子交换膜电解水制氢的现状

（1）产业成熟度　尚处在实验室和示范项目阶段，很多技术尚未成熟，未达到应用验证阶段。

（2）技术特点　阴离子交换膜电解水制氢系统理论效率为62%～82%，负荷弹性为3%～105%，电流密度为0.8～2.1A/cm²，电堆寿命最长为35000h，理论成本较低，目前单模组产率很低。

（3）市场规模　目前很小。

（4）应用场景　效率高，工作温度较低（40～60℃），电流密度较高，可以用非金属催化剂，理论成本较低。固体聚合物阴离子交换膜电解水制氢主要应用场景为小场景的分布式热电联供，实现供氢网络、氢气储运、加氢站、绿色物流交通运输、热电联供、综合能源中心等各类氢能应用，结合阴离子交换膜水电解制氢技术灵活的部署模式，打造氢进万家多维度普及，形成固体聚合物阴离子交换膜电解水制氢相关产业链的兴起，加速"双碳"目标的实现。

（5）发展瓶颈　尚处于研发阶段。

不同电解水制氢技术比较见表2-14。

表2-14　不同电解水制氢技术比较

| 项目 | 碱性电解水制氢 | 质子交换膜电解水制氢 | 高温固体氧化物电解水制氢 | 阴离子交换膜电解水制氢 |
|---|---|---|---|---|
| 电解质隔膜 | PPS、复合隔膜 | 全氟化磺酸膜 | 陶瓷材料 YSZ | 阴离子交换膜 |
| 电流密度 /（A/cm²） | 0.25～0.45 | 1～2 | 0.2～1 | 1～2 |
| 每立方米 $H_2$ 能耗（标准状况）/（kW·h） | 4.2～5.5 | 4.3～6 | 3.0～4.0 | 4.5～5.5 |
| 工作温度 /℃ | 70～90 | 50～80 | 600～1000 | 40～60 |
| 系统效率 /% | 51～60 | 46～60 | 76～81 | 62～82 |
| 氢气纯度 /% | 99.8 | 99.99 | 99.99 | — |
| 产氢压力 /MPa | 1.6 | 4 | 4 | 3.5 |
| 操作特征 | 需控制压差 | 快速启停 | 启停不便 | 快速启停 |
| | 产气需脱碱 | 仅水蒸气 | 仅水蒸气 | 仅水蒸气 |
| 环保性 | 石棉膜有危害 | 无污染 | — | — |
| 产业化进程 | 完全商业化 | 商业化初期 | 示范阶段 | 研发阶段 |
| 单槽规格 /MW | 7.5 | 1 | 0.01 | 很小 |

目前碱性电解水制氢技术已实现商业化应用；质子交换膜电解水制氢技术显著减小了电解槽尺寸与重量，电流密度更大，是我国电解水制氢的发展方向。与传统化石能源制氢技术相比，电解水制氢技术不会生成二氧化碳，无污染，且具有工艺简单、氢气纯度高等优势，是我国重点制氢的发展方向，但目前主要面临的问题是能耗高、成本高、效率低。

因此，我国在短期内，电解水制氢仍以碱性电解水制氢为主，但质子交换膜电解水制氢仍是发展重点，期望能有碾压性的突破。

## 五、电解水制氢的特点

### 1. 电解水制氢的优点

（1）制氢纯度高　电解水制氢纯度一般大于 99.8%，进一步提纯可以达到 99.999%，满足各行业对氢气纯度的要求。

（2）清洁环保　电解水制氢不会产生任何有害污染物，是一种非常清洁环保的制氢方式，属于"绿氢"范畴，符合"双碳"目标的要求。

（3）能源利用率高　电解水制氢的能源利用率是非常高的，可以达到 90% 以上。这是因为电能可以被充分利用，同时可以提高氢气的产量，这对节约能源和提高效率都非常有益。

（4）灵活性好　电解水制氢的设备可以随时启动和停止，而且可以根据需要进行扩容或者缩容。这意味着这种制氢方式非常灵活，可以根据实际需求进行调整。

（5）适用性广　电解水制氢可以使用任何可再生能源，包括太阳能、风能、水能等。这意味着此种制氢方式适用范围非常广，可以满足各种不同的能源需求。

（6）安全性高　电解水制氢的设备和过程非常安全，不会产生危险和损坏性的事故。同时，制氢过程中没有任何有害的化学物质产生，这非常有利于人体健康和环境保护。

### 2. 电解水制氢的缺点

（1）能源消耗大　电解水制氢需要消耗大量的电能，如果使用传统化石能源会带来二次污染问题。

（2）制氢成本高　目前电解水制氢是所有制氢方式中成本最高的，这主要由于电解水制氢要消耗大量的电能，电价是决定电解水制氢成本的重要因素。

（3）有些关键技术还依赖进口　电解水制氢设备的部分关键材料与技术还依赖进口，这严重制约了我国电解水制氢设备的规模化发展。

# 第七节　可再生能源制氢

可再生能源制氢是指通过利用可再生能源来提供制氢所需的电能，而后利用电解水的方式将水分解成氢气和氧气。可再生能源制氢主要包括风力发电制氢、光伏发电制氢和风光互补发电制氢等。

## 一、风力发电制氢

风力发电制氢是指将风力发出的电通过电解水制氢设备将电能转化为氢气。根据风电与网电连接形式的不同，可以将风力发电制氢分为并网型风电制氢、离网型风电制氢和并网不上网型风电制氢。

### 1. 并网型风电制氢

并网型风电制氢是指将风力发电机所发出的交流电经风力发电机控制器（风机变频器）

转换成与电网频率、电压相同的交流电，并全部输入电网，供生活与工业用电。制氢的电源从电网上取电，经过电解电源控制器转换为电解水制氢系统所需的直流电压，电解水制氢系统产生的氢气通过氢气储运设备，供给氢气用户使用。风力发电机控制器是电力转换过程的电力电子设备，可将输入的交流电转换成所需的电压、频率的交流电。电解电源控制器内含直流转换器，可将输入的直流电压转换成电解水制氢系统所需的直流电压。图 2-60 所示为并网型风电制氢系统框图。

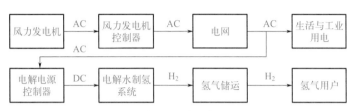

图 2-60　并网型风电制氢系统框图

### 2. 离网型风电制氢

离网型风电制氢是指将单台风机或多台风机所发的电能，不经过电网直接提供给电解水制氢设备进行制氢。风力发电机发出的交流电经风力机电解电源控制器转换为电解水制氢系统需要的直流电，电解水制氢系统产生的氢气经储运供给用户使用。由于电解水制氢系统要求供电稳定，但风力发电机输出不稳定，因此系统中要配备蓄电设备（蓄电池），在风电富余时向蓄电池充电，当风电不足时由蓄电池补充电力。离网型风电制氢主要应用于分布式制氢、局部供能或燃料电池发电等。图 2-61 所示为基于单台风力发电机的离网型风电制氢系统框图。

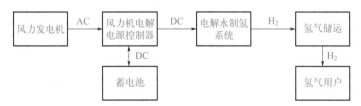

图 2-61　基于单台风力发电机的离网型风电制氢系统框图

对于有多台风力发电机的分布式风电场，各台风机的输出经风力发电机控制器转换成相同的直流电压，输送到同一条直流母线上。然后输送到电解电源控制器，转换成电解水制氢系统所需直流电压供电解水用电。电解生成的氢气经储运供给用户使用。系统有蓄电池（蓄电设备），蓄电设备含充放电控制电路，在风力发电机发电富余时向蓄电池充电，在风力发电机发电不足时蓄电池向电解水制氢系统供电。图 2-62 所示为基于多台风力发电机的离网型风电制氢系统框图。

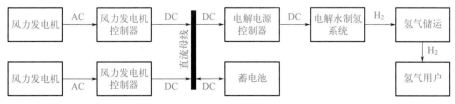

图 2-62　基于多台风力发电机的离网型风电制氢系统框图

### 3. 并网不上网型风电制氢

并网不上网型风电制氢是指将系统与风电、电网相连，但是风电不上网，仅供电解水使用。当电解水电量不足时，从电网取电满足制氢的用电需求。图 2-63 所示为并网不上网型风电制氢系统框图。

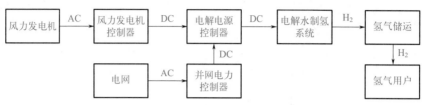

图 2-63　并网不上网型风电制氢系统框图

## 二、光伏发电制氢

光伏发电制氢是指将光伏电池板发出的电通过电解水制氢系统将电能转化为氢气。根据光伏电解水制氢中光伏电池板与电解水制氢系统之间的连接方式不同，可以将光伏发电制氢分为间接连接方式制氢和直接连接方式制氢。

### 1. 间接连接方式制氢

目前大多数光伏发电制氢系统采用间接连接方式，整套系统由光伏阵列、光伏电力控制器、蓄电池、电解电源控制器、电解水制氢系统、氢气储存设备组成。光伏电力控制器（最大功率点跟踪控制器）控制光伏阵列工作在最大功率点附近，使系统获得最大的电能输出。由于光伏阵列发出的电能随光照强度和环境温度的变化存在较大的波动，采用蓄电池进行缓冲储能使光伏系统有一个稳定的直流输出电压。电解电源控制器将该电压转换成电解水制氢系统所需工作电压供电解水使用。电解水制氢系统输出的氢气经储运供给用户使用。光伏电力控制器内含直流变换器，可将输入的直流电压转换成电解水制氢系统所需的直流电压。图 2-64 所示为光伏间接连接方式制氢系统框图。

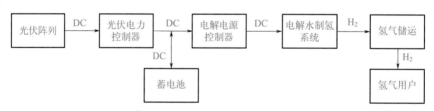

图 2-64　光伏间接连接方式制氢系统框图

### 2. 直接连接方式制氢

直接连接方式是指将光伏阵列输出的直流电直接输入电解水制氢系统，由于省去了光伏电力控制器、蓄电池、电解电源控制器，使系统简单，故障率下降，成本大大降低。减少光伏电力控制器与电解电源控制器等中间环节，可以减少近 20% 的电能损失。但在直接连接系统中光伏阵列的输出电压和电流无法调节，光伏阵列会在偏离最大功率点的地方运行。而且光伏阵列的输出电压很难满足电解水制氢系统需要的电压，会大大地降低系统的制氢效率。

如果结合当地气候、日照、温度等气象参数，合理地设计光伏阵列、电解水制氢系统的工作参数，使光伏阵列输出电能与电解水制氢系统的输入电能特性相近，直接连接方式也可达到较好的工作效率。目前光伏直接连接方式制氢应用很少。图 2-65 所示为光伏直接连接方式制氢系统框图。

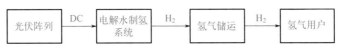

图 2-65　光伏直接连接方式制氢系统框图

2023 年 8 月 30 日，中国石化宣布，我国规模最大的光伏发电直接制绿氢项目——新疆库车绿氢示范项目全面建成投产，如图 2-66 所示。该项目是国内首次规模化利用光伏发电直接制绿氢的项目，利用新疆地区丰富的太阳能资源发电直接制绿氢，电解水制氢能力为 2 万吨 / 年、输氢能力（标准状况）为 2.8 万立方米 /h。

(a) 新疆库车绿氢示范项目光伏厂

(b) 新疆库车绿氢示范项目制氢厂

图 2-66　我国规模最大的光伏发电直接制绿氢项目

目前光伏制氢的成本大约是 1.3 元 /kg，2025 年有望低于 1 元 /kg。当然这没算上运输、储存和加氢站建设成本，但是相比常规电解水制氢成本，光伏制氢的成本大大降低。

## 三、风光互补发电制氢

风能发电和光伏发电组成的功率输出在时间上互补，在夏天时，太阳光照辐射强，光伏发电量较大，风力相对较弱，风力发电量小；在冬天时，太阳光照辐射弱，光伏发电量小，风力相对较强，风力发电量大。白天时，太阳光照辐射强，光伏发电量大，风力发电量较小；夜晚时，由于没有太阳照射，光伏不能发电，而风力发电量较大。通过风光互补可获得较稳定又充足的制氢电能。

风力发电机输出交流电经风力发电机控制器转换成设定的直流电压，输送到直流母线上；光伏阵列输出的直流电经光伏电力控制器转换成设定的直流电压，输送到同一条直流母线上。母线上的直流电输送到电解电源控制器，转换成电解水制氢系统所需直流电压供电解水用电。电解生成的氢气经储运供给用户使用。系统有蓄电池设备，蓄电池设备在风力发电机发电富余时向蓄电池设备充电，在风力发电机发电少时向电解水制氢系统供电。图 2-67 所示为离网型风光互补制氢系统框图。系统可以有多台风力发电机和多个光伏发电阵列。

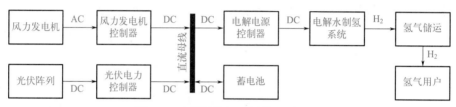

图 2-67 离网型风光互补制氢系统框图

## 四、可再生能源制氢的特点

### 1. 可再生能源制氢的优点

可再生能源制氢具有以下优点。

（1）助力"碳达峰""碳中和" 实现低碳排放或零碳排放是氢能产业诞生和发展的核心驱动之一，在 2030 年实现碳达峰的政策导向下，基于可再生能源的绿氢相对灰氢和蓝氢在碳排放方面的优势日益凸显。未来风电、光伏等可再生能源将迎来快速增长，可再生能源将逐步替代传统化石能源占据能源领域的主导地位。因此，未来使用太阳能、风能等新能源制取氢气将成为主流，绿氢是未来能源产业的发展方向。

（2）提高可再生能源消纳比例，实现电网调峰储能 可再生能源发电的随机性、季节性、反调峰特性和不可预测性为其并网带来一定困难，导致弃风、弃水、弃光严重。而氢能是一种理想的能量储存介质，采用氢储能技术可有效解决可再生能源消纳及并网稳定性问题，通过使用电解水制氢技术实现电能和氢能的转换，合理利用弃风、弃水、弃光电力。

（3）绿氢成本相对灰氢和蓝氢成本稳步下降 到 2030 年，在可再生能源禀赋丰富地区，绿氢相比灰氢的竞争力将逐渐凸显；预计到 2050 年，绿氢在成本方面占优。若考虑碳价及碳捕集技术成本，2030 年绿氢相对灰氢的成本优势即可凸显：一方面，在碳排放限制的政策背景下，加装碳捕集装置的化石燃料制氢才能满足日益严峻的碳排放要求，这会导致灰氢成本上升；另一方面，随着技术进步和规模化生产，绿氢成本有望进一步降低。两者都会加速绿氢相对成本的下降。

### 2. 可再生能源制氢的缺点

可再生能源制氢具有以下缺点。

（1）能量转换效率低　对于规模化可再生能源电解水制氢，大型制氢工厂的水源管理可能存在问题。可再生能源制氢的能量转化效率比较低，低频热量对于利用效率有很大影响，碱性电解水制氢以及质子交换膜电解水制氢的要求都比较高。

（2）存在技术瓶颈　大型的电解水制氢装置如果与电网发生关系，还有很大的技术瓶颈。电解水制氢并不是稳定的，会对电网产生电能质量的影响，目前在大型的电解水制氢上，采用IGBT电源替代传统电源，实际应用效果还有待观察。

（3）产业链不健全　大规模推广可再生能源制氢，必须实现全产业链技术突破。重点发力基础研究，为核心技术突破和关键材料研发打好基础，实现燃料电池、储氢系统、氢燃料、电解槽和配套设施的降本增效。长期来看，利用可再生能源电解水制氢是行业发展的大趋势，要聚集可再生能源制氢、储氢、运氢、加氢、用氢全产业链，提升装备自主可控能力，促进产业链和创新链的融合发展。

# 第八节　其他制氢方法

其他制氢方式主要有光催化分解水制氢、生物质制氢、甲烷裂解制氢、垃圾制氢、核能制氢、海水制氢等。

## 一、光催化分解水制氢

光催化分解水制氢技术是利用光催化剂在光照下将水分解成氢气和氧气的一种技术。水分解产生氢气和氧气的化学反应式为

$$H_2O \longrightarrow H_2 + \frac{1}{2}O_2$$

图2-68所示为光催化分解水制氢反应的主要过程。

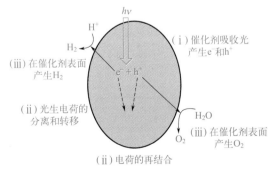

图 2-68　光催化分解水制氢反应的主要过程

步骤（ⅰ）是光催化剂被光辐照后，在价带和导带上分别产生光生电子和空穴。当光催化剂的导带电位负于$H^+/H_2$的还原电位，而价带电位正于$O_2/H_2O$氧化电位时，光生电子和

空穴会分别发生水的还原和氧化反应。因此，该步骤的关键是要选择适当禁带宽度和能级位置的半导体才能进行分解水反应。

步骤（ⅱ）为光生电子 - 空穴对的分离与迁移。光催化剂的晶体结构、结晶度与颗粒大小都会影响光生电子和空穴的移动，光催化剂的缺陷会成为光生电子 - 空穴对再结合的复合中心，因此，提高结晶度、减少缺陷可以增加光生电子和空穴移动到表面的概率。另外，对于粒径小的光催化剂，光生电子和空穴在催化剂表面的移动距离变小，这样会减少光生电子和空穴再结合的概率，进而提高光催化剂的产氢效率。因此，该步骤的关键是控制半导体性质，提高晶体结构和结晶度以及减小催化剂颗粒粒径以利于电子迁移。

步骤（ⅲ）是表面化学反应。光辐照后生成的光生电子和空穴通过分离及迁移到催化剂颗粒表面，然后分别与水发生氧化还原反应，此步骤在光催化分解水过程中非常重要。该步骤的关键是光催化剂的表面结构和性质，可以在催化剂表面负载助催化剂，如 Ru、Pt、NiO等。当把助催化剂负载到催化剂表面后，不仅能加速光生电子 - 空穴对的分离，也能增加光催化活性点位的数目，所以助催化剂的引入能提高光催化产氢的效率。

光催化剂是光催化制氢技术的核心。光催化剂的选择对光催化制氢的效率和稳定性有着至关重要的影响。目前，常用的光催化剂主要有金属氧化物、半导体材料和有机光催化剂等，其中半导体材料是最常用的光催化剂之一。半导体材料的带隙宽度与光催化剂的吸收波长有关，因此，选择合适的半导体材料可以提高光催化剂制氢的效率。

光催化分解水制氢技术具有许多优点。光催化分解水制氢技术是一种清洁、无污染的制氢技术，不会产生任何有害物质；可以利用太阳能等可再生能源进行制氢，具有很高的可持续性；反应条件温和，反应过程简单，易于操作。

光催化分解水制氢技术也存在一些问题。光催化剂的稳定性和寿命是制约光催化制氢技术发展的重要因素。目前，光催化剂的稳定性、寿命和制氢效率还需要进一步提高。

光催化分解水制氢技术是一种新兴的氢能制取技术，具有很大的发展潜力。随着光催化剂的不断改进和反应条件的不断优化，光催化分解水制氢技术将会在未来得到更广泛的应用。

## 二、生物质制氢

生物质制氢是借助化学或生物方法，以光合作用产出的生物质为基础的制氢方法，可以以制浆造纸、生物炼制以及农业生产中的剩余废弃有机质为原料，具有节能、清洁的优点，成为当今制氢领域的研究热点。目前以生物质为基础的制氢技术可按图 2-69 分为化学法与生物法制氢。

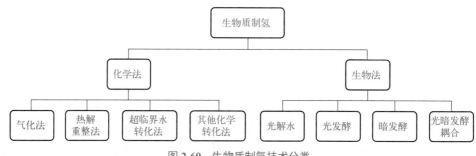

图 2-69　生物质制氢技术分类

## 1.化学法制氢

化学法制氢是通过热化学处理，将生物质转化为富氢可燃气，然后通过分离得到纯氢的方法。该方法可由生物质直接制氢，也可以由生物质解聚的中间产物（如甲醇、乙醇）进行制氢。化学法又分为气化法制氢、热解重整法制氢、超临界水转化法制氢以及其他化学转化法制氢。

（1）气化法制氢　气化法制氢是指在气化剂（如空气、水蒸气等）中，将烃类化合物转化为含氢可燃气体的过程。生物质气化制氢流程如图2-70所示。生物质进入气化炉受热干燥，蒸发出水分（100~200℃）（干燥区）。随着温度升高，物料开始分解并产生烃类气体（热解区）。随后，焦炭和热解产物与通入的气化剂发生氧化反应（氧化区）。随着温度进一步升高（800~1000℃），体系中氧气耗尽，产物开始被还原，主要包括鲍多尔德反应、水煤气反应、甲烷化反应等（反应区）。再进行气体分离产生氢气。生物质的气化剂主要有空气、水蒸气、氧气等。以氧气为气化剂时产氢量高，但制备纯氧能耗大；空气作为气化剂时虽然成本低，但存在大量难分离的氮气。

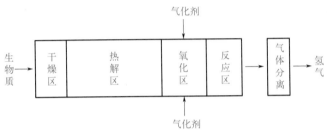

图2-70　生物质气化制氢流程

（2）热解重整法制氢　重整技术主要有水蒸气重整、水相重整、自热重整、化学链重整和光催化重整。

① 水蒸气重整是指将热解后的生物质残炭移出系统，再对热解产物进行二次高温处理，在催化剂和水蒸气的共同作用下将分子量较大的重烃裂解为氢气、甲烷等，增加气体中的氢气含量。再对二次裂解的气体进行催化，将其中的一氧化碳和甲烷转化为氢气。最后采用变压吸附或膜分离技术得到高纯度氢气。

② 水相重整是指利用催化剂将热解产物在液相中转化为氢气、一氧化碳以及烷烃的过程。与水蒸气重整相比，水相重整具有以下优点：反应温度和压力易达到，适合水煤气反应的进行，且可避免碳水化合物的分解及碳化；产物中一氧化碳体积分数低，适合做燃料电池；不需要汽化水和碳水化合物，避免能量高消耗。

③ 自热重整是指在水蒸气重整的基础上向反应体系中通入适量氧气，用来氧化吸附在催化剂表面的半焦前驱物，避免积炭结焦。可通过调整氧气与物料的配比来调节系统热量，实现无外部热量供给的自热体系。自热重整实现了放热反应和吸热反应的耦合，与水蒸气重整相比降低了能耗。目前自热重整主要集中在甲醇、乙醇和甲烷制氢中，类似的还有水蒸气/二氧化碳混合重整、吸附增强重整等。

④ 化学链重整是指用金属氧化物作为氧载体代替传统过程所需的水蒸气或纯氧，将燃料直接转化为高纯度的合成气或者二氧化碳和水，被还原的金属氧化物则与水蒸气再生并直接产生氢气，实现氢气的原位分离，是一种绿色高效的新型制氢过程。

⑤ 光催化重整是指利用催化剂和光照对生物质进行重整获得氢气的过程。无氧条件下

光催化重整制取的氢气中，除混有少量惰性气体外无其他需要分离的气体，有望直接用作气体燃料。但该方法制氢效果欠佳，如何改进催化剂活性、提高氢气得率还有待进一步研究。

（3）超临界水转化法制氢　当温度处于374.2℃、压力在22.1MPa以上时，水具备液态时的分子间距，同时又会像气态时分子运动剧烈，成为兼具液体溶解力与气体扩散力的新状态，称为超临界水流体。超临界水转化法制氢流程如图2-71所示。超临界水转化法制氢是生物质在超临界水中发生催化裂解制取富氢燃气的方法。该方法中生物质的转化率可达到100%，气体产物中氢气的体积含量可超过50%，且反应中不生成焦油等副产品。与传统方法相比，超临界水可以直接湿物进料，具有反应效率高、产物氢气含量高、产气压力高等特点，产物易于储存、便于运输。

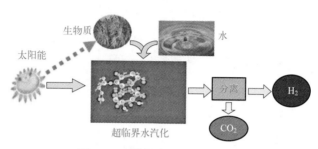

图 2-71　超临界水转化法制氢流程

（4）其他化学转化法制氢　其他化学转化法制氢主要有微波热解制氢和高温等离子体热解制氢。

① 微波热解制氢。在微波作用下，分子运动由原来的杂乱状态变成有序的高频振动，分子动能转变为热能，达到均匀加热的目的。微波能整体穿透有机物，使能量迅速扩散。微波对不同介质表现出不同的升温效应，该特征有利于对混合物料中的各组分进行选择性加热。

② 高温等离子体热解制氢是一项有别于传统的新工艺。等离子体高达上万摄氏度，含有各类高活性粒子。生物质经等离子体热解后气化为氢气和一氧化碳，不含焦油。在等离子体气化中，可通入水蒸气来调节氢气和一氧化碳的比例。由于产生高温等离子体需要的能耗很高，所以只有在特殊场合才使用该方法。

### 2.生物法制氢

生物法制氢是指利用微生物代谢来制取氢气的一项生物工程技术。与传统的化学方法相比，生物制氢有节能、可再生和不消耗矿物资源等优点。目前常用的生物制氢方法主要有光解水制氢、光发酵制氢、暗发酵制氢与光暗发酵耦合制氢。

（1）光解水制氢　微生物通过光合作用分解水制氢，目前研究较多的是光合细菌、蓝绿藻。以蓝绿藻为例，它们在厌氧条件下通过光合作用分解水产生$O_2$和$H_2$，其过程如图2-72所示。

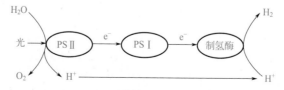

图 2-72　蓝绿藻光合制氢过程

在光合反应中存在着两个既相互独立又协调作用的系统：接收光能分解水产生氢离子、e⁻ 和氧气的光系统Ⅱ（PS Ⅱ）；产生还原剂用来固定二氧化碳的光系统Ⅰ（PS Ⅰ）。PS Ⅱ产生的电子由铁氧还蛋白携带经由 PS Ⅱ和 PS Ⅰ到达制氢酶，$H^+$ 在制氢酶的催化作用下生成氢气。光合细菌制氢和蓝绿藻一样，都是光合作用的结果，但是光合细菌只有一个光合作用中心（相当于蓝绿藻的 PS Ⅰ），由于缺少藻类中起光解水作用的 PS Ⅱ，所以只进行以有机物作为电子供体的不产氧光合作用。

（2）光发酵制氢　光发酵制氢是厌氧光合细菌依靠从小分子有机物中提取的还原能力和光提供的能量将氢离子还原成氢气的过程。光发酵制氢可以在较宽泛的光谱范围内进行，制氢过程没有氧气生成，且培养基质转化率较高，被看作是一种很有前景的制氢方法。

（3）暗发酵制氢　异养型的厌氧菌或固氮菌通过分解有机小分子制氢。异养微生物由于缺乏细胞色素和氧化磷酸化途径，使厌氧环境中的细胞面临着因氧化反应而造成的电子积累问题。因此需要特殊机制来调节新陈代谢中的电子流动，通过产生氢气消耗多余的电子就是调节机制中的一种。能够发酵有机物制氢的细菌包括专性厌氧菌和兼性厌氧菌，如大肠埃希杆菌、褐球固氮菌、白色瘤胃球菌、根瘤菌等。发酵型细菌能够利用多种底物在固氮酶或氢酶的作用下分解制取氢气，底物包括甲酸、乳酸、纤维素二糖、硫化物等。

（4）光暗发酵耦合制氢　利用厌氧光发酵制氢细菌和暗发酵制氢细菌的各自优势及互补特性，将两者结合以提高制氢能力及底物转化效率的新型模式被称为光暗发酵耦合制氢。暗发酵制氢细菌能够将大分子有机物分解成小分子有机酸，来获得维持自身生长所需的能量和还原力，并释放出氢气。由于产生的有机酸不能被暗发酵制氢细菌继续利用而大量积累，导致暗发酵制氢细菌制氢效率低下。光发酵制氢细菌能够利用暗发酵产生的小分子有机酸，从而消除有机酸对暗发酵制氢的抑制作用，同时进一步释放氢气。所以，将两者耦合到一起可以提高制氢效率，扩大底物利用范围。

## 三、甲烷裂解制氢

甲烷裂解制氢是将甲烷转化为气态氢和固态炭（如炭黑、石墨）的过程，此过程不会直接排放二氧化碳。由于甲烷具有较高的氢碳质量比，因此被视为较为理想的制氢原料。

甲烷热裂解制氢主要包括甲烷高温热裂解法制氢、甲烷催化裂解法制氢、甲烷等离子体裂解法制氢和甲烷熔融金属裂解法制氢。

（1）甲烷高温热裂解法制氢　由甲烷裂解反应特性可知，当反应温度达到一定程度时，甲烷可以直接热裂解生成氢气和固体炭产品。甲烷高温热裂解法制氢工艺流程如图 2-73 所示。该工艺的核心部件是再生式热交换反应器（换热器），在该反应器中天然气与床料对流传热，进而实现天然气直接热裂解。气体组分从反应器顶部排出，并进入下一个阶段进行后续处理，生成的固体炭颗粒则堆聚在固体床料表面，通过床料的循环实现在反应器外部的炭分离，分离后的床料则循环回换热反应器中，以实现其循环利用。在反应温度高于 1500K 的条件下，甲烷直接高温热裂解产生的固体炭颗粒主要为炭黑。

由于甲烷高温热裂解法制氢需要较高的反应温度才能达到令人满意的转化率和氢气产率，使得系统能耗以及由此导致的温室气体排放量难以下降。尽管采用太阳能供能方式有助于改善系统的碳排放，但因受制于季节性以及地域太阳能资源的不同，该技术难以大规模工业化推广。

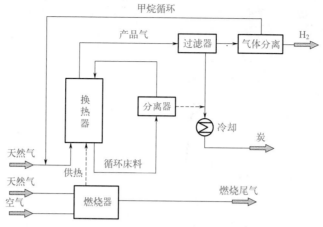

图 2-73　甲烷高温热裂解法制氢工艺流程

（2）甲烷催化裂解法制氢　通过加入催化剂可以有效活化 C—H 键，降低键能进而降低裂解过程需要达到的反应温度。甲烷催化裂解法制氢工艺流程如图 2-74 所示。从甲烷裂解反应来看，甲烷裂解过程受热力学性能制约：在低温下，存在甲烷转化率和氢气产率均较低的问题；在高温下，裂解反应瞬间转化率虽高，但存在因催化剂迅速积炭而快速失活的矛盾。因此，甲烷催化裂解法制氢依然存在一定的局限性，限制了其工业化应用。

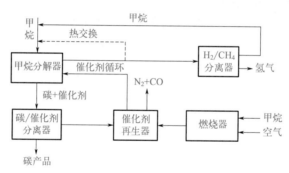

图 2-74　甲烷催化裂解法制氢工艺流程

（3）甲烷等离子体裂解法制氢　等离子体裂解法采用高能量等离子体打断 C—H 键，进而直接裂解烃类原料以获取目标产物，可有效避免传统催化裂解催化剂因碳沉积导致的失活问题，具备随关随停的特性，减少了加热到系统反应所需温度的时间耗损。与催化裂解过程不同，等离子体法的活性物质是高能电子和自由基。当气体不断从外部吸收能量电离生成正、负离子及电子后，就形成了等离子体，按照粒子温度及整体能量状态可分为高温等离子体和低温等离子体。甲烷等离子裂解法通常在低温等离子体中进行，其主要由电弧放电产生 $10^3 \sim 10^5$℃的热等离子体。甲烷等离子体裂解法制氢工艺主要由 5 个核心部件组成，即等离子体发生器、反应器、热交换器、过滤器以及氢纯化器。图 2-75 所示为甲烷等离子体裂解法制氢工艺流程。工作气体进入等离子体发生器形成等离子体，原料气甲烷与等离子体撞击，在反应器中发生裂解反应，经热交换器回收热量后，进入过滤器进行碳材料的收集，生成的混合气经分离提纯后将甲烷循环使用，氢气用于为反应过程供能或循环作为工作气体。

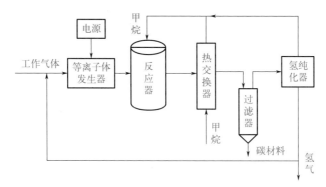

图 2-75 甲烷等离子体裂解法制氢工艺流程

尽管甲烷等离子体裂解法制氢工艺原料的利用率和转换率均较高，裂解产物也较为纯净，但等离子体裂解制氢工艺同时存在设备积炭现象，尤其是电极上的积炭会加速电极的消耗；而积炭问题是制约甲烷等离子体裂解制氢工艺发展的重要因素。

（4）甲烷熔融金属裂解法制氢　为了解决常规甲烷催化裂解工艺过程中催化剂失活问题以及直接高温热裂解工艺面临的高反应温度和高能耗等弊端，有研究学者提出了利用熔融态金属作为甲烷热裂解的催化剂和传热介质来促使其裂解。甲烷熔融金属裂解法制氢工艺流程如图 2-76 所示，甲烷气体从反应器底部输入，在多孔分布器的作用下，输入甲烷气体变为一个个小气泡，并在其上浮的过程中发生裂解，生成氢气和固体炭颗粒。

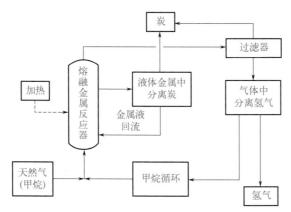

图 2-76 甲烷熔融金属裂解法制氢工艺流程

甲烷熔融金属裂解法制氢因熔融态金属与碳材料显著的密度差异，使得生成的碳材料漂浮在液态金属表面，有效避免催化剂积炭及失活等问题，有望成为主要的低碳制氢工艺之一。但当前该技术仍处于实验室研究阶段，大规模推广应用仍面临许多挑战。

甲烷裂解制氢作为一种全新的氢气生产方式，具有非常可观的发展前景。尽管目前存在一些缺点和问题，但随着科技的进步和不断研究与改进，相信其将会被广泛应用于未来的氢能产业之中。

## 四、垃圾制氢

垃圾因其有机物占比较高，是一种比煤等化石能源更适合制氢的原料来源，属于绿氢范畴。如今垃圾制氢也逐渐成为业内重视的垃圾多元化利用的一种重要方式。

根据技术原理的不同，垃圾制氢技术可分为热化学和生物化学两大类。

### 1. 热化学技术

热化学技术是基于热化学过程的垃圾制氢技术，原理是有机物在缺氧、高温条件下被分解为以氢气、一氧化碳、甲烷为主的合成气；无机物则被熔化成金属和玻璃体渣，用于路基、建材等的原材料。典型的热化学过程包括热解和气化，热解可用于气化之前，以提高原料的热值。热化学技术垃圾制氢工艺流程如图2-77所示。

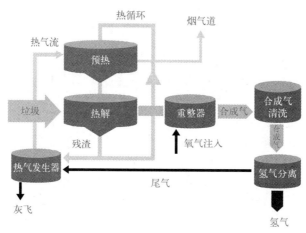

图 2-77　热化学技术垃圾制氢工艺流程

### 2. 生物化学技术

生物化学技术制氢原理是利用微生物分解垃圾中的有机物以产生氢气，典型的过程包括光发酵和暗发酵。光发酵制氢和暗发酵制氢的比较见表2-15。

表2-15　光发酵制氢和暗发酵制氢的比较

| 项目 | 光发酵制氢 | 暗发酵制氢 |
|---|---|---|
| 内容 | 在常压、厌氧、光照条件下，通过光合细菌分解垃圾中的有机物产生氢气 | 在常压、缺氧、黑暗条件下，通过厌氧菌分解垃圾中的有机物产生氢气 |
| 产物 | 氢气 | 氢气、有机酸、醇、丙酮及 $CO_2$ |
| 影响因素 | 光转换效率、微生物菌株、垃圾类型以及反应条件 | 底物类别、底物浓度、菌株种类、反应时间、温度、pH 值、氢气分压等 |
| 优势 | 能源消耗强度远低于热化学过程 | — |
| 劣势 | 氢气产率和反应速率较低 | 热力学限制、过高的氢气分压对氢气产量有较大影响 |

## 五、核能制氢

氢能是未来最有希望得到大规模利用的清洁能源；核能是高效、低耗、环保、清洁的代表。核能制氢将两者结合，进行氢的大规模生产，是未来氢气大规模供应的重要解决方案，为可持续发展以及氢能经济开辟了新的道路。

核能制氢是指通过将核反应堆与先进的制氢工艺相结合来大规模生产氢气。核能制氢具有不产生温室气体、以水为原料、效率高、规模大的优点，是未来大量氢气供应的重要解决方案。通过核能制取的氢气称为粉氢。

目前，核能制氢主要有两种方式：电解水制氢和热化学制氢。核反应堆为上述两种制氢提供电能和热能。

电解水制氢利用核能发电，然后通过电解水装置将水分解成氢气。电解水制氢是一种相对直接的制氢方法，但这种方法的制氢效率（55%～60%）相对较低。采用美国最先进的固体聚合物电解质（solid polymer electrolyte，SPE）电解水技术，电解效率达到90%。然而，目前大多数核电站的热电转换效率仅为35%左右，因此利用核能进行电解水制氢的最终总效率仅为30%，并不适用于规模化制氢。

热化学制氢以热化学循环为基础，将核反应堆与热化学循环制氢装置耦合，利用核反应堆提供的高温作为热源，催化水在800～1000℃的温度下热分解，产生氢气和氧气。与电解水制氢相比，热化学制氢的效率更高，总体效率有望达到50%以上，成本更低。

核反应堆的选择随制氢工艺的不同而不同，不同的堆型可以在不同的温度范围内提供制氢所需的热和/或电能。以氦气为冷却剂的高温气冷堆温度范围较高，适用于水蒸气重整、蒸汽电解、热化学循环等高温过程制氢，效率可达45%～50%。

高温气冷堆是我国自主研发的具有固有安全性的第四代先进核能技术，具有安全性好、出口温度高等优势，其高温高压的特点与适合大规模制氢的热化学循环制氢技术十分匹配，被公认为最适合核能制氢的堆型。

## 六、海水制氢

绿氢作为最具可持续性且真正无碳的氢能生产路线，正成为全球氢能发展的焦点。然而，淡水资源紧缺将严重制约绿氢技术的发展。海洋是地球上最大的氢矿，结合海上风光发电技术，通过取之不尽的海水资源直接制氢，将为绿氢产业的发展提供全新路径。

海水占地球全部水量的96.5%，与淡水不同，其成分非常复杂，涉及的化学物质及元素有90多种。海水中所含有的大量离子、微生物和颗粒等，会导致制取氢气时产生副反应竞争、催化剂失活、隔膜堵塞等问题。为此，以海水为原料的制氢技术形成了两种不同的路线。其一，海水直接制氢，即是基于天然海水，主要通过电解或光解方式制取。其二，海水间接制氢，即是对海水进行脱盐、除杂处理，将海水先淡化形成高纯度淡水，再进行制氢。

### 1. 海水制氢的优势

① 海上分布式制氢平台可作为能源的长期储存或精细化学品的生产场所，如氨和甲醇以及其他的烃类化合物，在解决深远海可再生电力消纳的同时，将绿色能源与化工生产系统紧密结合。

② 随着风力、光伏发电向深远海发展，单个电场的装机容量越来越大，远距离海上电缆的电容问题严重限制输电容量和距离。如220kV交流海底电缆输电，在300MW水平上的输电距离上限约为80km，使得深远海的新能源电力无法输送至陆地。因此，深远海可再生电力就地制氢、制绿氨等可能是未来深远海可再生能源的主要应用方式。

## 2. 海水制氢的劣势

① 海水中的杂质会导致催化剂失活。海水除了溶解多种无机盐离子外，还含有许多有机物以及杂质，如微生物和溶解气体等，目前已知的 100 多种元素，80% 以上都可以在海水中找到。试验表明，若直接使用传统电解槽电解海水，不溶物将在离子交换膜和催化剂表面沉积黏附，导致离子通道以及催化活性位点的堵塞，使得催化剂在几百小时内快速失活。

② 海水电解产物会腐蚀设备。天然海水中的氯离子浓度约为 0.5mol/L，其在电解过程中可在阳极被氧化为氯气以及次氯酸根，腐蚀电极金属基底以及导致催化剂失活，而产物氯气的运输不具备生物安全性与经济性。

③ 海水的组成十分复杂。海水的组成与地理位置、天气变化、季节有关，因此，不同海域所配套使用的电解槽可能是不同的。

④ 海水电解效率低。海水中的氢离子以及氢氧根离子浓度很低，在电解过程中其传质速率缓慢，使得电解效率较低，而且由此产生的局部 pH 值差异不利于析氢、析氧半反应的热力学变化，并可能导致碱金属氢氧化物等的沉淀。

图 2-78 所示为"东福一号"海上风电无淡化海水原位直接电解制氢平台，用于验证海水无淡化原位直接电解制氢原理与技术在真实海洋环境下的可行性和实用性。

图 2-78 "东福一号"海上风电无淡化海水原位直接电解制氢平台

海水制氢产业辐射能力强、带动面广，在技术、装备上都走在能源产业前沿，在引领新一轮的绿色能源变革的同时，还将横向联动、纵向拉动海水淡化、海上清洁能源、海上氢能新基建等产业发展，开拓新需求、新空间。海水直接电解技术虽是最理想的制氢方案，但其工业化推广仍需要革命性的突破。

# 第九节　制氢产业发展实施路径

1. 加强可再生能源电力输入条件下电解水制氢重要性的认识，加快可再生能源直接制氢技术研发，开展应用示范

针对电解水设备跟随可再生能源电力的响应能力、可再生能源波动性对电解效率和设备

寿命的影响、电解设备接入可再生能源电力的模式以及风场和光伏场等厂级电解水设备的配置与运行模式等开展模拟仿真与示范运行，强化数据支撑。此外，加大可再生能源电解制氢与绿氢消纳结合的相关示范力度。

### 2. 持续提高碱性电解水技术水平，降低可再生能源电解制氢的成本

目前电解水制氢的成本仍然高于化石能源制氢，降低可再生能源电解水制氢的成本除了依赖可再生能源用电成本的下降之外，还取决于电解水制氢技术的进步。碱性电解水技术是短期内最有潜力实现低成本制取绿氢的技术。提高碱性电解水技术的电流密度是降低绿氢成本的重要途径，当电流密度从 $0.4A/cm^2$ 提高到 $0.8A/cm^2$ 时，在相当的电解槽成本下产氢量提高 1 倍，可降低氢气成本约 2 元 /kg。国际可再生能源机构提出，将来碱性电解水的电流密度目标为 $\geq 2A/cm^2$，不仅可显著降低氢气成本，而且电解设备将实现紧凑和小型化。

### 3. 持续攻关质子交换膜和固体氧化物电解电池电解水技术

质子交换膜电解水技术采用质子交换膜，使用贵金属铂和铱分别作为析氢与析氧催化剂，具有电流密度高（$\geq 1A/cm^2$）、氢气纯度高、耐高压和体积小、重量轻的优点。在场地有限制、压力有要求的应用场景具有明显优势，如加氢站现场制氢、管网注氢和分布式加氢桩等。固体氧化物电解电池电解水技术不同于质子交换膜技术，是一种高温电解水技术，其运行温度在 700 ～ 850℃，具有比质子交换膜更高的电效率，适合高温热源场景。对上述两种制氢技术，应根据实际应用需求，有针对性地在成本和寿命方面加大研发力度，促进技术应用。

### 4. 加快煤制氢耦合碳捕集与封存（CCS）的示范论证及技术研发

与 CCS 结合是化石原料制氢的必然选择，而 CCS 技术实现其大规模产业化取决于技术成熟度、经济性、自然条件承载力及其与产业发展结合的可行性。CCS 技术在各行业广泛推广应用不仅可实现化石能源大规模低碳利用，而且可与可再生能源结合实现负排放，成为我国建设绿色低碳多元能源体系的关键技术。目前国内外 CCS 技术均处于研发示范阶段，需要持续降低捕集能耗和成本，拓展转化利用途径并提升利用效率，突破陆上输送管道安全运行保障技术，开发经济安全的封存方式及监测方法等。

# 第三章

## 氢能储运技术

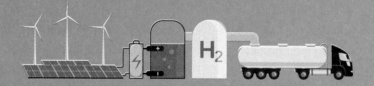

随着新能源和"双碳"政策的实施，氢能产业也得到了迅速的发展，但氢能产业大规模发展与氢能储运技术的突破有着直接性的关联。人们对氢气的研究已有 200 多年的历史，氢气作为一种气态物质，人们一直致力于通过提高氢气的密度将其储存来提高氢能利用的效率，但氢气储存难度较大，主要有以下原因。

① 所有元素中氢的质量最轻，在标准状态下，它的密度为 0.0899g/L，为水的密度的万分之一。在 -253℃时，可变为液体，密度为 70g/L，仅为水的 1/15。

② 作为元素周期表上的第一号元素，氢的原子半径非常小，氢气能穿过大部分肉眼看不到的微孔。不仅如此，在高温、高压下，氢气甚至可以穿过很厚的钢板。

③ 氢气非常活泼，稳定性极差，泄漏后易发生燃烧和爆炸。氢气的爆炸极限为 4% ~ 75%（氢气的体积占混合气总体积分数）。

# 第一节　氢能储存方式

储氢技术作为氢气从生产到利用过程中的桥梁，至关重要。可通过氢化物的生成与分解储氢，或者基于物理吸附过程储氢。目前，氢气的储存主要有气态储氢、液态储氢和固态储氢三种方式。高压气态储氢已得到广泛应用，低温液态储氢在航天等领域得到应用，有机液态储氢和固态储氢尚处于示范阶段。

## 一、气态储氢

气态储氢是指对氢气加压，减小体积，以气体形式储存于特定容器中。根据压力大小的不同，气态储氢又可分为低压储氢和高压储氢。氢气可以像天然气一样用低压储存，使用巨大的水密封储槽，该方法适合大规模储存气体时使用。气态高压储氢是较普通和较直接的储存方式，通过高压阀的调节就可以直接将氢气释放出来。普通高压气态储氢是一种应用广泛、简便易行的储氢方式，而且成本低，充放气速度快，且在常温下就可进行。但其缺点是需要厚重的耐压容器，并要消耗较大的氢气压缩功，存在氢气易泄漏和容器爆破等不安全因素。高压气态储氢分为高压氢瓶和高压容器两大类，其中钢质氢瓶和钢质压力容器技术最为成熟，成本较低。20MPa 钢质氢瓶已得到了广泛的工业应用，并与 45MPa 钢质氢瓶、98MPa 钢带缠绕式压力容器组合应用于加氢站中。碳纤维缠绕高压氢瓶的开发应用，实现了高压气态储氢由固定式应用向车载储氢应用的转变。

图 3-1 所示为某加氢站中的储氢瓶组，储氢压力为 45MPa。

## 二、液态储氢

氢气在一定的低温下，会以液态形式存在。因此，可以使用一种深冷的液氢储存技术——低温液态储氢。与空气液化相似，低温液态储氢也是先将氢气压缩，在经过节流阀之前进行冷却，经历焦耳 - 汤姆逊等焓膨胀后，产生一些液体。将液体分离后，将其储存在高真空的绝热容器中，气体继续进行上述循环。液态储氢具有较高的体积能量密度。常温、常压下液态氢的密度为气态氢的 845 倍，体积能量密度比压缩储存要高好几倍，与同一体积的储氢容器相比，其储氢质量大幅度提高。液态储氢工艺特别适合储存空间有限的运载场合，如航天飞机用的火箭发动机、汽车发动机和洲际飞行运输工具等。若仅从质量和体积上考虑，液态储氢是一种极为理想的储氢方式。但是由于氢气液化要消耗很大的冷却能量，液化 1kg 氢需耗电 4～10kW·h，增加了储氢和用氢的成本。另外液态储氢必须使用超低温用的特殊容器，由于液态储氢的装料和绝热不完善容易导致较高的蒸发损失，因而其储存成本较高，安全技术也比较复杂。

图 3-1　某加氢站中的储氢瓶组

液态储氢可分为低温液态储氢和有机液态储氢。

（1）低温液态储氢　低温液态储氢将氢气冷却至 -253℃，液化储存于低温绝热液氢罐中，储氢密度可达 70.6kg/m³，但液氢装置一次性投资较大，液化过程中能耗较高，储存过程中有一定的蒸发损失，其蒸发率与储氢罐容积有关，大储罐的蒸发率远低于小储罐。国内液氢已在航天工程中成功应用，民用缺乏相关标准。

（2）有机液态储氢　有机液态储氢是指利用某些不饱和有机物（如烯烃、炔烃或芳香烃）与氢气进行可逆加氢和脱氢反应，实现氢的储存。加氢后形成的液体有机氢化物性能稳定，安全性高，储存方式与石油产品相似。但存在着反应温度较高、脱氢效率较低、催化剂易被中间产物毒化等问题。

## 三、固态储氢

固态储氢是指利用固体对氢气的物理吸附或化学反应等作用，将氢气储存于固体材料中。固态储氢一般可以做到安全、高效、高密度，是气态储氢和液态储氢之后，较有前途的研究发现。固态储氢需要用到储氢材料，寻找和研制高性能的储氢材料，成为固态储氢的当务之急，也是未来储氢发展乃至整个氢能利用的关键。

固态储氢是以金属氢化物、化学氢化物或纳米材料等作为储氢载体，通过化学吸附和物理吸附的方式实现氢的存储。固态储氢具有储氢密度高、储氢压力低、安全性好、放氢纯度高等优势，其体积储氢密度高于液态储氢。但主流金属储氢材料的质量储氢率仍低于 3.8%（质量分数），质量储氢率大于 7%（质量分数）的轻质储氢材料还需要解决吸放氢温度偏高、循环性能较差等问题。国外固态储氢已在燃料电池潜艇中商业应用，在分布式发电和风电制氢规模储氢中得到示范应用；国内固态储氢已在分布式发电中得到示范应用。

三种储氢技术的比较见表3-1。

表3-1　三种储氢技术的比较

| 项目 | 高压气态储氢 | 低温液态储氢 | 固态储氢 |
| --- | --- | --- | --- |
| 质量储氢密度 /% | 1.0～5.7 | 5.7～10 | 1.0～4.5 |
| 技术 | 在高温下将氢气压缩，以高密度气态形式储存 | 利用氢气在高压、低温条件下液化，体积密度为气态时的845倍，其输送效率高于高压气态储氢 | 利用固体对氢气的物理吸附或化学反应等作用将氢气储存于固体材料中，不需要压力和冷冻 |
| 优点 | 成本较低，技术成熟，充放氢快，能耗低，易脱氢，工作条件较宽 | 体积储氢密度高，液态氢纯度高 | 体积储氢密度高，操作安全方便，不需要高压容器，具备纯化功能，得到氢气的纯度高 |
| 缺陷 | 体积储氢密度低，体积比容量小，存在泄漏、爆炸的安全隐患 | 液化过程耗能大，易挥发，成本高 | 质量储氢密度低，成本高，吸放氢有温度要求，抗杂质气体能力差 |
| 技术突破 | ①进一步提高储氢罐的储氢压力、储氢质量密度；②改进储氢罐材质，向高压化、低成本、质量稳定的方向发展 | ①为提高保温效率，须增加保温层或保温设备，克服保温与储氢密度之间的矛盾；②减少储氢过程中由于氢气气化所造成的1%左右的损失；③降低保温过程所耗费的相当于液氢质量30%的能量 | ①提高质量储氢密度；②降低成本及温度要求 |
| 应用 | 是目前发展最成熟、最常用的技术，也是车用储氢主要采用的技术 | 主要应用于航天航空领域，适合超大功率商用车辆 | 未来重要发展方向 |

我国储氢行业中发展的主流是高压气态储氢方式，大部分加氢站采用的是高压储氢。从国内储运企业中也可看出，采用高压储氢路线的企业占比是最大的。

纵观国内储氢市场，高压储氢技术比较成熟，且优点明显，一定时间内都将是国内主推的储氢技术；但由于高压存在安全隐患和体积容量比低的问题，在氢燃料汽车上的应用并不完美。低温液态储氢技术在我国还处在只服务于航空航天领域的阶段，短期内应用于民用领域还不太可能；低温液态储氢技术成本高昂，长期来看，在国内商业化应用前景不如其他储氢技术。固态储氢应用在燃料电池电动汽车上优点十分明显，但现在仍存有技术上的难题；短期内，应该不会有较大范围的应用，但长期来看发展潜力比较大。

# 第二节　高压气态储氢

高压气态储氢是指在高压条件下压缩氢气，将压缩后的高密度氢气存储于耐高压容器中的存储技术，如图3-2所示。

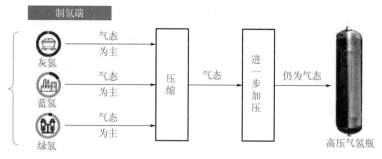

图 3-2　高压气态储氢

高压气态储氢是我国目前最主要的储氢方式之一，技术较为简单成熟，充放氢速度快，压缩过程能耗低。但压缩后的氢气密度依然不到 0.02kg/L，储氢密度和安全性仍是高压气态储氢关注的重点。

虽然可以通过进一步加压的方式继续提升储氢密度，但是压力越高，对储氢容器材质、结构的要求越高，成本也会大幅增加，安全性也更加难以保障。

## 一、氢气压缩方法

氢气压缩是指将氢气压缩至高压状态，其主要目的是提高氢气的储存和运输效率。氢气压缩方法主要有等温压缩法、绝热压缩法和温度控制压缩法。

### 1. 等温压缩法

等温压缩法是指将氢气加热，使氢气的体积变化更加明显，从而容易达到压缩的目的。等温压缩法的优点是压缩过程中气体的温度不发生变化，不会产生热量而影响压缩效率。

### 2. 绝热压缩法

绝热压缩法是指通过将氢气在密闭容器中不断压缩，增加氢气分子之间的碰撞频率，从而实现压缩。绝热压缩法的优点是无须加热氢气，可以节省能量。

### 3. 温度控制压缩法

温度控制压缩法是绝热压缩法和等温压缩法的结合，通过合理控制压缩过程中氢气的温度和压力，使得氢气可以在不损失压缩效率的情况下进行压缩。

氢气压缩方式，一种是通过压缩机将氢气直接压缩到装入储氢容器所需压力，这种方式所使用的储氢容器体积较大；另外一种是先以较低压力压缩氢气后进行存储，加注时再启动氢压缩机对储氢容器按需增压，进而达到目标压力。

因此，氢气压缩机是氢气压缩的关键设备。

## 二、氢气压缩机的类型

氢气在生成及应用环节都离不开压缩技术，高压氢气压缩机是将氢气加压注入储氢系统的核心装置，输出压力和气体封闭性是其重要的性能指标。

根据工作原理及内部结构的不同，压缩机可分为机械式压缩机、非机械式压缩机和液驱隔膜式压缩机。

### 1.机械式压缩机

机械式压缩机主要有往复式活塞压缩机、隔膜压缩机、线性压缩机、液体活塞式压缩机等。

（1）往复式活塞压缩机 往复式活塞压缩机由活塞-气缸系统组成，如图 3-3 所示。该装置配有两个自动气门，一个进气自动气门，一个出气自动气门。活塞通过连杆与曲轴连接，将运动部件的旋转运动转化为活塞的直线运动，这个运动称为往复运动。压缩所需的能量由电气设备或热机提供。活塞向气缸上部运动，达到上止点，在气缸下部形成部分真空，打开进气阀，让气体进入；顺向吸入阶段持续到活塞到达下止点，然后进气阀关闭。活塞再次向上止点移动，气体被压缩，直到压力达到所需的水平，然后打开输出阀排出气体。将多个相同的单级往复式活塞压缩机串联可构成多级压缩机组。

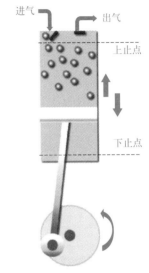

图 3-3　往复式活塞压缩机示意

往复式活塞压缩机的优点是结构紧凑，操作简单，控制简单，综合成本较低。缺点是密封性要求高，氢气受污染可能性较大；密封圈易损坏和老化，更换周期短，维修费用较高；单级压缩比较低；活塞结构的噪声较大。

图 3-4 所示为某公司生产的往复式活塞压缩机。

（2）隔膜压缩机 隔膜压缩机由处理模块、液压模块和膜片组件等不同的模块组成，如图 3-5 所示。其中处理模块处于氢气的进气和出气侧，不与其他物质接触；液压模块位于液侧；膜片组件由两个外部膜片和中间膜片组合而成，设置在前两个模块之间，以检测液压模块液压液的泄漏，避免由于液压液泄漏导致隔膜不能完全贴近中间板而失效。

图 3-4　某公司生产的往复式活塞压缩机

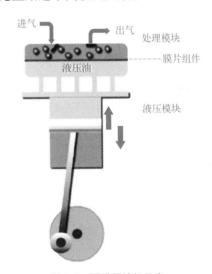

图 3-5　隔膜压缩机示意

隔膜压缩机中的液压液实质上是润滑油，液压模块存在特定的液压回路为液压空间提供润滑油，并配有一个液压限压器，监测膜片下方的压力。该模块还存在多孔配油盘，以实现液压油在膜片上的均匀压力负载。液压油独立回路的存在使压缩过程中产生的热量可被有效回收利用。该过程中膜片的失效会导致隔膜压缩机无法正常工作，因此，膜片的设计和性能是隔膜式氢压缩技术的关键。

图 3-6 所示为某公司生产的隔膜压缩机。

图 3-6  某公司生产的隔膜压缩机

隔膜压缩机的优点是无污染，确保了氢气压缩过程的洁净；密封性好，适合易燃易爆等危险气体的压缩；压缩比大，容易实现低进气、高排气；等温压缩结合一体化冷却，排气温度低。

隔膜压缩机的缺点是膜片的穹形表面为特殊型面，加工比较困难；难适用于频繁启停工况；价格高于一般活塞式压缩机；膜片比较容易损坏，膜片安装过程对工人经验要求较高；排气量由于受到高的压比和气腔容积的限制而相对较小。

（3）线性压缩机  线性压缩机的活塞直接连接到与共振弹簧系统耦合的直线电机上，如图 3-7 所示。由于没有曲柄杆控制，减少了移动单元的数量，因此降低了机械摩擦产生的能耗。

用于驱动活塞的直线电机通常为动圈式和动磁铁式。动圈式直线电机具有高效率、低振动、低噪声和长使用寿命等特点，是应用较为广泛的直线电机，主要应用于航空航天领域。该电机主要由一系列只沿轴向运动的空心线圈组成，线圈处于径向强磁场中。动圈式直线电机结构简单，但线圈组件的固有阻抗导致该类电机需要大量的永磁体来实现高效电磁力的输出，因此进一步开发了动磁铁式直线电机。动磁铁式直线电机是由两个独立的永磁体组成的，一个移动的磁铁直接控制活塞的轴向运动，使用少量磁铁提供高磁通量。通过使用电子电路或逆变器，将施加在磁铁上的电压的极性颠倒，活塞的行程方向随之变化往复，从而实现气体的膨胀和压缩。

（4）液体活塞式压缩机  液体活塞式压缩机是在没有机械滑动密封的情况下使用液体直接压缩气体的装置。液体活塞式压缩机如图 3-8 所示。

在实际压缩过程中，液体和气体是一起被压缩的，但是，由于液体有更高的密度和更高的热容量，压缩产生的热量被液体和压缩室周围的壁面吸收，因此该压缩过程不需要使用外部热交换器，从而降低了整个系统的成本。除此之外，采用合适的离子液体作为压缩机的液体还能减少压缩机运动部件，进一步降低机械损失，提高氢气压缩的整体效率；同时，机械零件的减少还可以显著降低运行费用，延长使用寿命，离子液体活塞式压缩机的使用寿命几乎是常规往复式压缩机的 10 倍。

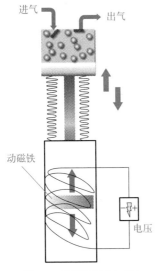

图 3-7　线性压缩机示意

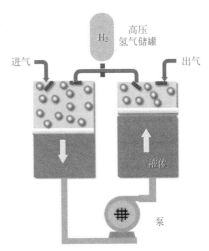

图 3-8　液体活塞式压缩机示意

### 2.非机械式压缩机

非机械式压缩机主要包括低温压缩机、金属氢化物压缩机、电化学氢气压缩机等。

（1）低温压缩机　低温压缩是指氢气经过低温压缩后变为液态氢并储存在低温压缩系统中的技术，如图 3-9 所示。该系统由集成在隔热套中的压力容器组成，以减少液氢与外部之间的热传递。低温液态氢储罐由 3 层结构组成，最内层通常由有碳纤维涂层的金属制成，中间真空空间配有复合支撑环，外层外壳由金属制成。为维持该压缩机的稳定运行，需持续监测储罐内部温度并控制储罐中间层的真空环境使其稳定，因此储罐设计成为该技术的重点和难点。在室温下，将 4.1kg 氢气储存在 100L 的容器中需要 75MPa 的压力；而当温度降低到热力学温度 77K（-196.15℃）时，压缩同样质量的氢气只需要 15MPa 的压力。

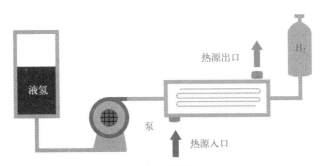

图 3-9　低温压缩机示意

（2）金属氢化物压缩机　金属氢化物压缩机没有任何运动部件，通常也被称为热动力压缩机，主要工作原理是利用可以形成氢化物的金属、合金或金属间化合物的特性，简单地通过反应系统中的热量和传质来吸收及解吸氢。金属氢化物压缩机由包含金属氢化物的低压氢气储罐、高压氢气储罐和金属氢化物床组成，如图 3-10 所示。管状结构由于其良好的热量交换性能经常用作该过程的钢罐设计。

该过程中低压氢进入低压氢气储罐，在金属氢化物床层中扩散，发生吸氢反应并放出热量。在较低温度下开始氢气的吸收，直至达到金属材料的平衡压力，金属材料的平衡压力可使用压力-组成等温线来评估。氢气吸附达到平衡压力后，对金属氢化物进行加热使其平衡压力上升，金属氢化物吸热分解实现氢气解吸，释放出高压氢气。金属氢化物作为该类压缩机的核心部件，直接影响金属氢化物压缩机的效率。镍基 $AB_5$ 氢化物在金属氢化物压缩机使用中表现出良好的性能。$LaNi_5$ 是第一种用于氢气压缩的镍基 $AB_5$ 合金，使用单级 $LaNi_5$ 压缩机可以达到 35～40MPa 的压力，双级 $LaNi_5$ 压缩机可达 70MPa。

（3）电化学氢气压缩机　电化学氢气压缩机是基于电化学原理工作的，主要由低压氢气储罐、高压氢气储罐、阴极和阳极等组成，如图 3-11 所示。

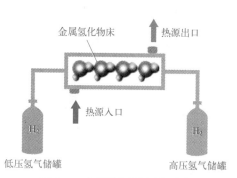

图 3-10　金属氢化物压缩机示意

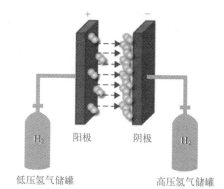

图 3-11　电化学氢气压缩机示意

电化学氢气压缩反应机理如图 3-12 所示，与质子交换膜燃料电池类似。低压氢被送入电化学电池的阳极，在外部直流电源作用下生成质子和电子；质子可以通过质子交换膜在阴极与来自外部电路的电子重新结合，生成氢气，只要电流提供的驱动力，即提供给系统的电能超过系统本身的内能，这个过程就会持续。质子交换膜在压缩过程中不仅起到质子传输的作用，而且能阻止电子和其他气体的跨膜传递，为电化学氢气压缩技术的核心部件。

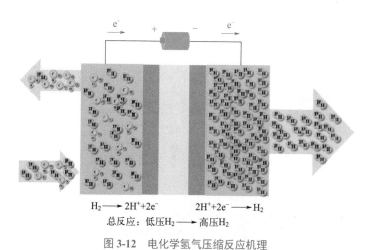

$$H_2 \longrightarrow 2H^+ + 2e^- \qquad 2H^+ + 2e^- \longrightarrow H_2$$

总反应：低压 $H_2 \longrightarrow$ 高压 $H_2$

图 3-12　电化学氢气压缩反应机理

影响电化学氢气压缩性能的各种因素（如质子交换膜强度、质子传导率、膜厚度、电流效率、电压效率）间的相互制约限制了可实现的压缩压力，实际运行中单级电化学氢气压缩机的最大压力仅为 16.8MPa。为达到氢气应用所需的压力水平，可将多个单级电化学氢气压缩机串联使用。

氢气压缩方法的选择取决于实际应用过程中的流量要求、工作温度范围、压力限制等不同工作参数。目前机械压缩技术趋于成熟，除线性压缩技术处于实验室研究阶段外，其他压缩技术均已进入实际生产场景。非机械式压缩技术中低温压缩发展相对较为成熟，金属氢化物压缩技术受限于其成本问题仍处于实验室研究阶段，国外研究电化学氢气压缩机较多，国内近两年来研究才逐渐增多，但仍处于实验室阶段。机械压缩在未来一段时间内仍会是氢气压缩工业化的主流技术，降成本和能耗是未来压缩技术发展的方向。非机械压缩由于技术成熟度较低，目前还需要投入更多的研究来实现其工业化。

目前国内加氢站较多采用的是往复式活塞压缩机和隔膜压缩机。图 3-13 所示为氢气压缩机在加氢站的应用场景。

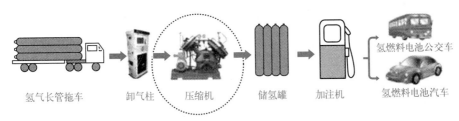

图 3-13　氢气压缩机在加氢站的应用场景

### 3. 液驱隔膜式压缩机

液驱隔膜式压缩机是一种新型的氢气压缩机，专门针对加氢站应用需求而研发，相较传统隔膜式压缩机和往复式活塞压缩机，汲取了两者的优势，规避了两者的劣势。目前已有包括 45MPa 和 90MPa 固定式加氢站、制加氢一体站、移动式加氢站的多个应用案例。

液驱隔膜式压缩机具备传统隔膜压缩机的保证气体绝对洁净、密封性好、单级压缩比高、散热性能好等优势，同时兼备往复式活塞压缩机的适应频繁启停、带载启停、变工况运行、可维修性好（模块化）、可实现灵活串/并联提升排气压力或排量等优势。液驱隔膜式压缩机可适应加氢站的变工况、频繁启停等需求，同时整机模块化设计、占地面积小等方面使其具备较高的经济性。

液驱隔膜式压缩机通过液压泵直驱+高频换向阀代替传统的曲柄连杆+活塞、皮带传动，在压缩过程中有效保证气体绝对洁净，单级压缩即可实现大于 10 的压缩比。图 3-14 所示为液驱隔膜式压缩机工作原理示意。

从加氢站的实际应用看，液驱隔膜式压缩机与传统隔膜式压缩机相比，具有以下优势。

① 可通过驱动、增压单元多级串并联，满足超大排量需求，适应未来加氢站更大加注能力的需求。

② 巧妙的模块化设计，45MPa 产品与 90MPa 产品组件通用性高达 90%，只需要更换一个组件，即可实现 45MPa 产品向 90MPa 产品升级，满足 35MPa 加氢站向 70MPa 加氢站快速升级的需求，大大提升了加氢站投建及运营方的灵活性。

③ 完美适应加氢站"频繁启停、变工况、带载启停"的特殊工况，减少加氢站设备投入。

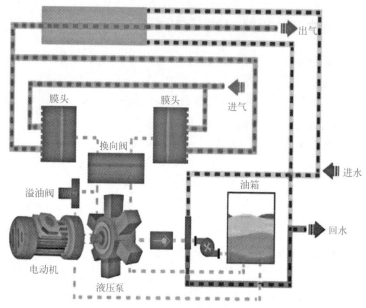

图 3-14　液驱隔膜式压缩机工作原理示意

④ 模块化设计，尺寸极其紧凑，占地面积、整机体积、重量均仅为传统隔膜式压缩机的 50% 左右，非常有利于加氢站、制加氢一体站、综合能源站的灵活布局，且不需要额外做地基建设，节约建设成本。

⑤ 整机关键部件如柱塞泵、气阀、膜片、换向阀、溢流阀等，均为自主研发并生产。液驱隔膜式压缩机关键组件完全自主可控，更换便利，运维成本低，大大降低产品全生命周期使用成本。

⑥ 单模块质量不超过 0.3t，维修空间四周仅需 0.6m；产品巧妙设计，自带吊装工具，维保时不需要额外配备吊装设备，仅需 1 人操作，运维极其便利。

图 3-15 所示为某公司生产的液驱隔膜式压缩机。

图 3-15　某公司生产的液驱隔膜式压缩机

# 第三节　液态储氢

液态储氢是一种将氢气转化为液态再进行储存的技术，它是目前储存氢气最有效的方法之一。

## 一、液态储氢方式

按照技术原理的不同，可以分为物理储氢技术和化学储氢技术。

### 1. 物理储氢技术

物理储氢技术是指单纯地通过改变储氢条件来提高氢气密度，以实现储氢的技术。该技术为纯物理过程，无须储氢介质，成本较低，且易放氢，氢气浓度较高。

低温液态储氢属于物理储氢技术，是将氢气冷却到液化临界温度以下，使氢气变为液态，然后存储到特制的低温绝热液氢罐中。

（1）低温液态储氢的优点

① 液氢大大提高了氢的密度和储存运输效率，液氢密度可达 $70.79kg/m^3$，是标准情况下氢气密度（0.0899g/L）的 787 倍，是 80MPa 复合高压下气态储氢密度（$33kg/m^3$）的 2.15 倍。

② 液氢还能大大提高氢气的纯度，在液态温度下，氢气中的大部分有害杂质被去除净化，从而可得到纯度大于 99.9999% 超纯氢气，即可满足下游氢燃料电池的应用要求标准。

（2）低温液态储氢的缺点

① 由于氢气的液化临界温度极低、沸点低、潜热低、易蒸发，与常温环境温差极大，因此就对液氢储存容器的隔温绝热性要求很高。

② 由于目前液氢进口设备成本高，国产液氢总产能较低，因此导致液氢成本仍然较高。

### 2. 化学储氢技术

化学储氢技术是利用储氢介质在一定条件下能与氢气反应生成稳定化合物，再通过改变条件实现放氢的技术，主要包括有机液体储氢、液氨储氢、甲醇储氢、配位氢化物储氢、无机物储氢等。

（1）有机液体储氢　有机液体储氢是基于不饱和液体有机物在催化剂作用下进行加氢反应，生成稳定化合物，当需要氢气时再进行脱氢反应。常用的不饱和液体有机物及其性能见表3-2。

表3-2　常用的不饱和液体有机物及其性能

| 介质 | 熔点 /K | 沸点 /K | 储氢密度 /% |
|---|---|---|---|
| 环己烷 | 279.65 | 353.85 | 7.19 |
| 甲基环己烷 | 146.55 | 374.15 | 6.18 |
| 咔唑 | 517.95 | 628.15 | 6.7 |
| 乙基咔唑 | 341.15 | 563.15 | 5.8 |
| 反式十氢化萘 | 242.75 | 457.15 | 7.29 |

有机液体储氢具有以下特点：反应过程可逆，储氢密度高；氢载体储运安全方便，适合长距离运输；可利用现有汽油输送管道、加油站等基础设施。

有机液体储氢在安全性、储氢密度、储运效率上极具优势。液态有机物储氢未来能否成为氢气运输主流方式，取决于技术迭代速度能否快于其他储氢方式；工业化和市场化速度能否快于低温液态储氢成本降低速度。

（2）液氨储氢　氢与氮气在催化剂作用下合成液氨，以液氨形式储运。液氨在常压、约400℃下分解成氢气。液氨储氢利用途径如图 3-16 所示。

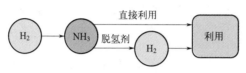

图 3-16　液氨储氢利用途径

氢气合成液氨的反应式为

$$3H_2+N_2 \longrightarrow 2NH_3$$

液氨分解成氢气的反应式为

$$2NH_3 \longrightarrow 3H_2+N_2$$

相比于低温液态储氢技术要求的极低氢液化温度（-253℃），氨的液化温度要远高于低温液态储氢技术要求的氢液化温度，"氢 - 氨 - 氢"方式耗能、实现难度及运输难度相对更低。同时，液氨储氢中体积储氢密度比液氢高 1.7 倍，更远高于长管拖车式气态储氢技术。该技术在长距离氢能储运中有一定优势。然而，液氨储氢也具有较多劣势。液氨具有较强腐蚀性与毒性，储运过程中对设备、人体、环境均有潜在危害风险；合成氨工艺在我国较为成熟，但转换过程中存在一定比例损耗；合成氨与氨分解的设备和终端产业设备仍有待集成。

（3）甲醇储氢　甲醇储氢技术是指将氢气与二氧化碳 / 一氧化碳在特定的反应条件下反应生成液态甲醇，甲醇就作为氢的载体进行储运。

氢气转化为甲醇的反应式为

$$3H_2+CO_2 \longrightarrow CH_3OH+H_2O$$
$$2H_2+CO \longrightarrow CH_3OH$$

甲醇储氢的优点是 1 个甲醇分子中含有 4 个 H，甲醇是含氢量最高的烃类化合物，1kg甲醇可产生 0.125kg 氢气。甲醇储氢密度高，理论质量储氢密度高达 12.5%（质量分数）。甲醇分子没有 C—C 键，在反应过程中催化剂上会产生较少的焦炭。甲醇的储存条件为常温常压，且没有刺激性气味。甲醇在常温常压即为液态，储运无须低温或加压，等同体积下携带能量是 35MPa 高压储氢的 4 倍。

甲醇储氢的局限性是二氧化碳单程转化率和甲醇产率较低，导致目前的经济性较差。

伴随甲醇储氢的发展，甲醇制备行业也正在快速从传统甲醇向绿色甲醇进化，如图 3-17所示。绿色甲醇能量密度高，是理想的液体能源储运方式。利用可再生能源发电制取绿氢，再和二氧化碳结合生成方便储运的绿色甲醇，是通向零碳排放的重要路径。

（4）配位氢化物储氢　配位氢化物储氢是利用碱金属与氢气反应生成离子型氢化物，在一定条件下，分解出氢气。表 3-3 为常见的配位氢化物的储氢性质。

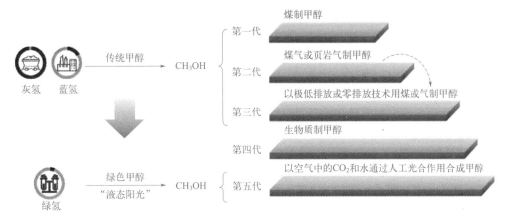

图3-17 传统甲醇向绿色甲醇进化

表3-3 常见的配位氢化物的储氢性质

| 金属氢化物 | 理论储氢量（质量分数）/% | 金属氢化物 | 理论储氢量（质量分数）/% |
|---|---|---|---|
| 氢化铝钠（$NaAlH_4$） | 7.4 | 氢化铝锂（$LiAlH_4$） | 10.6 |
| 铝氢化镁 [$Mg(AlH_4)_2$] | 9.3 | 硼氢化铍 [$Be(BH_4)_2$] | 20.8 |
| 硼氢化锂（$LiBH_4$） | 18.5 | 硼氢化铝 [$Al(BH_4)_3$] | 16.9 |
| 硼氢化镁 [$Mg(BH_4)_2$] | 14.9 | 硼氢化钛 [$Ti(BH_4)_3$] | 13.1 |
| 硼氢化钙 [$Ca(BH_4)_2$] | 11.6 | 硼氢化锆 [$Zr(BH_4)_4$] | 10.8 |

配位氢化物储氢作为一种极具前景的储氢材料，研究人员还在努力探索改善其低温放氢性能的方法。同时，也在针对这类材料的回收、循环、再利用做进一步深入研究。

（5）无机物储氢 无机物储氢材料基于碳酸氢盐与甲酸盐之间相互转化，实现储氢和放氢。反应过程中一般以钯（Pd）或氧化钯（PdO）作为催化剂，吸湿性强的活性炭作为载体，因为钯这种金属价格昂贵，存在数量稀少，其价格甚至不比铂金低，因此这种材料储氢的成本是相当高的。钯作为储氢材料时，氢气质量密度可达 2%。该方法便于大量储存和运输，安全性好，但储氢量和可逆性都不是很理想。

## 二、氢液化技术

氢液化技术是一种将氢气转化为液态的技术，它是一项非常重要的技术，因为液态氢具有高能量密度、高燃烧效率、零污染等优点，被广泛应用于航空航天、能源、化工等领域。火箭发动机的燃料就是液态氢。

氢液化技术的实现需要克服一系列技术难题，其中最主要的问题是氢气的低沸点和高压力。氢气的沸点为 -253℃，远低于正常压力下的温度，因此需要将氢气冷却到极低的温度才能液化。同时，氢气变成液态需要的压力也非常高，一般需要几百倍甚至上千倍大气压才能将氢气压缩到液态。为了解决这些问题，开发了多种氢液化技术。

氢液化流程是建立氢液化系统的重要理论基础。根据制冷方法，氢液化流程主要有Linde-Hampson 循环（简称 L-H 循环，通过节流产生冷量）、氦膨胀制冷循环和氢膨胀制冷循环等，随后一些新型氢液化流程都是在此基础上发展起来的。

### 1. Linde-Hampson 氢液化循环

Linde-Hampson 氢液化循环也称为林德氢液化循环，是利用节流阀的节流效应使原料氢气液化的循环。压缩气体通过节流膨胀，可使气体温度降低。但氢气在低于 80K 时进行节流才有明显的制冷效应。因此，必须借助外部冷源（如液氮）对氢气进行预冷，在压力高达 10 ～ 15MPa、温度降至 70K 以下时进行节流，才能以较理想的液化率（25%）获得液氢。图 3-18 所示为 Linde-Hampson 氢液化循环工艺流程。

Linde-Hampson 氢液化循环用于早期或微小型液化装置，能耗较高，目前已经很少应用。

### 2. 氦膨胀制冷氢液化循环

氦膨胀制冷氢液化流程是通过氦气的多级回热和膨胀过程实现低温、冷却并液化原料氢气的。氦膨胀制冷氢液化循环工艺流程如图 3-19 所示。

目前氦膨胀制冷氢液化循环通常应用于产能≤ 2.5t/d 的中小型氢液化装置，一般不用于大型氢液化装置。

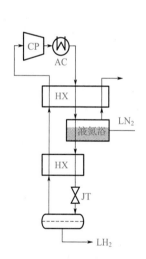

图 3-18　Linde-Hampson 氢液化循环工艺流程
CP—压缩机；AC—冷却器；HX—换热器；
LH$_2$—液氢；JT—节流阀；LN$_2$—液氮

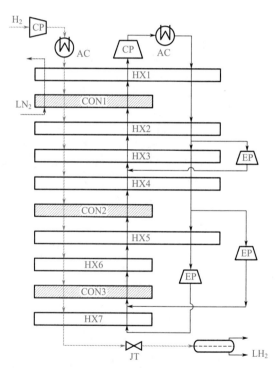

图 3-19　氦膨胀制冷氢液化循环工艺流程
HX1 ～ HX7—换热器；EP—膨胀机；
CON1 ～ CON3—正仲氢转化器

### 3. 氢膨胀制冷氢液化循环

氢膨胀制冷氢液化循环也称为双压氢克劳德（Claude）循环，是通过循环氢气回热和膨胀过程制取冷量，对原料氢气进行冷却和液化的。氢膨胀制冷氢液化循环工艺流程如图 3-20 所示。

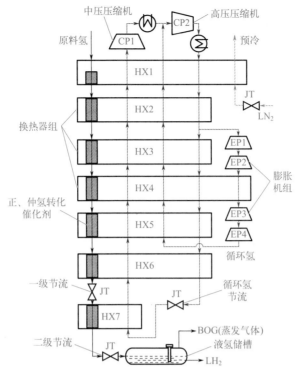

图 3-20  氢膨胀制冷氢液化循环工艺流程

目前氢膨胀制冷循环是主流氢液化流程，已广泛应用于大型氢液化装置。

图 3-21 所示为实际运行的氢液化装置流程。Ingolstadt 氢液化装置和 Leuna 氢液化装置都是由德国林德（Linde）公司建造的。

图 3-21（a）所示为 Ingolstadt 氢液化装置流程，该液化流程基于液氮预冷的氢克劳德循环。在液化流程中，氢气通过低温吸附进一步纯化，经液氮预冷至 80K，再由氢克劳德循环进一步预冷至约 30K，最后经节流阀节流膨胀至约 21K 获得液氢。液氢被存储在真空绝热储罐中，节流后产生的闪蒸气与储罐的蒸发氢气一起回流到液化装置的冷端（HX7 下端）实现冷量回收。三个油轴承透平膨胀机运行在 0.3 ~ 2.2MPa，转速约为 70000r/min。正、仲氢转化分为四级，其中两级分别在液氮浴和液氢浴中等温催化转化，另两级为绝热催化转化，使用 $Fe(OH)_3$ 作为催化剂，仲氢体积分数从 25%（原料气）提升至 ≥95%（液氢）。七个换热器（HX1 ~ HX7）均为真空钎焊的铝板翅式换热器。考虑生产液氮的能耗为 0.4kW·h/L，氢液化的能耗为 13.6kW·h/kg。

图 3-21（b）所示为 Leuna 氢液化装置流程，该液化流程同样是基于液氮预冷的氢克劳德循环，由液氮提供室温至 80K 的冷量，再由氢克劳德循环提供 30 ~ 80K 的冷量，最后经节流阀节流膨胀使氢液化。氢克劳德循环中同样采用三个串联的油轴承透平膨胀机。Leuna 氢液化装置中增加了几项提高效率的新功能。新增了一个换热器（HX8）替代液氢浴，同时将正、仲氢转化催化剂填充在换热器内部，以实现正、仲氢的连续催化转化。透平膨胀机运行在 0.52 ~ 2MPa，转速最高达到 102000r/min。利用引射器将原料气流与液氢储罐返回的闪蒸气混合，引射器的排出压力比闪蒸气的压力高约 0.05MPa，出口温度约为 22.7K，实现闪蒸气的再液化。Leuna 氢液化装置的能耗为 11.9kW·h/kg，比 Ingolstadt 氢液化装置更节能。

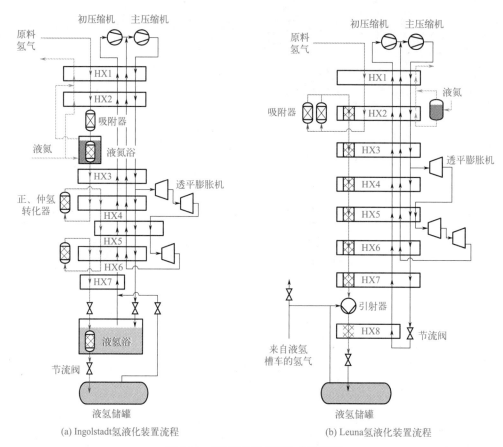

(a) Ingolstadt氢液化装置流程　　　　(b) Leuna氢液化装置流程

图 3-21　实际运行的氢液化装置流程

　　图 3-22 所示为国内中科富海研发的氢液化系统。5t/d 氢液化装置大型卧式冷箱在国内是首次研制，外形尺寸为长 14.7m× 宽 6m× 高 5.4m。采用具有自主知识产权的真空超级绝热技术、超级绝热支撑技术、低温管道柔性补偿技术。整台设备由低温换热器组、重载氢透平膨胀机组以及正、仲氢转换器等组成。

图 3-22　国内中科富海研发的氢液化系统

## 三、氢液化过程中的正、仲氢转换

氢分子由两个氢原子组成，但两个原子核自旋方向不同，存在着正、仲两种状态。两个原子核自旋方向相同的是正氢，两个原子核自旋方向相反的是仲氢。常温的氢气，稳定状态时含75%正氢和25%仲氢，称为正常氢或标准氢。随着温度降低，仲氢浓度增加。稳定的液氢仲氢浓度为99.8%。

把常温的氢气液化后生成的是液体正常氢，它是一种不稳定状态。液态正常氢会自发地发生正态到仲态转化，直到相应温度下的平衡氢。氢的正到仲转化是放热反应，如果把液态正常氢直接装入储氢罐，尽管储氢罐是绝热的，液氢正到仲转化放出的热量还会使液氢沸腾蒸发，蒸发的氢气只能放空。24h液氢大约要蒸发损失18%，100h后损失将超过40%。因此，液氢产品中要求仲氢含量在95%以上，即要求液化时将正氢基本上都催化转化为仲氢。在氢的液化过程中采用正、仲氢转化催化剂实现正到仲的转化，而且是几级的催化转化，每级温度不同，采用的正、仲氢转化催化剂也不同，以达到最佳转换效果。

正、仲氢转化催化剂可以将一个化合物中的一个仲原子转化为一个酮或醛基团，从而实现有机合成中的重要反应。正、仲氢转化催化剂的基本原理是利用催化剂将仲原子转化为酮或醛基团。这种催化剂通常是一种金属催化剂，如钯、铑、铱等。这些金属催化剂可以与仲原子形成配合物，从而促进仲原子的转化。此外，还有一些有机催化剂也可以实现正、仲氢转化反应，如卡宾、亚胺等。正、仲氢转化催化剂的趋势是向高效、环保、低成本方向发展。目前，研究人员正在开发新型的正、仲氢转化催化剂，以提高催化效率和选择性。同时，研究人员也在探索使用可再生能源作为催化剂的来源，以实现环保和可持续发展。此外，研究人员还在探索使用低成本的催化剂，以降低生产成本。国内对正、仲氢转化催化剂的研究已经取得一定突破。

## 四、液氢的技术指标和主要特性

### 1. 液氢的技术指标

液氢的技术指标见表3-4。

表3-4　液氢的技术指标

| 项目名称 | 指标 |
| --- | --- |
| 氢纯度（摩尔分数） | ≥99.97% |
| 仲氢含量（体积分数） | ≥95% |
| 非氢气体总量 | ≤300μmol/mol |
| 水（$H_2O$）含量 | ≤5μmol/mol |
| 总烃（按CH计）含量 | ≤2μmol/mol |
| 氧（$O_2$）含量 | ≤5μmol/mol |
| 氦（He）含量 | ≤300μmol/mol |

| 项目名称 | 指标 |
|---|---|
| 总氮（$N_2$）和氩（Ar）含量 | $\leqslant$ 100μmol/mol |
| 二氧化碳（$CO_2$）含量 | $\leqslant$ 2μmol/mol |
| 一氧化碳（CO）含量 | $\leqslant$ 0.2μmol/mol |
| 总硫（按 $H_2S$ 计）含量 | $\leqslant$ 0.004μmol/mol |
| 甲醛（HCHO）含量 | $\leqslant$ 0.01μmol/mol |
| 甲酸（HCOOH）含量 | $\leqslant$ 0.2μmol/mol |
| 氨（按 $NH_3$ 计）含量 | $\leqslant$ 0.1μmol/mol |
| 总卤化物（按卤离子计）含量 | $\leqslant$ 0.05μmol/mol |
| 颗粒物浓度 | $\leqslant$ 1mg/kg |

## 2. 液氢的主要特性

液氢的技术特性见表 3-5。

表3-5　液氢的技术特性

| 项目名称 | 物化性能 |
|---|---|
| 特征 | 无色，无味，透明 |
| 摩尔质量 /（kg/kmol） | 2.0159 |
| 标准大气压下的沸点 /℃ | -253 |
| 凝固点 /℃ | -259.2 |
| 在空气中的燃烧极限范围 /% | 4 ~ 75 |
| 标准大气压下的密度 /（kg/m³） | 70.79 |
| 变为标准大气压下气体体积倍数 | 790 |
| 临界温度 /℃ | 240 |
| 临界压力 /MPa | 1.3 |
| 危险货物编号 | UN1966 |
| 危险货物类别 | 第二类气体中易燃气体 |

## 五、液氢的危险性

液氢具有以下危险性。

① 液氢具有低温危险性。它是无色、无味、透明的低温液化气体，没有腐蚀性，在一

定条件下，金属材料与液氢接触会发生氢脆现象。

②液氢在受限空间内大量泄漏可能会造成人员的缺氧窒息。

③液氢具有爆燃和爆轰危险性。液氢气化为氢气并与空气混合易形成可燃爆混合物，遇火源易产生爆炸危险。氢气的燃烧速度快，火焰温度高，隐形火焰苍白、无色，白天不易察觉，需设置紫外火焰探测器和红外火焰探测器。

④液氢管路和设备绝热保温失效时，会使操作人员冻伤。液氢储罐或管路系统中混入空气会形成固体颗粒，其中固体氧的积累可能造成系统爆炸着火的风险。

⑤雷雨天应禁止进行液氢的相关操作。

## 六、液氢储罐的形式

根据使用形式，液氢储罐可以分为固定式液氢储罐、移动式液氢储罐和罐式集装箱。

### 1. 固定式液氢储罐

固定式液氢储罐可采用多种形状，常用的包括球形储罐和圆柱形储罐，一般用于大容积的液氢储存。图 3-23 所示为目前世界上最大的球形液氢储罐，容积为 4732m³，最大储量为 327t。

图 3-23　目前世界上最大的球形液氢储罐

图 3-24 为日本神户液氢接收码头的球形液氢储罐，其总容积达 2500m³。

图 3-24　日本神户液氢接收码头的球形液氢储罐

图 3-25 所示为各种尺寸的立式圆柱形液氢储罐。

图 3-25　各种尺寸的立式圆柱形液氢储罐

2. 移动式液氢储罐

由于移动式运输工具的尺寸限制，移动式液氢储罐为卧式圆柱形，结构和功能与固定式液氢储罐无明显差别，但需要有一定的抗冲击强度，以满足运输过程中的速度要求。图 3-26 所示为移动式液氢储罐。

图 3-26　移动式液氢储罐

图 3-27 所示为中国石油工程建设公司研发制造的国内首套 120m³ 多层绝热超低温储罐。

图 3-27　国内首套 120m³ 多层绝热超低温储罐

### 3. 罐式集装箱

罐式集装箱与液化天然气罐式集装箱类似，可实现液氢工厂到液氢用户的直接储运，减少了液氢转注过程的蒸发损失，且运输方式灵活。图 3-28 所示为罐式集装箱。

图 3-28　罐式集装箱

典型的液氢储罐采用双层外壳结构，中间为真空夹层。小于 $40m^3$ 的小型储罐一般真空绝热层的真空度相对更高（小于 $10^{-2}Pa$），而大型储罐的真空绝热层的真空度更低（$1Pa$）。双层外壳之间会有一定的结构支撑。小型储罐也有采用单层外壳、多层绝热涂层的结构，一般用于液氢拖车储罐（减小体积）或者用于用户侧的短期存储。

## 第四节　固态储氢

固态储氢是一种利用稀土储氢材料的高密度氢气存储能力，通过化学反应将氢气转化为金属氢化物固体的储氢方式，实现了高密度、低压、无泄漏、安全储存。相比传统气态储氢系统，固态储氢系统具有更高的储氢密度和更低的操作压力，提高了存储效率和能源利用率。

### 一、固态储氢方式

从实现方式来看，固态储氢主要分为物理吸附储氢和化学氢化物储氢。

#### 1. 物理吸附储氢

物理吸附储氢通过活性炭、碳纳米管、碳纳米纤维碳基材料进行物理性质的吸附氢气，以及金属有机框架物、共价有机骨架这种具有微孔网格的材料捕捉储存氢气。

#### 2. 化学氢化物储氢

化学氢化物储氢是指利用金属氢化物储氢。氢气先在其表面催化分解为氢原子，氢原子再扩散进入材料晶格内部空隙中，以原子状态储存于金属结晶点内，形成金属氢化物，该反应过程可逆，从而实现了氢气的吸放。

## 二、常见的储氢材料

根据吸氢机理的差异，储氢材料可以分为物理储氢材料和化学储氢材料两大类。

### 1. 物理储氢材料

物理储氢的主要工作原理是利用范德瓦尔斯力，在比表面积较大的多孔材料上进行氢气的吸附。多孔材料进行物理储氢的优点是吸氢 - 放氢速率较快、物理吸附活化能较小、氢气吸附量仅受储氢材料物理结构的影响。物理吸附储氢材料主要包括碳基储氢材料、无机多孔材料、金属有机骨架（MOF）材料、共价有机化合物（COF）材料等。

（1）碳基储氢材料　碳基储氢材料因种类繁多、结构多变、来源广泛而较早受到关注。鉴于碳基材料与氢气之间的相互作用较弱，材料储氢性能主要依靠适宜的微观形状和孔结构，因此，提高碳基材料的储氢性一般需要通过调节材料的比表面积、孔道尺寸和孔体积来实现。碳基储氢材料主要包括活性炭、碳纳米纤维和碳纳米管。

（2）无机多孔材料　无机多孔材料主要是具有微孔或介孔孔道结构的多孔材料，包括有序多孔材料（沸石分子筛或介孔分子筛）或具有无序多孔结构的天然矿石。沸石分子筛材料和介孔分子筛材料具有规整的孔道结构及固定的孔道尺寸，结构上的差异会影响到材料的比表面积和孔体积，进而影响到材料的储氢性能。

（3）金属有机骨架（MOF）材料　MOF 材料是由金属氧化物与有机基团相互连接组成的一种规则多孔材料。因为 MOF 材料具有低密度、高比表面积、孔道结构多样等优点而受到了广泛关注。

（4）共价有机化合物（COF）材料　COF 材料是在 MOF 材料基础上开发出来的一种新型多孔材料。由于 COF 材料的骨架全部由非金属的轻元素构成，COF 材料的晶体密度较低，更有利于气体的吸附，因此 COF 材料的储氢性能引起了极大的关注。COF 材料的储氢性能与它的物理结构（包括孔体积、孔结构和晶体密度）有直接关系。

### 2. 化学储氢材料

化学储氢的主要工作原理是氢以原子或离子形式与其他元素结合从而实现氢气的存储。基于化学机制的储氢材料主要包括金属 - 合金储氢材料、氢化物储氢材料和液体有机氢化物等。

（1）金属 - 合金储氢材料　金属 - 合金储氢材料是研究较早的一类固体储氢材料，制备技术和制备工艺均已成熟。金属 - 合金类材料不仅具有超强的储氢性能，同时具有操作安全、清洁无污染等优点。但金属或合金材料的氢化物通常过于稳定，与物理吸附类储氢材料相比，金属 - 合金储氢材料的储氢和放氢都只能在较高的温度条件下进行。金属 - 合金储氢材料可以分为镁系、钒系、稀土系、钛系、锆系、钙系等。

（2）氢化物储氢材料　氢化物储氢材料主要包括配位铝复合氢化物、金属氮氢化物、金属硼氢化物和氨硼烷化合物。

（3）液体有机氢化物　液体有机氢化物（包括烯烃、炔烃和芳烃）可以在加氢和脱氢的循环反应中实现吸氢及放氢。其中，储氢性能最好的是单环芳烃，苯和甲苯的理论储氢量都较大，是较有发展前景的储氢材料。与传统的固态储氢材料相比，液体有机氢化物储氢材料有以下优点：液体有机氢化物的储存和运输简单，是所有储氢材料中最稳定、最安全的；理论储氢量大，储氢密度也比较高；液体有机氢化物的加氢和脱氢反应可逆，储氢材料可反复循环使用。

# 第五节　车载储氢系统

车载储氢是燃料电池电动汽车应用的关键技术之一，主要功能是实现高压氢气的加注、储存和供应。在车载储氢系统设计开发过程中，应充分遵照相关国家标准，从设计开发到集成安装，均应满足功能要求和安全要求。

## 一、车载储氢系统的组成

车载储氢系统一般分为加氢模块、储氢模块、供氢模块和控制监测模块，如图 3-29 所示。

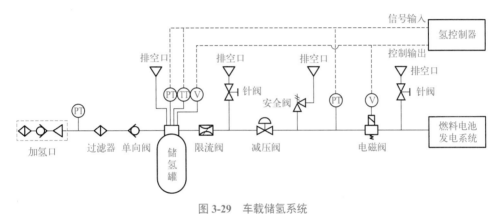

图 3-29　车载储氢系统
PT—压力传感器；V—压力表；TT—温度传感器

### 1. 加氢模块

加氢模块一般包含加氢口、压力表（压力传感器）、过滤器、单向阀等，通过与加氢枪连接实现车辆加注氢气的功能。为了保证加氢过程的安全可靠，应在充分考虑加氢时的温升问题、静电消除问题、气密性问题等基础上，对加氢模块进行安全设计。

### 2. 储氢模块

储氢模块一般包含储氢罐、限流阀、压力传感器、安全泄放装置等。当管路内的压力异常降低或流量反常增大时，限流阀能够有效自动切断储氢罐内的氢气供应，压力传感器可以通过氢控制器向整车或燃料电池控制器传递压力信息。

### 3. 供氢模块

供氢模块一般包含减压阀、安全阀、排空阀（排空口）、电磁阀等。为了保证供氢模块的安全可靠，减压阀应能保证输出压力的稳定可靠；安全阀能够实现管路压力超过一定限值后的起跳泄放功能，并在管路压力恢复正常后，可以恢复原状态；排空阀用于维修时排空氢气；电磁阀的作用是在给储氢罐充气时防止气体进入车用氢燃料电池发电系统。

### 4. 控制监测模块

控制监测模块一般是由电气系统组成的，通过氢控制器实现车载储氢系统运行状态的监测，其中包括储氢罐的开启状态、罐内的温度、管路的压力以及氢浓度传感器测量值，还要稳定高效地控制罐口组合阀和其他电磁阀的开启及关闭，计算车载储氢系统运行的耗氢量，对剩余氢气量进行估算，实现不同故障的识别，以及通过 CAN 总线与整车通信，将接收来的信息发送给整车控制器，并接收整车控制器的指令做出相应动作。

图 3-30 所示为丰田 Mirai 车载储氢系统框架。

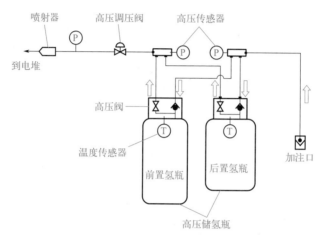

图 3-30　丰田 Mirai 车载储氢系统框架

## 二、车载储氢系统一般要求

车载储氢系统具有以下一般要求。

① 车载储氢系统应符合《燃料电池电动汽车　安全要求》（GB/T 24549—2020）的规定，且车载储氢系统及其装置的安装应能在正常使用条件下，能安全、可靠地运行。

② 车载储氢系统应最大限度地减少高压管路连接点的数量，保证管路连接点施工方便、密封良好、易于检查和维修。

③ 车载储氢系统中与氢气接触的材料应与氢气兼容，并应充分考虑氢脆现象对设计使用寿命的影响。

④ 储氢容器组布置应保证车辆在空载、满载状态下的载荷分布符合相关规定。

⑤ 车载储氢系统中使用的部件、元件、材料等，如储氢容器、压力调节阀、主关断阀、压力释放阀、压力释放装置、密封件及管路等，应是符合相关标准的合格产品。

⑥ 主关断阀、储氢容器单向阀和压力释放装置应集成在一起，装在储氢容器的端头。主关断阀的操作应采用电动方式，并应在驾驶员易于操作的部位，当断电时应处于自动关闭状态。

⑦ 应有过流保护装置或其他装置，当储氢容器或管道内测压装置检测到压力反常降低或流量反常增大时，能自动关断来自储氢容器内的氢气供应；如果采用过流保护阀，应安装在主关断阀上或靠近主关断阀。

⑧ 每个储氢容器的进口管路上都应安装手动关断阀或其他装置，在加氢、排氢或维修时，可用来单独隔断各个储氢容器。

### 三、车载储氢系统的氢气泄漏检测

车载储氢系统的氢气泄漏按以下步骤进行检测。

① 对一辆标准乘用车进行氢气泄漏量、渗漏量评估时，需要将其限制在一个封闭的空间内，增压至 100% 的标称工作压力，确保氢气的渗透和泄漏量在稳态条件下（标准状况）不超过 0.15L/min。

② 在安装储氢系统的封闭或半封闭的空间上方的适当位置，至少安装一个氢泄漏探测器，能实时检测氢气的泄漏量，并将信号传递给氢气泄漏警告装置。

③ 在驾驶员容易识别的部位安装氢气泄漏警告装置，该装置能根据氢气泄漏量的大小发出不同的警告信号。泄漏量与警告信号的级别由制造商根据车辆的使用环境和要求决定。一般情况下，在泄漏量较小时，即空气中氢气含量 ≥ 2%（体积分数）时，发出一般警告信号；在氢气泄漏量较大时，即空气中氢气含量 ≥ 4%（体积分数）时，立即发出严重警告信号，同时关断氢气供应；如果车辆装有多个储氢系统，允许仅关断有氢气泄漏部分的氢气供应。

④ 当氢泄漏探测器发生短路、断路等故障时，应能对驾驶员发出故障报警信号。

### 四、储氢罐

储氢罐是燃料电池汽车的核心技术之一，是除了燃料电池外占成本比例第二高的零部件。

#### 1. 储氢罐的类型

储氢罐根据制造材料不同共分为四种类型：全金属气罐（Ⅰ型）、金属内胆纤维环向缠绕气罐（Ⅱ型）、金属内胆纤维全缠绕气罐（Ⅲ型）、非金属内胆纤维全缠绕气罐（Ⅳ型）；根据气瓶压力不同可以分为高压储氢罐和常压储氢罐；根据氢气储存状态不同可以分为固态储氢罐、气态储氢罐和液态储氢罐，如图 3-31 所示。目前最常用的是根据储氢罐制造材料的不同而进行的分类标准。

不同类型储氢罐，其适用场景和相关性能也有所不同，目前Ⅰ型、Ⅱ型技术较为成熟，主要用于常温、常压下的大容量氢气储存；Ⅲ型和Ⅳ型储氢罐主要用于高压、液体储氢，适合燃料电池电动汽车、加氢站等。

Ⅰ型和Ⅱ型储氢罐储氢密度低，安全性能差，难以满足车辆储氢密度的要求。Ⅲ型、Ⅳ型储氢罐具有提高安全性、减轻重量、提高储氢密度等优点，在汽车中得到了广泛的应用，国外多为Ⅳ型储氢罐，国内多为Ⅲ型储氢罐。Ⅳ型具有优良的氢脆性能以及低成本、高质量的储氢密度和循环寿命，已成为引领国际氢能汽车高压储氢容器发展的方向。不同储氢罐的特点见表 3-6。

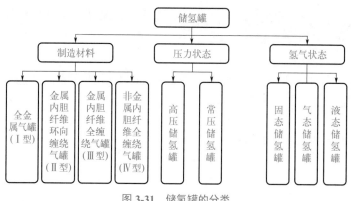

图 3-31 储氢罐的分类

表3-6 不同储氢罐的特点

| 项目 | 型号 | | | |
|---|---|---|---|---|
| | Ⅰ型 | Ⅱ型 | Ⅲ型 | Ⅳ型 |
| 材料 | 纯钢质金属 | 钢质内胆，纤维环绕 | 铝内胆，纤维缠绕 | 塑料内胆，纤维缠绕 |
| 压力 /MPa | 17.5～20 | 26.3～30 | 30～70 | 70 以上 |
| 使用寿命 / 年 | 15 | 15 | 15～20 | 15～20 |
| 储氢密度 | 低 | 低 | 高 | 高 |
| 成本 | 低 | 中等 | 最高 | 高 |
| 应用情况 | 加氢站等固定式储氢应用 | | 车载储氢应用 | 车载储氢应用 |

储氢密度是储氢系统的性能指标，一般采用质量储氢密度与体积储氢密度这两个参数来评估储氢系统的储氢能力。

### 2. 储氢罐的特点

目前，车载高压气态储氢罐主要包括金属内胆纤维全缠绕气罐（Ⅲ型）和非金属内胆纤维全缠绕气罐（Ⅳ型），车载储氢罐具有体积和重量受限、充装有特殊要求、使用寿命长和使用环境多变等特点。因此，轻量化、高压力、高储氢密度和长寿命是车载储氢罐的特点。

（1）轻量化　车载储氢罐的质量影响燃料电池电动汽车的续驶里程，储氢系统的轻量化既是成本的体现，也是高压储氢商业化道路上不可逾越的技术瓶颈。Ⅳ型储氢罐因其内胆为塑料，重量相对较轻，具有轻量化的潜力，比较适合乘用车使用，目前丰田公司的燃料电池电动汽车 Mirai 已经采用了Ⅳ型储氢罐技术。

（2）高压力　我国的储氢罐多以金属内胆纤维全缠绕气罐（Ⅲ型）为主，为了能够装载更多的氢气，提高压力是较重要且方便的途径，目前已经采用 70MPa 储氢罐。

（3）高储氢密度　车载储氢罐大多为Ⅲ型、Ⅳ型。我国的储氢罐多为Ⅲ型，其储氢密度一般在 5% 左右，进一步提升存在困难。而非金属内胆纤维全缠绕气罐（Ⅳ型），采用高分子材料做内胆，碳纤维复合材料缠绕作为承力层，储氢密度可达 6% 以上，最高能达到 7%，因此成本可以进一步降低。

（4）长寿命　普通乘用车寿命一般是 15 年左右，在此期间，Ⅲ型储氢罐会被要求定期进行检测，以保证安全性。Ⅳ型储氢罐由于内胆为塑料，不易疲劳失效，因此与Ⅲ型储氢罐相比，疲劳寿命较长。

图 3-32 所示为丰田 Mirai 高压储氢罐层压结构。

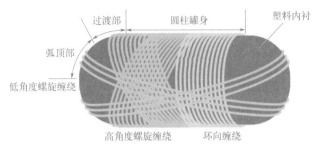

图 3-32　丰田 Mirai 高压储氢罐层压结构

# 第六节　氢气输送方式

氢气输送是一种将氢气从生产地点输送到使用地点的过程。由于氢气在常温、常压状态下单位体积能量密度低，且易燃易爆，受此影响氢气的安全高效输送和储存难度较大，导致储输环节成本占比在现有氢能产业链中接近一半，因此提升氢储运技术水平是氢能大规模商业化发展的前提。

根据输送过程中氢的状态不同，可以分为气态输送、液态输送和固态输送，其中气态输送和液态输送是主要输送方式。

## 一、气态输送

高压气态氢输送可分为长管拖车输送和管道输送两种方式。高压长管拖车输送是氢气近距离输送的重要方式，技术较为成熟，国内常以 20MPa 长管拖车运氢，单车运氢约 300kg；国外则采用 45MPa 纤维全缠绕高压氢瓶长管拖车运氢，单车运氢可提至 700kg。图 3-33 所示为氢气的长管拖车输送。

图 3-33　氢气的长管拖车输送

管道输送是实现氢气大规模、长距离运输的重要方式。管道运行压力一般为1.0~4.0MPa，具有输氢量大、能耗小和成本低等优势，但建造管道一次性投资较大。在初期可积极探索掺氢天然气方式，以充分利用现有管道设施。图3-34所示为氢气的管道输送。

图 3-34　氢气的管道输送

## 二、液态输送

液态输送通常适用于距离较远、运输量较大的场合。其中，液氢罐车可运氢7t，铁路液氢罐车可运氢8.4~14t，专用液氢驳船的运氢量则可达70t。采用液氢储运能够减少车辆运输频次，提高加氢站单站供应能力。日本、美国已将液氢罐车作为加氢站运氢的重要方式之一。图3-35所示为液氢罐车。

图 3-35　液氢罐车

## 三、固态输送

轻质储氢材料兼具高的体积储氢密度和质量储氢率，作为运氢装置具有较大潜力。将低压高密度固态储罐仅作为随车输氢容器使用，加热介质和装置固定放置于充氢和用氢现场，可以同步实现氢气的快速充装及其高密度、高安全输送，提高单车运氢量和运氢安全性。

氢气不同输送方式的比较见表3-7，表中数据仅供参考，具体数据以实际为主。

表3-7  氢气不同输送方式的比较

| 输送方式 | 运输工具 | 压力/MPa | 载氢量/(kg/车) | 体积储氢密度/(kg/m³) | 质量储氢率（质量分数）/% | 成本/(元/kg) | 能耗/(kW·h/kg) | 经济距离/km |
|---|---|---|---|---|---|---|---|---|
| 气态输送 | 长管拖车 | 20 | 300～400 | 14.5 | 1.1 | 2.02 | 1～1.3 | ≤150 |
| | 管道 | 1～4 | — | 3.2 | — | 0.3 | 0.2 | ≥500 |
| 液态输送 | 液氢罐车 | 0.6 | 7000 | 64 | 14 | 12.25 | 15 | ≥200 |
| 固态输送 | 货车 | 4 | 300～400 | 50 | 1.2 | — | 10～13.3 | ≤150 |

目前，我国氢的储存以高压气态方式为主。氢能市场渗透前期，车载储氢将以70MPa气态方式为主，辅以低温液氢和固态储氢。氢将以45MPa长管拖车、低温液氢、管道（示范）等方式输送，因地制宜，协同发展。中期（至2030年），车载储氢将以气态、低温液态为主，多种氢技术相互协同，氢的输送将以高压、液态氢罐和管道输送相结合，多种氢技术相互协同，针对不同细分市场和区域同步发展。远期（至2050年），氢气管网将密布于城市、乡村，将采用更高储氢密度、更高安全性的车载储氢技术。

# 第七节　氢气输送设备及运输成本

氢气输送设备主要有氢气长管拖车、氢气输送管道、液氢罐车、氢气运输船等。

## 一、氢气长管拖车

氢气长管拖车是指由若干个高压气瓶组装后设置在半挂车底盘上，用于运输高压氢气，装载相应的管路、阀门、安全装置等，与半挂车底盘组成用于陆路运输高压氢气的车辆，如图3-36所示。

图3-36　氢气长管拖车

氢气长管拖车结构分为车头部分和拖车部分，前者提供动力，后者主要提供存储空间，一般由 9 个压力为 20MPa、长约 10m 的高压储氢钢瓶组成，可充装约 3500kg 氢气，且拖车在到达加氢站后车头和拖车可分离，运输技术成熟，规范较完善，国内的加氢站目前多采用此类方式运输。

### 1. 氢气长管拖车的资质要求

氢气长管拖车的安全使用一般按照以下要求进行，如国家相关部门有专项规定的，应按各主管部门的专项规定执行。

① 氢气长管拖车应按要求办理使用登记，并应按有关规定以及定期检验机构的相关要求进行定期检验。

② 承运单位应取得行驶证、道路运输许可证、危险货物运输许可证、特种设备使用登记及电子记录卡，并应随车携带。

③ 承运车辆的驾驶员除取得相应车辆驾驶证外，还应取得从事危险货物运输的从业资格证；押运员应取得上岗证；操作人员应取得移动式压力容器操作证。相关证件应随身携带。

④ 对于承运车辆，还应随车携带事故专项应急预案、氢气压力与温度对照表。操作人员应熟练掌握有关内容。

⑤ 充装单位应取得移动式压力容器充装许可证，从事充装作业的作业人员及其管路人员应经过严格的培训，其法人、安全管理人员应取得相应证书，充装作业人员应取得移动式压力容器操作证。

⑥ 负责改造和维修的单位应持有移动式压力容器生产许可证。

### 2. 氢气长管拖车专项规定

① 氢气长管拖车用气瓶应采用大容积钢质无缝气瓶或大容积纤维缠绕气瓶，应符合相关标准的规定。

② 氢气长管拖车的材料、设计、制造、试验、检验规则等要求符合相关规定。

③ 氢气长管拖车的外形尺寸、总重量及轴荷应符合《汽车、挂车及汽车列车外廓尺寸、轴荷及质量限值》（GB 1589—2016）的有关规定。氢气长管拖车长度一般为 12 ～ 15m，以适应长管运输的需要；氢气长管拖车的宽度一般为 2.5m 左右；氢气长管拖车的高度一般为 3.8 ～ 4m，高度较高，因为长管本身长度较长，需要采用高强度材料进行支撑。

④ 设计氢气长管拖车时应考虑采取适当的防护措施，防止受到外力冲击或侧翻时造成损害或氢气泄漏。

⑤ 氢气长管拖车应具有相关危险货物运输公告。

⑥ 氢气长管拖车应按相关要求安装卫星定位、行驶记录仪等车载视频及监控设备，监控设备应满足相关标准要求。

## 二、氢气输送管道

氢气输送管道是指在制氢工厂与氢气站、用氢单位等之间建设一定长度的管道，氢气以气态形式进行运输的方式，如图 3-37 所示。根据输送距离不同，分为长距离氢气输送管道和短距离氢气输送管道，长距离氢气输送管道主要用于制氢工厂与氢气站之间的长距离运输，输氢压力较高、管道直径较大。短距离氢气输送管道主要用于氢气站与各个用户之间的氢气配送，输氢压力较低，管道直径较小。管道直径为 0.25 ～ 0.3m，压力范围为 1 ～ 3MPa，氢气流量约 310 ～ 8900kg/h。

图 3-37　氢气输送管道

根据氢气纯度，管道又可分为天然气掺氢管道和纯氢管道。天然气掺氢管道是指在氢能发展初期，利用现有的天然气管道，将氢气加压后输入，使氢气与天然气混合输送的方式。纯氢管道是指专门用于纯氢气运输的管道，但铺设难度大、投资成本较高，是氢能管网建设的终极目标形态。

"西氢东送"氢气输送管道示范工程已被纳入《石油天然气"全国一张网"建设实施方案》，标志着我国氢气长距离输送管道进入新发展阶段。"西氢东送"起于内蒙古自治区乌兰察布市，终点位于北京市的燕山石化，管道全长超过 400km，是我国首条跨省区、大规模、长距离的纯氢输送管道。管道建成后，将用于替代京津冀地区现有的化石能源制氢及交通用氢，大力缓解我国绿氢供需错配的问题，对今后我国跨区域氢气输送管网建设具有战略性的示范引领作用，助力我国能源转型升级。管道一期运力 10 万吨 / 年，预留 50 万吨 / 年的远期提升潜力。同时，将在沿线多地预留端口，便于接入潜在氢源。未来，中国石化可依托"西氢东送"管道建设支线及加氢母站，助力京津冀氢能走廊的高效构建，助力京津冀地区"双碳"目标的实现。氢储能可以弥补其他储能形式的短板，将大量的弃风、弃光转化成氢进行储能。随着"西氢东送"管道的建设投产，周边发电企业可以利用"弃风弃光"发电制氢，通过管道输送出来，是构成源网荷储氢的一个重要组成方式。

目前，全球范围内氢气输送管道总里程已超 5000km，其中，美国建有氢气输送管道超2500km，我国的氢气输送管道建设则仍处于起步阶段。中国石化已经建有金陵—扬子氢气管道、巴陵—长岭氢气管道、济源—洛阳氢气管道，最长投运时间约 16 年。

## 三、液氢罐车

液氢罐车是指配置液氢储罐的运输车。液氢罐车的储罐通常有 50m³ 以上的有效容积，液氢的密度为 70.8kg/m³，载氢量为 3500 ～ 4000kg。由于道路法规不同，美式罐车的额定载氢量略高于欧式罐车。图 3-38 所示为美式液氢罐车；图 3-39 所示为欧式液氢罐车；图 3-40所示为液氢罐车液氢容器的复杂管路和保护装置。

图 3-38    美式液氢罐车

图 3-39    欧式液氢罐车

图 3-40    液氢罐车液氢容器的复杂管路和保护装置

目前，我国氢能储运主要为高压气态形式。相较于高压气态氢储运，液氢储运具有能量密度大、运输成本低、汽化纯度高、储运压力低和使用安全性高等优势，能够有效控制综合成本，且运输过程中不涉及复杂的不安全因素。此外，液氢在制、储、运方面的优势更加适合氢能的规模化、商业化供应。同时，随着氢能终端应用产业的快速发展，也将倒推对液氢需求的增长。液氢技术路线必将成为国内民用氢能开发应用的重要技术方式之一。

### 1. 液氢储运的优势

① 储运密度大，便于储运及车载。液氢相比于气态储氢的最大优势是密度大，液氢的密度为 $70.8kg/m^3$，分别为 20MPa、35MPa、70MPa 高压氢气的 5 倍、3 倍、1.8 倍。因此，液氢更加适合氢的规模化储存运输，能够解决氢能储运环节的难题。

② 储存压力低，便于保证安全。液氢储存在保证容器稳定的绝热基础上，日常储存运输的压力等级较低（一般低于 1MPa），远低于高压气氢储运方式的压力等级，在日常运营过程中更易保证安全。结合液氢储密度大的特点，在将来氢能规模化推广过程中，在建筑密度大、人口密集、用地成本高的城市地区，液氢储运（如液氢加氢站）具有更安全的运营体系，且整体系统占地面积更小，所需前期投资成本和运营成本更低。

③ 汽化纯度高，满足终端要求。对高纯氢和超纯氢的年消耗巨大（约为 590 万吨 / 年），特别是电子行业（如半导体、电真空材料、硅晶片、光导纤维制造等）以及燃料电池领域，其对高纯氢和超纯氢的消耗尤其大。当前很多工业氢气的品质难以满足部分终端用户对氢气纯度的严格要求，而液氢汽化后的氢气纯度则可以满足。

### 2. 液氢储运的劣势

① 液氢路线技术门槛较高。液氢技术在我国发源于航天领域，技术入门要求较高。目前，液氢规模化制、储、运、用技术和经验都集中在航天产业，受众范围相对封闭。

② 液化工厂投资大，能耗相对较高。氢液化设备被国外公司垄断，这使得氢液化工厂的前期设备投资较大，加之国内目前的民用液氢需求量较小，规模化应用程度不足，产能规模上升缓慢，导致液氢的单位生产能耗比高压气氢更大。

③ 液氢储运过程中存在蒸发损失。目前，在液氢储运过程中，对漏热导致的蒸发氢气基本采用放空方式处理，这会导致一定程度的蒸发损失。在未来的氢能储运环节中，需要采用额外的措施对此部分蒸发氢气进行回收，以解决直接放空导致的使用率下降问题。

## 四、氢气运输船

近年来，氢能作为一种理想的绿色能源，越来越受到各国政府及能源公司的青睐。预计到 2050 年，氢能有望占据全球能源市场需求 18% 的份额。在氢能产业链上，氢运输尤其是远洋运输环节是极其重要的一环，对于氢能在全球范围内的推广使用至关重要，进而推进了氢运输船的研发建造进程。

图 3-41 所示为挪威某公司设计的集装箱式压缩氢气运输船。该运输船全长大约 190m，将能运输 500 个 40ft（1ft=0.3048m）的集装箱，船舶推进系统使用氢燃料，尽可能减少碳足迹。该运输船将专门用于大量压缩氢气的运输，以实现成本效益高、安全绿色的航运解决方案。

图 3-42 所示为日本川崎重工建造的世界上第一艘氢气运输船，全长 116m，宽 19m，重约 8000t。该船可容纳冷却至 -253℃ 的液化氢 $1250m^3$，在这一温度下，氢的体积被压缩至其常温、常压状态下的 1/800。与挪威集装箱式压缩氢气运输船的技术方案不同，该船采用单个椭圆形液化氢储罐储存氢气，罐长 25m、高 16m，容积为 $1250m^3$，采用真空隔热双壳结构。

图 3-41　挪威某公司设计的集装箱式压缩氢气运输船

图 3-42　日本川崎重工建造的世界上第一艘氢气运输船

图 3-43 所示为日本川崎重工设计的液化氢运输船。160000m³ 型液化氢运输船基本设计获得了日本船级社颁发的原则性批准。这种大型液化氢运输船全长约 346m，宽约 57m，吃水 9.5m。该船能够在一次航行中运输 160000m³ 低温液化氢。该液化氢运输船具有以下特点。

图 3-43　日本川崎重工设计的液化氢运输船

① 4 个液氢储罐，运输量达 1 万吨。储罐采用新开发的高性能绝缘系统，可最大限度减少因热进入而产生的蒸发气体，以实现低温液化氢的大规模运输。

② 利用液氢蒸发气体作为推进燃料。该船配备了以氢气和天然气为燃料的双燃料推进系统，一方面能够利用蒸发的氢气，另一方面有利于降低碳排放。

③ 能够快速完成液氢装船。该船采用货物装卸系统，可在短时间内完成液氢装载，并配备真空绝热双壁管，以在装载过程中最大限度地减少蒸发。

④ 船体针对性设计。船体和吃水的设计考虑了液氢货物的密度低的特点，同时相应地降低了推进所需的功率，从而提高了推进性能。

图 3-44 所示为英国某公司设计的液化氢运输船。该船由氢燃料电池驱动，配备 3 个液氢储罐，总容量为 37500m³，足以为 400000 辆中型氢燃料汽车或 20000 辆重型卡车加燃料。这些液化箱的蒸发量比目前海运业中使用的油箱低得多。有限的剩余汽化将被捕获并直接用于氢燃料电池，为船舶的推进系统提供动力，仅有水的排放，该船本身在运营期间的温室气体排放量为零。

图 3-44  英国某公司设计的液化氢运输船

由此可见，一些发达国家都在提前布局氢气运输船的设计和制造，未来有可能像现在的石油海上运输一样，用船舶把氢能运输到需要的国家。

## 五、不同运输方式的运氢成本

氢气从制氢厂到加氢站需要经历运输环节。我国主要以长管拖车运输、管道运输和液氢罐车运输三种运氢方式为主。

### 1. 长管拖车运氢成本

长管拖车是最普遍的运氢方式，但运输效率不高。长管拖车由动力车头、整车拖盘和管状储存容器三部分组成，其中储存容器是将多个（通常 6 ～ 10 个）大容积无缝高压钢瓶通过瓶身两端的支撑板固定在框架中构成，用于存放高压氢气。长管拖车是国内最普遍的运氢方式。这种方法在技术上已经相当成熟，但由于氢气密度很小，而储氢容器自重大，所运输氢气的重量只占总运重量的 1% ～ 2%。因此，长管拖车运氢只适用于运输距离较近和输送量较少的场景。

为测算长管拖车运氢的成本，做以下基本假设。

① 加氢站规模为 500kg/d，距离氢源点 100km。

② 长管拖车满载氢气质量 350kg，管束中氢气残余率 20%，每日工作时间 15h。

③ 拖车平均速度 50km/h，百公里耗油量 25L，柴油价格 7 元 /L。

④ 动力车头价格 40 万元 / 台，以 10 年进行折旧；管束价格 120 万元 / 台，以 20 年进行折旧，折旧方式均为直线法。

⑤ 拖车充卸氢气时长 5h。

⑥ 氢气压缩过程耗电 1kW·h/kg，电价 0.6 元 /（kW·h）。

⑦ 每台拖车配备两名驾驶员，灌装、卸气各配备一名操作人员，工资 10 万元 /（人·年）。

⑧ 车辆保险费用 1 万元 / 年，保养费用 0.3 元 /km，过路费 0.6 元 /km。

根据以上假设，可测算出规模为 500kg/d、距离氢源点 100km 的加氢站，运氢成本为 8.66 元 /kg。

运输成本随距离增加大幅上升。当运输距离为 50km 时，氢气的运输成本为 5.43 元 /kg，随着运输距离的增加，长管拖车运输成本逐渐上升。距离 500km 时运输成本达到 20.18 元 /kg。

从拆分的成本结构来看，人工费与油费是推动成本上升的主要因素。固定成本占运输成本的 40% ～ 70%，随着距离增加，其占比逐渐下降。为保证氢气供应量，加氢站所需拖车数量随着距离增加也相应增加：当距离小于 50km 时，仅需 1 辆拖车便可满足当日氢气供应，50 ～ 300km 的距离需要 2 辆拖车，超过 300km 后则需要 3 辆拖车。每增加一辆拖车，折旧费与人工费就会有明显提升。除此之外，油费也会随距离增加显著上升，占比由 20% 上升至 40%，是导致成本上升的第二大因素。

### 2. 管道运输成本

低压管道运氢适合大规模、长距离的运氢方式。由于氢气需在低压状态（工作压力为 1 ～ 4MPa）下运输，因此相比高压运氢能耗更低，但管道建设的初始投资较大。随着氢能产业的快速发展，日益增加的氢气需求量将推动我国氢气管网建设。

为测算管道运氢的成本，做如下假设。

① 管道长度 25km，总投资额 1.46 亿元，则单位长度投资额 584 万元 /km。

② 年输氢能力为 10.04 万吨，运输过程中氢气损耗率 8%。

③ 管线配气站的直接与间接维护费用以投资额的 15% 计算。

④ 氢气压缩过程耗电 1kW·h/kg，电价 0.6 元 /（kW·h）。

⑤ 管道寿命 20 年，以直线法进行折旧。

根据以上假设，可测算出长度 25km、年输送能力 10.04 万吨的氢气管道，运氢价格为 0.86 元 /kg。

由于压缩每千克氢气所消耗的电量是一定的，因此管道运氢成本增长的驱动因素主要是与输送距离正相关的管材折旧及维护费用。当输送距离为 100km 时，运氢成本为 1.20 元 /kg，仅为同等距离下长管拖车运氢成本的 1/5，通过管道运输氢气是一种降低成本的可靠方法。管道运氢成本很大程度上受到需求端的影响。虽然测算结果显示管道运氢成本较低，但达到该成本的前提是管道的运能利用率达到 100%，即加氢站有足够的氢气需求。运氢成本随着利用率的下降而上升，当运能利用率仅为 20% 时，管道运氢的成本已经接近长管拖车运氢。在当前加氢站尚未普及和站点较为分散的情况下，管道运氢的成本优势并不明显。但随着氢能产业逐步发展，氢气管网终将成为低成本运氢方式的最佳选择。

### 3. 液氢罐车运输成本

液氢罐车运输是将氢气深度冷却到液化临界温度，再将液氢装在压力通常为 0.6MPa 的圆筒形专用低温绝热槽罐内进行运输的方法。液氢罐车运输系统由动力车头、整车拖盘和液氢储罐三部分组成。由于液氢的运输温度需保持在液化临界温度以下，与外部环境温差较大，为保证液氢储存的密封和隔热性能，对液氢储罐的材料和工艺有很高的要求，使其初始投资成本较高。液氢罐车运输具有更高的运输效率，但液化过程能耗大。液氢的体积能量密度达到 8.5MJ/L，液氢罐车的容量大约为 65m³，每次可净运输约 4000kg 氢气，是长管拖车单车运量的 10 倍多，大大提高了运输效率，适合大批量、远距离运输。但缺点是制取液氢的能耗较大（液化相同热值的氢气耗电量是压缩氢气的 11 倍以上），并且液氢储存、输送过程均有一定的蒸发损耗。

为测算液氢槽车运输的成本，做如下基本假设。

① 加氢站规模为 500kg/d，距离氢源点 100km。

② 槽车装载量为 15000gal（约 68m³，即 4000kg），每日工作时间 15h。

③ 槽车平均时速 50km，百公里耗油量 25L，柴油价格 7 元 /L。

④ 液氢槽车价格约为 350 万元 / 辆，以 10 年进行折旧，折旧方式为直线法。

⑤ 槽车充卸液氢时长 6.5h。

⑥ 压缩过程耗电 11kW·h/kg，电价 0.6 元 /（kW·h）。

⑦ 氢槽车配备两名驾驶员机，灌装、卸载各配备一名操作人员，工资 10 万元 /（人·年）。

⑧ 保险费用 1 万元 / 年，保养费用 0.3 元 /km，过路费 0.6 元 /km。

根据以上假设，可测算出规模为 500kg/d、距离氢源点 100km 的加氢站，运氢成本为 13.57 元 /kg。

液氢罐车成本变动对距离不敏感。当加氢站距离氢源点 50～500km 时，液氢罐车的运输价格在 13.51～14.01 元 /kg 范围内小幅提升。虽然运输成本随着距离增加而提高，但提高的幅度并不大。这是因为成本中占比最大的一项——液化过程中消耗的电费（约占 60%）仅与载氢量有关，与距离无关。而与距离呈正相关的油费、路费等占比并不大，液氢罐车在长距离运输下更具成本优势。

通过测算结果对比发现，在 0～1000km 范围中，管道运输的成本最低；运输距离在 300km 内时，长管拖车运输成本低于液氢罐车，超过 300km 则液氢罐更具成本优势。

我国提出了未来氢能运输环节的发展路径，在氢能市场渗透前期，氢的运输将以长管拖车、低温液氢、管道运输方式因地制宜、协同发展；中期（即至 2030 年），氢的运输将以高压、液态氢罐和管道输运相结合，针对不同细分市场和区域同步发展；远期（即至 2050 年），氢气管网将密布城市、乡村，成为主要运输方式。

# 第八节　氢能储运产业发展实施路径

## 1. 加快高压气氢储运技术和装备研发应用

提高存储压力等级、增加氢气存储密度和提升储运效率是当前有效降低储运成本的方式之一。在高压氢气路运方面，逐步开发 50MPa、70MPa 大容量管束瓶，由现有的 Ⅰ 型瓶和 Ⅱ 型瓶逐步过渡至 Ⅲ 型瓶和 Ⅳ 型瓶，储氢密度提高到 5%（质量分数）以上。在车载高压储氢方面，突破 70MPa 以上 Ⅳ 型瓶设计制造和瓶口组合阀关键技术，开展高性能碳纤维材料、碳纤维缠绕技术及成套设备攻关，优化 35MPa 瓶口组合阀工艺。在固定式储氢装备方面，持续优化 50MPa 以上超大容积固定式储氢容器材料工艺，破解存储空间和成本障碍。在安全性测试方面，提高 70MPa 储氢容器及配套装备验证和性能综合评价核心能力。

## 2. 加速大规模氢气液化与液氢储运关键技术研发

在运输成本、储存纯度、计量便捷性等方面，液氢储运要显著优于高压储运，在尚未具备大规模管道输氢的阶段，将氢液化以提高储运密度是解决氢大规模储运的最直接、有效的方法。在长距离大规模氢储运需求方面，突破大规模氢气液化技术与成套技术装备，实现大规模高效低成本储运。在液氢制备方面，重点开展大规模、低能耗氢液化系统研制，高效率、大流量氢透平膨胀机研制，高活性、高强度催化剂研制。在液氢运输方面，重点开展低漏热、高储重比移动式液氢容器研制。在液氢储运方面，优化大型固定式球形液氢储罐和运输用深冷储罐工艺，提高性能水平，降低日蒸发率，开展车载深冷＋常压储氢技术研究，落实深冷＋高压超临界储氢技术布局，开展适用于固定式储罐和车载储氢瓶的常压、大流量和高压、低流量液氢加注泵方案设计和技术工艺。依托大规模氢气液化与液氢储运关键技术与示范项目，提高氢液化技术和装备水平。

## 3. 布局管道规模化输氢及综合利用关键技术

针对长距离、大规模氢气输运与多元化氢气终端脱碳应用需求，开展天然气管道掺氢输送关键技术研究及氢综合应用示范项目，推动交通、建筑、工业与发电全域型应用领域的脱碳以及传统能源基础设施的再利用。重点开展天然气管道及装备材料掺氢输送适用性评价技术及安全边界研究、天然气和氢气混合气的氢气分离技术开发研究、掺氢管道内检测技术研究、天然气管道掺氢输送示范项目方案设计及建设研究、掺氢输送终端设备（燃气灶、热水器、锅炉等）适应性测试研究、氢气分离与纯化工艺及设备开发研究，推进纯氢管道输送试验管线示范。

## 4. 建立大容量、低能耗、快速加氢站技术与装备体系

在技术装备方面，研究 90MPa 压缩机设计制造技术，优化 45MPa 压缩机工艺，突破大排量、大压比、低功耗、高可靠金属隔膜式和往复式压缩机装备；完成 70MPa 加氢枪技术装备试验验证，实现加氢软管、拉断阀、流量计等核心零部件国产化；突破液氢加氢站在材料、结构、绝热、密封等多方面技术难题，实现液氢加氢站的产业化和大规模应用。在基础体系方面形成 35MPa/70MPa 加氢机、压缩机性能评价与检测认证体系，包括可靠性、计量、能耗、加注速率、寿命等重要性能指标。建立加氢站安全监控与评价体系。针对国内储运环节成本较高问题，开展制氢加氢一体站关键技术研究及示范项目，突破一体站内高集约化制氢纯化一体化技术，开发高性能国产化加氢机、压缩机、工艺控制系统，为加氢站运营企业降低设备成本。

# 第四章

## 氢能应用技术

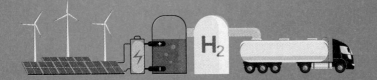

随着全球对环境保护和能源转型的重视，氢能的发展前景越来越广阔。未来，氢能将逐步替代传统能源，成为全球能源消费的主要方式之一。同时，氢能还将与可再生能源相结合，形成更加清洁、高效、可持续的能源体系。氢能下游应用领域不断扩大，氢能需求随之增长，加速氢能产业发展。本章重点介绍氢能在工业领域、建筑领域、电力领域和交通领域的应用，特别是氢燃料电池技术。

# 第一节　氢能在工业领域的应用

目前我国的氢能在工业领域应用得最多。氢能不仅是一种清洁的二次能源，而且是一种重要的工业原料。在化工行业，氢气可用于合成氨、甲醇、甲烷等化工产品；在石油炼制中，氢气可用于降低石油产品的硫含量，提高其品质和清洁度；在钢铁行业，氢气可以代替焦炭和天然气作为还原剂，用于从铁矿石中还原出铁，也可以作为燃料，用于为钢铁生产提供热量和电力。其他的工业应用包括电子制造、玻璃制造、水泥生产等。随着碳中和的要求，工业领域所用的氢气将逐步从化石燃料制取转向可再生能源制取，实现低碳化。

## 一、氢气在合成氨生产中的应用

氨（$NH_3$）是一种重要的化工原料，特别是生产化肥的原料，它是由氢和氮在高温、高压和催化剂存在下直接合成的，其化学反应式为

$$3H_2 + N_2 \longrightarrow 2NH_3$$

合成氨技术的工艺流程主要有原料气的制备、原料气的净化和氨的合成。

### 1. 原料气的制备

采用合成法生产氨，首先必须制备含氢和氮的原料气。它可以由分别制得的氢气和氮气混合而成，也可同时制得氢氮混合气。用于原料气生成的原料有固体原料（如煤、焦炭）、液体原料（如重油、石脑油）和气体原料（如焦炉气、天然气），其中以固体原料为主。

### 2. 原料气的净化

制取的氢氮原料气中大多含有硫化合物、一氧化碳、二氧化碳等杂质。这些杂质不仅会腐蚀设备，而且能使氨合成催化剂中毒。因此，把氢氮原料气送入合成塔之前，必须进行净化处理，除去各种杂质，获得纯净的氢氮混合气。

### 3. 氨的合成

将纯净的氢氮混合气压缩到高压，并在高温和有催化剂存在的条件下合成为氨。因此，氢气是生产合成氨的重要原料之一，可以说，氢气是合成氨生产的重要支撑和保障，没有氢气，合成氨的生产就无法进行。

在合成氨的生产过程中，氢气的纯度和质量对反应的效率和产量有着重要的影响。因此，氢气的制备和净化技术也得到了广泛的研究和应用。氢气的制备和净化技术的不断发展，也为合成氨的生产带来更高效、更环保的解决方案。

全球每年大约使用 3300 万吨氢来制氨，其中 70% 用作生产肥料的重要前体物，因此，氨需求与持续增长的全世界农业生产相关，氨贸易在全世界范围内进行，全世界出口量约占产量的 10%，这表明氨运输和全世界氨贸易将成为未来氢生态系统的重要推力。

## 二、氢气在甲醇生产中的应用

甲醇（$CH_3OH$）作为重要的基础化工原料，下游应用十分广泛，以甲醇为原料的一次加工产品有近 30 种，深加工产品则超过 100 种。甲醇也作为燃料应用，加工后的甲基叔丁基醚可以作为高辛烷值无铅汽油添加剂，还可以直接用作车用燃料。另外，甲醇还能用作直接甲醇燃料电池和储氢载体。近年来，全世界碳达峰及碳中和快速推进，甲醇作为低碳替代燃料受到更多关注。

目前甲醇主流生产工艺有三种，分别是煤制甲醇、天然气制甲醇和焦炉煤气制甲醇。

### 1. 煤制甲醇

煤与氧气在气化炉内反应制成高一氧化碳含量的粗煤气，加入一定比例的氢气，脱除多余的二氧化碳和硫化物得到合成气，再经压缩、合成等工序制得含水粗甲醇，精馏后得到甲醇产品。

煤制甲醇的化学反应式为

$$CO+2H_2 \longrightarrow CH_3OH$$

### 2. 天然气制甲醇

天然气的主要成分是甲烷，甲烷通过与水蒸气发生重整反应生成一氧化碳和氢气，再经压缩、合成，一氧化碳与氢气发生变换反应生成粗甲醇，精馏后得到甲醇产品。

天然气制甲醇的化学反应式为

$$CH_4+H_2O \longrightarrow CO+3H_2$$
$$CO+2H_2 \longrightarrow CH_3OH$$

### 3. 焦炉煤气制甲醇

焦炭生产过程中，煤炭干馏后产生的焦炉煤气是一种含有氢气、一氧化碳、二氧化碳、甲烷及其他杂质的混合气体，经净化后得到二氧化碳和氢气的合成气，再经压缩、合成，二氧化碳与氢气发生变换反应生成粗甲醇，精馏后得到甲醇产品。

焦炉煤气制甲醇的化学反应式为

$$CO_2+3H_2 \longrightarrow CH_3OH+H_2O$$

由于生产成本较低，天然气制甲醇工艺是目前国际上的主导工艺，约占国外甲醇总产量的 70%。在国内，由于我国多煤的资源禀赋和煤化工产业发达，煤制甲醇生产工艺是主导工艺，其甲醇产量占国内产量的 80% 左右，其他为天然气制甲醇和焦炉煤气制甲醇。

我国甲醇制造以传统煤制法为主，其基本原理为通过煤炭气化得到氢气和一氧化碳的混合气，并作为原料气进行反应生成甲醇。煤炭气化得到的混合气中一氧化碳含量较高，需要通过变换反应将多余一氧化碳变换成氢气以达到制造甲醇混合气的标准，但在变换过程中会副产等量的二氧化碳，这是煤制甲醇会产生高碳排放的主要原因之一。传统煤制甲醇的工艺流程如图 4-1 所示。

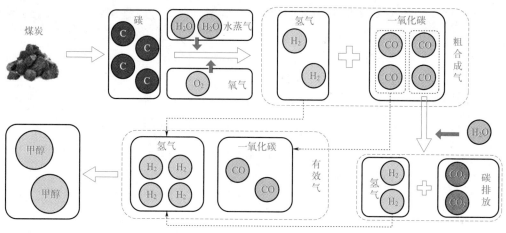

图 4-1　传统煤制甲醇的工艺流程

　　如果在传统煤制甲醇的生产过程中，通过补充绿氢得到制造甲醇的标准混合气的路线，不仅减少变换反应中煤制氢的碳排放，而且仅需煤炭气化得到的一氧化碳作为原料气，提高了碳转化率，进一步减少了煤炭用量并达到减排的目的。基于绿氢的煤制甲醇的工艺流程如图 4-2 所示。

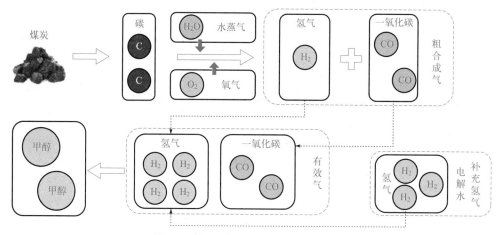

图 4-2　基于绿氢的煤制甲醇的工艺流程

　　由此可见，氢气是甲醇生产的重要原料之一。2020 年我国甲醇产量达 4984 万吨，对应消耗氢气超过 600 万吨；2022 年甲醇产量达到 8100 万吨，对应氢气消耗超过 900 万吨。而这些氢气主要来源于煤制氢以及变换反应，碳排量较高，若用绿氢替代则可以达到低碳制甲醇的目的。

## 三、氢气在甲烷生产中的应用

　　氢气和二氧化碳可以通过一系列化学反应合成甲烷（$CH_4$）。这个过程在工业上被用于生产天然气替代品，也可以作为一种能源转换和储存的方法。甲烷合成的化学反应式为

$$CO_2 + 4H_2 \longrightarrow CH_4 + 2H_2O$$

氢气合成甲烷的技术已经在研究和应用中取得了一些进展，尤其是在可再生能源和碳减排领域。

### 1. 可再生能源驱动的甲烷合成

为了减少对化石燃料的依赖并减少碳排放，逐渐利用可再生能源（如太阳能和风能）来产生氢气，然后将其与二氧化碳结合合成甲烷。这可以通过电解水来产生氢气，然后与捕获的二氧化碳反应。这种方法有望将甲烷合成过程与可再生能源产生的能源相结合，从而实现更环保的甲烷生产。

### 2. 新型催化剂

人们正在努力寻找更高效和选择性的催化剂，以促进甲烷合成反应。新型催化剂可以提高反应速率，降低所需的温度和压力条件，从而降低能源成本。

### 3. 碳捕获和利用

甲烷合成可以与碳捕获技术结合，从工业废气中捕获二氧化碳，然后将其与氢气反应生成甲烷。这有助于降低工业排放，并将二氧化碳转化为一种有用的化合物。

### 4. 实际应用

一些国家和公司已经开始在实际应用中采用氢气合成甲烷技术。例如，一些地区利用可再生能源来产生氢气，然后将其与管道天然气混合，以降低碳排放。此外，这种技术还可以用于能源存储，将可再生能源转化为可储存的甲烷，以便在需要时使用。

## 四、氢气在石油炼制中的应用

在进行石油炼制的过程中，合理地使用加氢技术可以在一定程度上推动炼制效果的提高。

### 1. 加氢脱硫催化剂

在石油炼制过程中，主要的加氢精制技术有低温脱硫和循环重汽油。

低温脱硫对环境与气温有着较低的要求，可以在低温状况下开展脱硫工作，从而在一定程度上降低辛烷值的损失概率，推动提高汽油收率。

循环重汽油的核心在于随着反应器温度的升高，辛烷值也会变高。通常情况下，每当温度提升5℃，辛烷值就会随之升高5个单位。

### 2. 使用加氢技术开发柴油

柴油中碳、硫的比例相对较高，会对环境带来严重的影响，使用加氢技术可以有效降低其含硫率。在进行柴油炼制过程中，必须不断地改善、更新加氢技术，以减少柴油对环境的影响。

### 3. 加氢脱硫的催化裂化技术

汽油是我国汽车使用的主要燃料，为了减轻汽油对环境的影响，汽油脱硫技术受到重视。加氢技术可以降低汽油的硫含量。一般情况下，在石油炼制过程中，都会出现大量的渣油，并且这些渣油的产量相当之大，以至于渣油的处理工作显得尤为关键。使用加氢脱硫的催化裂化技术可以使得渣油二次利用，推动石油资源的合理利用。

总之，石油炼制工业用氢量仅次于合成氨。在石油炼制过程中，氢气主要用于石脑油加氢脱硫、粗柴油加氢脱硫、燃料加氢脱硫和加氢裂化等方面。催化重整原料的加氢是除去石脑油中的硫化物、氮化物、铅和砷等杂质。加氢裂化是在氢气加压下进行的催化裂化进程，选择性加氢主要用于高温裂解产品，对乙烯馏分进行气相加氢，对丙烯馏分进行液相加氢。加氢精制也是除去有害化合物的进程，除硫化氢、硫醇、总硫外，炔烃、烯烃、金属和准金属等均可在加氢进程中除去。因此，在现代石油炼制过程中，使用加氢技术能够提高石油的质量，减少重油残渣和焦油的生成，降低碳含量，从石油炼制废物中能够得到许多有价值的石油化学产品。

## 五、氢气在炼钢中的应用

炼钢是一项重要的冶金工艺，它是将铁矿石经过高温熔炼、还原和精炼等，得到高纯度钢材的过程。在炼钢过程中，氢气被广泛应用并起到了关键作用。

### 1. 在炼铁中用作还原剂

在高炉炼铁过程中，铁矿石经过高温还原生成铁。而氢气具有很强的还原性，可以与氧化铁反应生成水蒸气，并将其还原为金属铁。这样，氢气可以促进铁的还原过程，提高还原效率，从而增加铁的产量。

### 2. 在炼钢中用作保护气体

在炼钢过程中，高温会导致钢材表面氧化，从而产生氧化皮。氧化皮不仅会降低钢材的质量，而且会对后续加工造成困扰。为了防止氧化皮的生成，炼钢过程中常常需要使用保护气体将钢材表面与空气隔离。而氢气具有良好的抗氧化性能，可以在高温下与空气中的氧发生反应生成水蒸气，形成一层保护层，从而有效地保护钢材不受氧化。

### 3. 在炼钢中用作冷却介质

在炼钢过程中，钢材需要经过多道加热和冷却的工序，以达到所需的物理和化学性能。而氢气具有高热传导性能和低密度特点，可以快速吸收钢材的热量，加快冷却速率，并且不会对钢材产生不良影响。因此，在炼钢过程中使用氢气作为冷却介质能够提高生产效率，同时保证钢材的质量。

### 4. 在炼钢中用于氢化钢的处理

氢化钢是通过特殊的热处理工艺获得的，通过将钢材放置在氢气中，使氢气渗透到钢材内部，与其中的碳元素发生反应，形成氢化物。氢化钢具有优异的力学性能和抗腐蚀性能，广泛应用于航空航天、汽车制造等领域。因此，氢气在氢化钢的处理中起到了至关重要的作用。

总之，氢气在炼钢过程中可以用作还原剂、保护气体、冷却介质和用于氢化钢处理等。它可以促进铁的还原，提高炼钢效率；可以保护钢材不受氧化，提高钢材质量；可以加快钢材的冷却速率，提高生产效率；还可以用于氢化钢的处理，提高钢材的性能。因此，氢气在炼钢过程中的应用是不可或缺的。随着科技的进步，氢气在炼钢过程中的应用也将进一步发展。

## 六、氢冶金

氢冶金是指利用氢气生产海绵铁的气基直接还原工艺或其他富氢冶金技术。氢冶金成为实现钢铁产业低碳发展最重要的技术路径。氢冶金的化学反应式为

$$Fe_2O_3+3H_2 \longrightarrow 2Fe+3H_2O$$

氢冶金中还原剂为氢气，最终产物是水，不仅无污染，还可以进行二次利用，真正做到零碳排放。将氢代替碳作为高炉还原剂，可减少或完全避免钢铁生产中的碳排放，是非常重要的碳减排技术，将为钢铁产业和冶金行业生产工艺带来革命性变革。从环境保护角度来看，推进氢冶金发展，进一步替代碳冶金是钢铁工业发展低碳经济的最佳选择。

图4-3所示为富氢还原高炉工艺流程。富氢还原高炉工艺即通过喷吹天然气、焦炉煤气等富氢气体参与炼铁过程。富氢还原高炉工艺在一定程度上能够通过加快炉料还原，从而减少碳排放，但由于该工艺基于传统高炉，焦炭的骨架作用无法被完全替代，因此氢气喷吹量存在极限值，只能减少碳排放，不能消除碳排放。

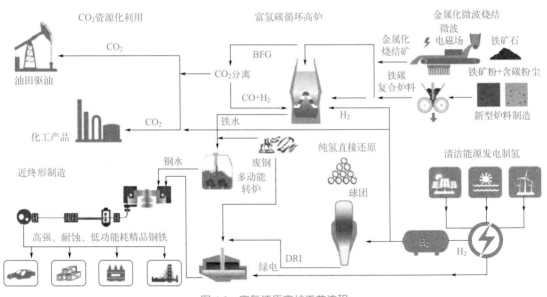

图4-3　富氢还原高炉工艺流程

# 第二节　氢能在建筑领域的应用

氢能建筑是近年发展起来的一种绿色建筑新理念。它以氢能完全或部分替代市政电网、天然气等传统能源，满足建筑对冷、热、电、生活热水等各种能源的需求，在提高

建筑用电可靠性的同时，还有助于优化国内的能源结构、降低电网整体投资和减少问题气体排放。热电联供技术就是将氢气储存在合金储氢罐中，通过氢气、空气在燃料电池电堆内的电化学反应，产生电能和热能，为建筑提供能量供应。由于热电联供能的成本低，可同时提供冷、热、电、生活热水供应，整体上能量利用率可达到 85% 以上，供能的成本低于传统供电模式。另外，天然气管网掺氢可以有效解决大规模可再生能源消纳问题。

## 一、天然气管道掺氢

天然气管道掺氢是指将一定比例的氢气注入天然气中形成一种混合气体，通过天然气管道将掺氢的天然气输送至终端用户，随后直接利用或者将氢气提纯后分别单独使用。

天然气与氢气的物理化学性质不同，因此，掺氢天然气和常规天然气在物性、燃爆特性等方面都存在一定差异，具体差异大小取决于掺氢比。通过调配不同的掺氢比例，可以优化天然气的燃烧特性。

对天然气产业而言，掺氢天然气能够利用氢气替代一部分天然气消费，若按掺氢比 10% ～ 20% 测算，预计每年可替代 100 亿～ 200 亿立方米天然气，一定程度上缓解天然气的供应紧张问题。更为重要的是，掺氢天然气相比纯天然气，是一种更清洁的低碳燃料，能降低终端用能的碳排放水平。据测算，假如在天然气中掺入 20%（体积分数）的氢气，燃烧后氮氧化物、一氧化碳、未燃烃类化合物都可降低 50% 以上。

对氢能产业而言，在天然气管道掺入氢气运输，短期有助于突破氢气运输瓶颈。管道输氢能实现氢能的远距离、大规模、低能耗运输。与不足 300km 的纯氢管道相比，我国天然气管网总里程约为 11.8 万千米，这为发展天然气掺氢运输提供了坚实的基础。另外，天然气掺氢可以扩大氢气的应用领域和规模，若按掺氢比 10% ～ 20% 测算，预计 2030 年会有 270 万～ 630 万吨氢气掺入天然气管网。图 4-4 所示为天然气掺氢技术路线。

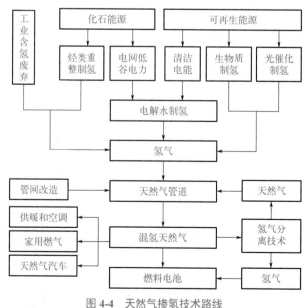

图 4-4　天然气掺氢技术路线

目前我国已经开展天然气掺氢示范项目，如辽宁朝阳天然气掺氢示范项目，掺氢比例为10%，实现了制氢、储运、掺混、利用全链条验证；山西晋城天然气掺氢示范项目、河北张家口天然气掺氢入户项目。"十四五"时期，我国预计新增天然气管道掺氢示范项目15～25个，掺氢比例达到3%～20%，氢气消纳量每年15万吨。

## 二、氢能建筑一体化

氢能建筑一体化是指建筑自身用能部分或全部采用氢能，供能分为整体式和分散式。整体式是指为建筑群或商业集群配套一个氢能工厂，氢能工厂可利用弃风、弃光、弃水电力制氢、存氢、发电和供热，此种用能形式的代表国家为德国。分散式的建筑氢气来源为管道氢，用能形式主要是微型热电联供，为小型民建同时供热和供电，以避免电力长输约6%的能量损失，达到节能效果。当所需电力大于微型热电联供系统供电能力时，用户可向电力公司购电，系统发电时产生的余热可为用户提供热水及供采暖系统使用，此种用能形式的代表国家为日本。

燃料电池是微型热电联供合适的路线，目前可为微型热电联供提供的技术主要有燃气轮机技术、微燃机技术、燃料电池技术等，其中燃料电池技术更适合。现有技术中燃料电池电效率最高可达63%，因其噪声低、无污染等特征而被大规模应用于家庭功能领域。

图4-5所示为零碳排放氢能建筑一体化能源供应流程。

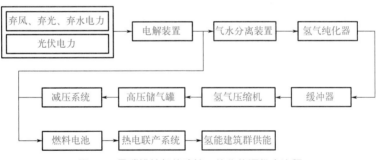

图4-5　零碳排放氢能建筑一体化能源供应流程

氢能建筑一体化使建筑设计体现清洁、绿色理念，为城市建筑的电力和热力供应提供了选择与保障，具有很大的应用价值。当前，国际氢能建筑一体化已经进入商业化运作阶段，但我国还处于起步阶段，需要完善相应的政策法规、技术标准等。随着氢能建筑产业的平稳健康发展，氢能建筑一体化技术必将具有广阔的发展前景。

建筑能耗约占我国总能耗的1/3，氢能建筑一体化可有效降低建筑能耗和碳排放，从技术或经济角度分析，氢能建筑一体化有以下诸多优点。

（1）提高能源使用效率　氢能为建筑供电的同时，可将燃料电池产生的余热用于建筑供热，综合能源利用效率可达95%。

（2）提高居住舒适度　适宜的热环境、空气质量、声环境和光环境是人们对住房舒适性的基本要求。利用氢能供电和供热，通过智能控制，可以大大提高居住舒适度。

（3）供电系统的独立性　电网停电时不会影响室内照明，同时可保障手机和计算机等低功耗设备的供电，保障日常生活持续的热水供应和冬季地暖供热，保障家庭应急供能。氢燃料电池可连续输出最大 0.5kW 的交流电，最长可达 190h。

（4）与现有能源设施的兼容性　氢气可以与天然气混合使用，未来是少数能与天然气竞争的低碳能源方案之一。通过与天然气混合（< 20%），借助基于燃气轮机或燃料电池的电热联产技术，提供灵活连续的热能及电能。可以将较低比例的氢气安全地混合到现有的天然气网络中，无须对基础设施或设备进行重大调整。

（5）低碳排放或零碳排放　可再生能源发电或太阳能光伏发电直接电解水制造氢气，氢气通过管道输送至氢能建筑，通过分布式燃料电池为氢能建筑提供电力和热力，减少二氧化碳排放量。根据国际氢能委员会预测，至 2050 年，10% 的建筑供热、8% 的建筑供能将由氢气提供，每年可减少二氧化碳排放 700Mt。

### 三、燃料电池热电联供

燃料电池热电联供是一种利用燃料电池技术实现向用户供给电能和热能的技术，以质子交换膜燃料电池、固体氧化物燃料电池为主，主要以分布式发电的方式应用，是保障能源供给重要的途径之一。燃料电池热电联供具有效率高、噪声低、体积小、排放低等优势，适用于靠近用户的千瓦至兆瓦级的分布式发电系统，能源综合利用效率可高达 80% 以上，与传统的火力发电相比，总效率提高了 2 倍左右。

燃料电池热电联供的工作原理如图 4-6 所示。燃料电池将氢气转化为电能，通过 DC/AC 逆变器将燃料电池所产生的直流电转换为应用端的交流电；换热器把燃料电池发电过程中产生的热量收集起来，通过恒温水箱将自来水加热，用于热水供应。

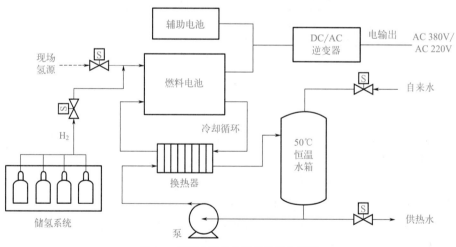

图 4-6　燃料电池热电联供的工作原理
S—阀门关闭

图 4-7 所示为以可再生能源为基础的燃料电池热电联供系统。通过可再生能源制氢、质子交换膜燃料电池技术、多能互补技术体系实现冷热电联产，满足用户电力需求的同时，解决全年生活热水、制冷及冬季采暖需求。一方面可提升电解制氢在平抑新能源电力输出波动、参与电网调控方面的作用，另一方面能真正克服太阳能、风能等可再生能源的间歇性和波动性问题，实现冷热电供能的可持续发展。

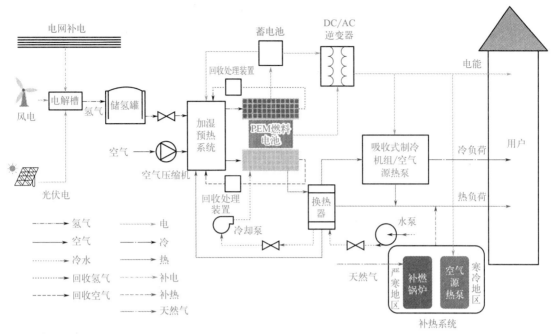

图 4-7　以可再生能源为基础的燃料电池热电联供系统

# 第三节　氢能在电力领域的应用

　　氢能在电力领域的应用有发电和储能。"氢储能 + 固定式燃料电池电站"模式有望成为发电的发展出路之一。燃料电池发电系统需要寻找合适的发电场景和区域。国内发达的电网及廉价的电价使大型分布式燃料电池的发展较为困难，也缺乏相关的激励政策，同时现阶段国内的燃料电池技术水平与国外差距较大。但是随着可再生能源的发展，燃料电池成本的下降，固定发电结合氢储能将是国内发展的一个方向。在大容量、长周期储能系统中，氢储能更具竞争力。氢储能被认为是当前一种新兴的储能方式，该技术对我国智能电网构建以及规模化可再生能源发电意义重大。要推动氢储能技术的发展，关键是要解决电力到氢能的高效率转化、降低规模化储氢成本、提高氢能综合利用效率等难题，突破风能、太阳能、水能等可再生能源波动性制氢、电管网络互通以及协调控制等关键技术，建立高效率、低成本、规模化的氢储能系统。

## 一、氢储能发电技术

　　氢储能发电技术是一种利用氢气作为能源储存介质，在电力生产过剩时使用冗余电力制造氢气并储存，在电网电力生产不足时将储存的氢气通过燃料电池来产生电力，为用电设备提供动力的技术。

　　氢储能发电系统主要包括制氢系统、储氢系统和发电系统，如图4-8所示。制氢系统利用富余的可再生能源电力电解水制氢，由高效储氢系统将制得的氢气封存起来，待需要或者可再生能源发电处于低谷时通过燃料电池发电回馈到电网。同时，氢储能系统还可以与氢产业链中的应用领域结合，在工业领域、建筑领域、交通领域发挥更大的作用。

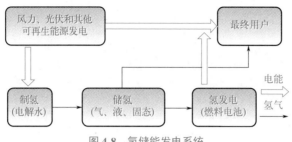

图 4-8　氢储能发电系统

在世界范围内，氢储能发电技术被认为是一种用作平衡可再生能源、装机容量较高的电网供需的潜在解决方案。氢能发电具备能源来源简单丰富、存储时间长、转化效率高、几乎无污染物排放等优点，是一种应用前景广阔的储能及发电形式，可以解决电网削峰填谷、新能源稳定并网问题，提高电力系统安全性、可靠性、灵活性，并大幅度降低碳排放，推进智能电网和节能减排、资源可持续利用战略。然而，氢气制备价格，大规模氢气储存的安全性，氢燃料电池的效率，相关电力市场的政策、法规及服务等都被认为是氢储能技术推广的重要影响因素。

## 二、氢储能发电技术的优势和劣势

### 1. 氢储能发电技术的优势

氢储能发电具有以下优势。

（1）存储容量大　氢气作为一种储能介质，能量密度是燃油的 3 倍左右。与传统的电池储能技术相比，氢气储能可以实现更大规模的能量储存。目前可以对氢气进行压缩或液化以满足储存需要，实现在相对较小的体积中储存大量的能量。在需要大规模能源储备的场景，如电力系统调峰、应对突发能源需求等具有重要意义。

（2）长期储存和长距离运输　氢气储能不受容量衰减等限制，具有良好的稳定性，可以实现较长时间的储存，也能实现长距离运输。同时，氢气还可以通过管道、船舶等方式进行长距离运输，将氢气能源输送到需要的地点，满足不同地区的能源需求，尤其对于无法直接利用可再生能源的地区具有较大优势。

（3）清洁能源转换　燃料电池发电系统利用氢气与氧气在电化学反应中产生电能，这个过程不产生污染物和温室气体排放，只产生水和热。与传统的化石燃料发电方式相比，氢气储能系统是一种无污染、无排放的清洁能源转换方式，使用氢储能技术有助于减少环境污染，降低碳排放，有助于应对气候变化和提高空气质量。

（4）实现多能源互补　氢气可以与其他能源形式互补利用，从而提高能源系统的灵活性和稳定性。当可再生能源如太阳能和风能不可用时，可以利用储存的氢气作为能源补充，实现持续的能源供应。此外，氢气还可以与传统能源形式如天然气、煤炭等混合燃料使用，减少对化石能源的依赖，推动能源结构转型。

（5）满足偏远地区和岛屿的能源需要　在一些偏远地区和岛屿地区，传统能源供应方式可能受限或不太可行。对于岛屿地区很难实现大规模的电网供电，氢储能技术可以为这些地区提供可靠的能源解决方案。氢气可以通过船舶实现长距离运输，从其他地区输送氢气能源到偏远地区和岛屿，满足其能源需求，对实现偏远地区和岛屿地区的能源自给自足，减少对传统能源供应的依赖具有重要意义。

（6）应用领域广泛　氢储能技术在能源领域有着广泛的应用前景。除了电力系统调峰和能源供应外，氢储能还可以应用于交通运输、工业生产、建筑用暖等领域。目前，氢燃料电池汽车利用氢气作为燃料，可以实现零排放的驱动方式，对于减少交通尾气排放、提高空气质量具有重要意义。在工业生产过程中的能源供应也可以使用氢能源，替代传统的高碳能源，有利于降低工业产生的碳排放。

（7）经济可行性　虽然氢储能技术在一些方面仍面临挑战，但随着技术的不断发展，氢储能的成本逐渐下降，越来越多的项目和企业开始投资和使用氢储能技术。此外，氢气作为一种可再生能源储备，可以在未来可能面临能源供应不稳定和价格波动的情况下，提供一种可靠的能源替代方案，具有经济价值和战略意义。

### 2. 氢储能发电技术的劣势

氢储能发电技术具有以下劣势。

（1）生产成本高　氢气的生产成本较高，目前主要通过水蒸气重整、电解水等方式生产，其中水蒸气重整法需要使用天然气等化石能源作为原料，而电解水法需要大量电能作为驱动力，由于生产成本问题，直接限制了氢储能技术的应用规模。

（2）储存和运输难　氢气在常温、常压条件下是气体，体积较大，储存和运输过程中需要对氢气进行压缩，因此需要建立储氢设备和基础设施，包括压缩储氢和液态储氢设备、氢气管道、储运车辆等。这些设备和基础设施的建设及运维成本较高，限制了氢储能发电技术的应用范围。

（3）存在安全风险　氢气具有高能性和易燃性，同时具有极高的密度，在含量为4%～75%时都会导致爆炸。由于储存和运输需要对氢气进行压缩，所以必然存在泄漏和安全风险。氢气泄漏不仅可能导致能源浪费，如果有明火还会导致火灾和严重的爆炸事故。所以目前氢气一般在大型应用场景中比较常用，并且需要使用专业性的设备。

（4）技术成熟度低　虽然氢储能发电技术已经取得了一定的技术突破和应用进展，但相对于传统能源发电技术，如燃煤、天然气和核能等，氢储能发电技术仍处于相对较早期的阶段，技术成熟度相对较低。这意味着在实际应用中还需要进一步验证技术的可靠性、稳定性和经济性，仍然需要极高的投资。

## 三、氢储能的应用价值

### 1. 氢储能在电源侧的应用价值

氢储能在电源侧的应用价值主要体现在减少弃电、平抑波动和跟踪出力等方面。

（1）利用风光弃电制氢　由于光伏、风力等新能源具有天然的波动性，弃光、弃风问题一直存在于电力系统中。随着我国"双碳"目标下新能源装机和发电量的快速增长，未来新能源消纳仍有较大隐忧。因此，利用广义氢储能将无法并网的电能就地转化为绿氢，不仅可以解决新能源消纳问题，而且可为当地工业、交通和建筑等领域提供清洁廉价的氢能，延长绿色产业链条。如果每年弃水、弃风和弃光电量为 $3.01 \times 10^{10} kW \cdot h$、$1.66 \times 10^{10} kW \cdot h$ 和 $5.26 \times 10^{9} kW \cdot h$，制氢电耗（标准状况）按照 $5kW \cdot h/m^3$ 计算，理论上总弃电量可制取绿氢 $9.28 \times 10^{5} t$。

（2）平抑风光出力波动  质子交换膜电解水技术可实现输入功率秒级、毫秒级响应，可适应 $0 \sim 160\%$ 的宽功率输入，冷启动时间小于 5min，爬坡速率为每秒 100%，使得氢储能系统可以实时地调整跟踪风电场、光伏电站的出力。氢储能系统在风电场、光伏电站出力尖峰时吸收功率，在其出力低谷时输出功率。风光总功率加上储氢能的功率后，联合功率曲线变得平滑，从而提升新能源并网友好性，支撑大规模新能源电力外送。

（3）跟踪计划出力曲线  通过对风电场、光伏电站的出力预测，有助于电力系统调度部门统筹安排各类电源的协调配合，及时调整调度计划，从而降低风光等随机电源接入对电力系统的影响。另外，随着新能源逐步深入参与我国电力市场，功率预测也是报量、报价的重要基础。然而，由于预测技术的限制，风光功率预测仍存在较大误差。利用氢储能系统的大容量和相对快速响应的特点，对风光实际功率与计划出力间的差额进行补偿跟踪，可大幅度地缩小与计划出力曲线的偏差。

### 2. 氢储能在电网侧的应用价值

氢储能在电网侧的应用价值主要体现在为电网运行提供调峰辅助容量和缓解输配线路阻塞等方面。

（1）提供调峰辅助容量  电网接收消纳新能源的能力很大程度上取决于其调峰能力。随着大规模新能源的渗透及产业用电结构的变化，电网峰谷差将不断扩大。我国电力调峰辅助服务面临着较大的容量缺口，到 2030 年容量调节缺口将达到 1200GW，到 2050 年缺口将扩大至约 2600GW。氢储能具有高密度、大容量和长周期储存的特点，可以提供非常可观的调峰辅助容量。

（2）缓解输配线路阻塞  在我国部分地区，电力输送能力的增长跟不上电力需求增长的步伐，在高峰电力需求时输配电系统会发生拥挤阻塞，影响电力系统正常运行。因此，大容量的氢储能可充当"虚拟输电线路"，安装在输配电系统阻塞段的潮流下游，电能被存储在没有输配电阻塞的区段，在电力需求高峰时氢储能系统释放电能，从而减少输配电系统容量的要求，缓解输配电系统阻塞的情况。

### 3. 氢储能在负荷侧的应用价值

氢储能在负荷侧的应用价值主要体现在参与电力需求响应、实现电价差额套利以及作为应急备用电源等方面。

（1）参与电力需求响应  新型电力系统构建理念将由传统的"源随荷动"演进为"荷随源动"甚至"源荷互动"。在此背景下，负荷侧的灵活性资源挖掘十分重要。分布式氢燃料电池电站和分布式制氢加氢一体站可作为高弹性可调节负荷，可以快速响应不匹配电量。前者直接将氢的化学能转化为电能，用于"填谷"；后者通过调节站内电制氢功率进行负荷侧电力需求响应，用于"削峰"。

（2）实现电价差额套利  电力用户将由单一的消费者转变为混合型的"产消者"。我国目前绝大部分省市工业用户均已实施峰谷电价制来鼓励用户分时计划用电。氢储能用于峰谷电价套利，用户可以在电价较低的谷期利用氢储能装置存储电能，在高峰时期使用燃料电池释放电能，从而实现峰谷电价套利。随着我国峰谷电价的不断拉大和季节电价的执行，氢储能存在着一定的套利空间。

（3）作为应急备用电源　柴油发电机、铅酸蓄电池或锂电池是目前应急备用电源系统的主流。使用柴油发电机的短板在于噪声大、污染排放高。铅酸蓄电池或锂电池则面临使用寿命较短、能量密度低、续航能力差等缺陷。在此情况下，环保、静音、长续航的移动式氢燃料电池是最理想的替代方案之一。例如，国内首台单电堆功率超过 120kW 氢燃料电池移动应急电源就参与了抗击广东省的"山竹"台风。

### 四、采用氢燃料电池发电的氢储能技术

氢燃料电池是将氢气转换成电能的发电装置，其发电原理是将化学能转化成电能。向燃料电池两极源源不断输入氢气和空气（氧气），电池两极间就会产生电动势。燃料电池的优点很多，主要是工作时没有噪声，不会产生有害气体，效率高，可以低温运行，启动快速。燃料电池是无污染、无噪声的发电机。

采用氢燃料电池发电的氢储能系统如图 4-9 所示。风力发电机与光伏阵列通过各自的控制器将电能输送到直流母线上，通过并网电力控制器送到电网；电解电源控制器将直流母线上富余的电量转换成电解水制氢系统所需的电压，电解水制氢系统将生成的氢气通过氢气储运供给燃料电池发电。电网需要电量时，或风光发电量不足时，向氢燃料电池输送氢气，转换成电能，通过直流母线与并网电力控制器送到电网。

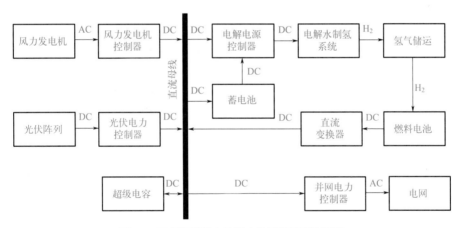

图 4-9　采用氢燃料电池发电的氢储能系统示意

氢储能系统仍需要蓄电池作为辅助蓄能，有时风光发电量不足，氢气储存也不足，需从蓄电池输出电力供电解水制氢使用。由于氢燃料电池不能瞬间提供大电流输出，系统增加超级电容辅助蓄能。超级电容就是超大容量的电容器，属于物理电源。由于特殊的构造与工艺使它具有容量超大、充放电速率很快、内阻小、可循环次数达 10 万次以上、受温度影响小、安全性高等优点。但超级电容容量仍比蓄电池小得多，价格高，输出电压随着放电线性下降，只适合短时间冲击性的负荷变化。蓄电池充电时间长，放电电流不能太大，铅酸蓄电池充放电次数仅数百次（采用锂离子蓄电池可达千次以上）。采用蓄电池与超级电容组合是很好的方法，超级电容适应快速充放电，而周期长、放电量大时可切换蓄电

池输出。

图 4-10 所示为某风光氢储能项目，其中风电 12 万千瓦，光伏 8 万千瓦，电化学储能 2 万千瓦，电解水制氢 12000m³/h（标准状况），采用 100% 绿电制氢。

图 4-10 某风光氢储能项目

# 第四节 氢能在交通领域的应用

未来氢能在交通领域的应用将是增长最快的，而且要求必须是绿氢，是重点发展方向。氢能在交通领域的应用主要是作为燃料，氢能可以通过燃料电池或氢内燃机转化为动力，驱动汽车、公交车、卡车、火车、船舶、飞机等交通工具。氢能在交通领域的优势是清洁低碳、续航里程长、加氢时间短等。交通领域是氢能消费重要的突破口。以重卡、公交车等商用车为突破口，建立柴改氢示范。我国氢能在交通领域的应用处于初期阶段，加氢基础设施建设尚不完善，而商用车应用场景和运营路线较为固定，能够大幅减少对加氢基础设施的依赖。燃料电池功率大、替换柴油的特性在商用车领域可以得到很好的发挥，加氢问题也能得到较好的解决。以商用车的规模化示范应用为基础，逐步实现加氢基础设施的全面覆盖，进而带动乘用车的推广应用。

## 一、燃料电池

燃料电池是将一种燃料和一种氧化剂的化学能直接转化为电能（直流电）、热和反应产物的电化学装置。燃料和氧化剂通常存储在燃料电池的外部，当它们被消耗时输入燃料电池中。在燃料电池中燃料与氧化剂经催化剂的作用，经过电化学反应产生电能和水，因此，燃料电池不会产生氮氧化合物和烃类化合物等对大气环境造成污染的气体。图 4-11 所示为燃料电池。

氢燃料电池是燃料电池的一种，是利用氢气和氧气的化学反应直接产生电能的发电装置，其基本原理是电解水的逆反应。把氢气和氧气分别供给阳极和阴极，氢气通过阳极向外扩散，并与电解质发生反应，随后放出的电子通过外部的负载到达阴极。燃料电池电动汽车应用的燃料电池就属于氢燃料电池。不做特殊说明，燃料电池就是指氢燃料电池，是氢能在交通领域应用的主要载体。

图 4-11　燃料电池

### 1. 燃料电池与蓄电池的区别

燃料电池与蓄电池具有以下区别。

① 燃料电池是一种能量转换装置，在工作时必须有电化学反应才能产生电能；蓄电池是一种能量储存装置，必须先将电能储存到蓄电池中，在工作时不需要输入能量，也不产生电能，只能输出电能，这是燃料电池与蓄电池本质的区别。

② 燃料电池的技术性能确定后，其所能够产生的电能只和燃料的供应有关，只要供给燃料就可以产生电能，其放电特性是连续进行的；蓄电池的技术性能确定后，只能在其额定范围内输出电能，而且必须是重复充电后才可能重复使用，其放电特性是间断进行的。

③ 燃料电池本体的质量和体积并不大，但燃料电池需要一套燃料储存装置或燃料转换装置和附属设备，才能获得氢气，而这些燃料储存装置或燃料转换装置和附属设备的质量和体积远远超过燃料电池本身。在工作过程中，燃料会随着燃料电池电能的产生逐渐消耗，质量逐渐减轻（指车载有限燃料）；蓄电池没有其他辅助设备，在技术性能确定后，无论是充满电还是放完电，蓄电池的质量和体积基本不变。

④ 燃料电池是将化学能转变为电能，蓄电池也是将化学能转变为电能，这是它们共同之处。但燃料电池在产生电能时，参加反应的物质在经过反应后不断被消耗，不再重复使用，因此，要求不断地输入反应物质；蓄电池的活性物质随蓄电池的充电和放电反复进行可逆性化学变化，活性物质并不消耗，只需要添加一些电解液等物质即可。

### 2. 燃料电池的特点

（1）燃料电池的优点

① 发电效率高。理论上，燃料电池的发电效率可达到 85% ~ 90%，但由于工作时各种极化的限制，目前燃料电池的能量转化效率为 50% ~ 70%。燃料电池在额定功率下的效率可以达到 60%，而在部分功率输出条件下运转效率可以达到 70%，在过载功率输出条件下运转效率可以达到 50% ~ 55%。燃料电池的高效率范围很宽，在低功率下运转效率高，特别适合汽车动力性能的要求。

② 环境污染小。用氢气作为燃料的燃料电池主要生成物质为水，属于"零污染"；用烃类化合物作为燃料的燃料电池主要生成物质为水、二氧化碳和一氧化碳等，属于"超低污

染"。出于对地球环境保护的要求和谋求新的能源，特别是碳中和及碳达峰的要求，燃料电池是比较理想的动力装置，并有可能逐渐取代石油作为车辆的主要能源。

③ 功率密度高。内燃机的比功率约为 300W/kg，目前燃料电池本体的比功率约为 700W/kg，功率密度为 1000W/L。如果包括燃料电池的重整器、净化器和附属装置在内，比功率为 300 ～ 350W/kg，功率密度为 280W/L，与内燃机的比功率相接近，因此其动力性能可以达到内燃机汽车的水平，但比功率仍需要进一步提高。

④ 燃料来源范围广。对于燃料电池而言，只要含有氢原子的物质都可以作为燃料，例如天然气、石油、煤炭等化石产物，或是沼气、乙醇、甲醇等，因此燃料电池非常符合能源多样化的需求，可减缓主流能源的耗竭。

（2）燃料电池的缺点

① 燃料种类单一。目前，液态氢、气态氢、储氢金属储存的氢，以及碳水化合物经过重整后转换的氢是燃料电池的主要燃料。氢气的产生、储存、保管、运输和灌装或重整都比较复杂，对安全性要求很高。

② 密封要求高。燃料电池的单电池所能产生的电压约为 1V，不同种类的燃料电池的单电池所能产生的电压略有不同。通常将多个单电池按使用电压和电流的要求组合成为燃料电池发电系统，在组合时，单电池间的电极连接必须要有严格的密封，因为对于密封不良的燃料电池，氢气会泄漏到燃料电池的外面，降低氢的利用率并严重影响燃料电池发电系统的效率，还会引起氢气燃烧事故。由于要求燃料电池有严格的密封，所以燃料电池发电系统的制造工艺很复杂，给使用和维护带来很多困难。

③ 成本较高。目前质子交换膜燃料电池是最有发展前途的燃料电池之一，但质子交换膜燃料电池需要用贵金属铂作为催化剂，而且铂在反应过程中受一氧化碳的作用会中毒而失效。铂的使用和铂的失效使质子交换膜燃料电池的成本较高。

### 3. 燃料电池的类型

根据《燃料电池 术语》（GB/T 28816—2020），燃料电池可以分为自呼吸式燃料电池、碱性燃料电池、磷酸燃料电池、熔融碳酸盐燃料电池、可再生燃料电池、固体氧化物燃料电池、质子交换膜燃料电池、直接燃料电池和直接甲醇燃料电池等。

（1）自呼吸式燃料电池　自呼吸式燃料电池是指使用自然通风的空气作为氧化剂的燃料电池。

（2）碱性燃料电池　碱性燃料电池是指使用碱性电解质的燃料电池。碱性燃料电池属于第一代燃料电池，是最早开发的燃料电池技术，在 20 世纪 60 年代就成功地应用于航天飞行领域。

（3）磷酸燃料电池　磷酸燃料电池是指用磷酸水溶液作为电解质的燃料电池。磷酸燃料电池属于第一代燃料电池，是目前最为成熟的应用技术，已经进入商业化应用和批量生产。由于其成本太高，目前只能作为区域性电站来现场供电、供热。

（4）熔融碳酸盐燃料电池　熔融碳酸盐燃料电池是指使用熔融碳酸盐为电解质的燃料电池，通常使用熔融的锂 - 钾或锂 - 钠碳酸盐作为电解质。熔融碳酸盐燃料电池属于第二代燃料电池，主要应用于设备发电。

（5）可再生燃料电池　可再生燃料电池是指能够由一种燃料和一种氧化剂产生出电能，又可通过使用电能的一个电解过程产生该燃料和氧化剂的电化学电池。

（6）固体氧化物燃料电池　固体氧化物燃料电池是指使用离子导电氧化物作为电解质的燃料电池。固体氧化物燃料电池属于第三代燃料电池，以其全固态结构、更高的能量效率和对煤气、天然气、混合气体等多种燃料气体广泛适应性等突出特点，发展非常快，应用广泛。

（7）质子交换膜燃料电池　质子交换膜燃料电池是指使用具有离子交换能力的聚合物作为电解质的燃料电池，也被称为聚合物电解质燃料电池。满足一般用途（非汽车用）的质子交换膜燃料电池属于第四代燃料电池，具有较高的能量效率和能量密度，体积小，重量轻，冷启动时间短，运行安全可靠，正逐渐拓展其商业应用；满足车用的质子交换膜燃料电池属于第五代燃料电池，它必须满足汽车对燃料电池的苛刻要求。

（8）直接燃料电池　直接燃料电池是指提供给燃料电池发电系统的原燃料和提供给阳极的燃料相同的燃料电池。典型的直接燃料电池是直接甲醇燃料电池。直接甲醇燃料电池是指燃料为气态或液态形式的甲醇的直接燃料电池。直接甲醇燃料电池属于第六代燃料电池，它不依赖氢的产生，是质子交换膜燃料电池的一种变种路线，直接使用纯甲醇而不需要预先重整制氢。

比较常见的燃料电池类型主要有质子交换膜燃料电池、碱性燃料电池、磷酸燃料电池、熔融碳酸盐燃料电池、固体氧化物燃料电池和直接甲醇燃料电池。

6 种常见燃料电池的主要特征参数比较见表 4-1。

表4-1　6种常见燃料电池的主要特征参数比较

| 项目 | 质子交换膜燃料电池 | 碱性燃料电池 | 磷酸燃料电池 | 熔融碳酸盐燃料电池 | 固体氧化物燃料电池 | 直接甲醇燃料电池 |
|---|---|---|---|---|---|---|
| 燃料 | $H_2$ | $H_2$ | $H_2$ | $CO$、$H_2$ | $CO$、$H_2$ | $CH_3OH$ |
| 电解质 | 固态高分子膜 | 碱溶液 | 液态磷酸 | 熔融碳酸锂 | 固体二氧化锆 | 固态高分子膜 |
| 工作温度 /℃ | 约 80 | 60～120 | 170～210 | 60～650 | 约 1000 | 约 80 |
| 氧化剂 | 空气或氧 | 纯氧 | 空气 | 空气 | 空气 | 空气或氧 |
| 电极材料 | C | C | C | Ni-M | Ni-YSZ | C |
| 催化剂 | Pt | Pt、Ni | Pt | Ni | Ni | Pt |
| 寿命 /h | 100000 | 10000 | 15000 | 13000 | 7000 | 100000 |
| 特征 | 比功率高 运行灵活 无腐蚀 | 高效率 对二氧化碳敏感 有腐蚀 | 效率较低 有腐蚀 | 效率高 控制复杂 有腐蚀 | 效率高 运行温度高 有腐蚀 | 比功率高 运行灵活 无腐蚀 |
| 效率 /% | ＞60 | 60～70 | 40～50 | ＞60 | ＞60 | ＞60 |
| 主要应用领域 | 航天、军事、汽车、固定式用途 | 航天、军事 | 大客车、中小电厂、固定式用途 | 大型电厂 | 大型电厂、热站、固定式用途 | 航天、军事、汽车、固定式用途 |

## 二、燃料电池电动汽车

### 1. 燃料电池电动汽车组成

典型燃料电池电动汽车主要由燃料电池、高压储氢罐、辅助动力源、DC/DC 转换器、驱动电机和整车控制器等组成，如图 4-12 所示。

图 4-12　燃料电池电动汽车的结构

（1）燃料电池　燃料电池是燃料电池电动汽车的主要动力源，它是一种不燃烧燃料而直接以电化学反应方式将燃料的化学能转变为电能的高效发电装置。

（2）高压储氢罐　高压储氢罐是气态氢的储存装置，用于给燃料电池供应氢气。为保证燃料电池电动汽车一次充气有足够的续驶里程，需要多个高压储氢罐来储存气态氢气。一般轿车需要 2 ～ 4 个高压储气瓶，大客车需要 5 ～ 10 个高压储氢罐。

（3）辅助动力源　根据燃料电池电动汽车的设计方案不同，其采用的辅助动力源也有所不同，可以用蓄电池组、飞轮储能器或超大容量电容器等共同组成双电源系统。蓄电池可采用镍氢蓄电池或锂离子蓄电池。

（4）DC/DC 转换器　燃料电池电动汽车的燃料电池需要装置单向 DC/DC 转换器，蓄电池和超级电容器需要装置双向 DC/DC 转换器。DC/DC 转换器的主要功能有调节燃料电池的输出电压，能够升压到 650V；调节整车能量分配；稳定整车直流母线电压。

（5）驱动电机　燃料电池电动汽车用的驱动电机主要有直流电机、交流电机、永磁同步电机和开关磁阻电机等，具体选型必须结合整车开发目标，综合考虑电机的特点，以永磁同步电机为主。

（6）整车控制器　整车控制器是燃料电池电动汽车的"大脑"，由燃料电池管理系统、电池管理系统、驱动电机控制器等组成，它一方面接收来自驾驶员的需求信息（如点火开关、油门踏板、制动踏板、挡位信息等）实现整车工况控制，另一方面基于反馈的实际工况（如车速、制动、电机转速等）以及动力系统的状况（燃料电池及动力蓄电池的电压、电流等），根据预先匹配好的多能源控制策略进行能量分配调节控制。

### 2. 燃料电池电动汽车的工作原理

燃料电池电动汽车的工作原理如图 4-13 所示。高压储氢罐中的氢气和空气中的氧气在汽车搭载的燃料电池中发生氧化还原反应，产生出电能驱动电机工作，驱动电机产生的机械能经变速传动装置传给驱动轮，驱动汽车行驶。

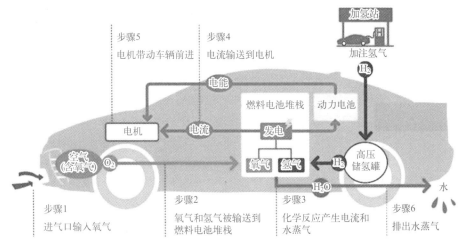

图 4-13　燃料电池电动汽车的工作原理

燃料电池电动汽车行驶工况分为启动、一般行驶、加速行驶以及减速行驶。

（1）启动工况　车辆启动时，由车载动力电池进行供电，此时来自动力电池的电源直接提供给驱动电机，使电机工作，驱动车轮转动，但燃料电池不参与工作。

（2）一般行驶工况　一般行驶工况下，来自高压储氢罐的氢气经高压管路提供给燃料电池，同时，来自空气压缩机的氧气也提供给燃料电池，经质子交换膜内部产生电化学反应，产生的电压（如300V）经DC/DC转换器进行升压，达到燃料电池电动汽车所需要的电压（如650V），经动力控制单元转换为交流电提供给驱动电机，驱动电机运转，带动车轮转动。

（3）加速行驶工况　加速时，除了燃料电池正常工作外，还需要由车载动力电池参与工作，以提供额外的电力供驱动电机使用，此时车辆处于大负荷工况下。

（4）减速行驶工况　减速时，车辆在惯性作用下行驶，此时燃料电池不再工作，车辆减速所产生的惯性能量由驱动电机转换为发电机进行发电，经动力控制单元将其转换为直流电后，反馈回车载动力电池进行电能的回收。

### 3.燃料电池电动汽车的特点

燃料电池电动汽车与内燃机汽车和纯电动汽车相比，具有以下优点。

（1）效率高　燃料电池的工作过程是化学能转化为电能的过程，不受卡诺循环的限制，能量转换效率较高，可以达到30%以上，而汽油机和柴油机汽车整车效率分别为16%～18%和22%～24%。

（2）续驶里程长　采用燃料电池发电系统作为能量源，克服了纯电动汽车续驶里程短的缺点，其长途行驶能力及动力性已经接近传统内燃机汽车。

（3）绿色环保　燃料电池没有燃烧过程，以纯氢作燃料，生成物只有水，属于零排放。采用其他富氢有机化合物用车载重整器制氢作为燃料电池的燃料，生成物除水之外还可能有少量的二氧化碳，接近零排放。

（4）过载能力强　燃料电池除了在较宽的工作范围内具有较高的工作效率外，其短时过载能力可达额定功率的200%或更大。

（5）低噪声　燃料电池属于静态能量转换装置，除了空气压缩机和冷却系统以外无其他运动部件，因此与内燃机汽车相比，运行过程中噪声和震动都较小。

（6）设计方便灵活　燃料电池电动汽车可以按照电子线控（X-by-wire）的思路进行设计，改变传统的汽车设计概念，可以在空间和质量等问题上进行灵活的配置。

燃料电池电动汽车有以下缺点。

（1）成本高　燃料电池电动汽车的制造成本和使用成本高。

（2）使用不便　氢燃料制取和储运不方便，加氢站较少。

### 4.影响氢燃料电池电动汽车推广使用的主要因素

氢燃料电池电动汽车在大规模推广使用中面临着氢燃料电池核心技术亟待突破、成本高、氢的储运难以保障、加氢站缺乏等痛点。

（1）氢燃料电池核心技术亟待突破　氢燃料电池电动汽车行业的核心技术集中于氢燃料电池堆等，主要包括电催化剂、质子交换膜和炭纸"三大材料"，以及双极板、膜电极"两大部件"。当前，这些领域的核心技术亟待突破，加快实现国产化。

（2）成本高　当前，氢气制取对化石燃料依赖严重，大部分采用天然气和煤油制氢技术，从远期来看不具有资源可持续性，且碳排放量高。电解水制氢具有资源与环保的双重可持续性，是未来氢气制取的发展方向之一，但氢气制取过程中需要耗费大量电能，成本高昂。据测算，当前氢燃料电池电动汽车平均每百公里用氢成本为 30 ~ 80 元，而纯电动汽车每百公里耗电成本一般不到 20 元。

当前每辆氢燃料电池电动汽车动力系统平均单价为数十万元，而纯电动汽车动力系统的电池成本仅为数万元，燃油车动力系统有些甚至不足万元。

（3）氢的储运难以保障　氢气储运困难则是未来制约氢燃料电池汽车全面应用普及的关键问题。氢气主要以高压气态、低温液态和固态材料三种形式进行存储及运输，但三种形式各有一定的局限性。高压气态储氢存在泄漏爆炸隐患和运输效率不高等问题。低温液态储运对存储容器的绝热性要求较高，且液态氢会吸收金属容器中的金属生成氢化物，降低氢气的纯度，不利于直接利用。固态材料储氢分为物理吸附和化学吸附两类，物理吸附主要通过范德瓦尔斯力来储存氢气，常温、常压下该作用力很弱，氢气很容易逃离；化学吸附储氢存在吸氢温度高、可逆性差等缺点。现阶段我国氢气储运量及运输里程相对较少，未来随着氢燃料电池电动汽车保有量提升，氢能在地区间分布不平衡将带来大规模氢气储运及调配的问题。

（4）加氢站缺乏　目前，全球范围内氢燃料电池电动汽车的规模还很小，因此加氢站的建设也非常有限。在我国，氢燃料电池电动汽车的普及率更是相当低，导致加氢站的数量非常有限。这就导致了氢燃料电池电动汽车出行的难度和不便，给用户带来极大的不便。同时，建设加氢站也需要巨大的投资，目前市场规模还不够大，资本也难以承担这样的投资风险，所以政府需要提供更多的支持和优惠政策，才能够吸引更多的企业和资本进入这个领域。随着氢燃料电池电动汽车加快进入市场、驶上道路，对完备的加氢站网络更为依赖，当前仍需加快加氢站等建设步伐。

相比纯电动汽车，氢燃料电池电动汽车加注时间短、续航里程长，在大载重、长续航、高强度的应用场景中具有先天优势，宜加快在重载车辆、专用车辆、商用车辆、储能等领域中的推广应用，带动全产业链发展。氢燃料电池电动汽车产业链较长，涉及从上游的制氢、储氢、加氢，到燃料电池系统、电驱动系统等零部件及整车制造，并延伸到物流、出行等各类应用场景。当前，全国多地加快完善氢燃料电池电动汽车产业链。随着氢燃料电池技术的不断发展和政策的支持，相信氢燃料电池电动汽车一定会迎来更好的发展。

### 三、氢内燃机

氢内燃机也称为氢燃料发动机，以传统内燃机为基础，通过改变燃料供应系统、喷射系统以及燃料等，燃烧氢气产生动力，从而驱动车辆的行驶。

#### 1. 氢内燃机原理

对于氢内燃机，可以简单地理解为烧氢气的发动机，其基本原理与普通的汽油或者柴油内燃机的原理一样，是基本的气缸 - 活塞式内燃机，同样是按照吸气 - 压缩 - 做功 - 排气 4 个冲程来完成化学能向机械能的转化，只是氢内燃机里的燃料是氢气，如图 4-14 所示。

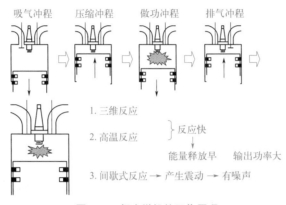

图 4-14　氢内燃机的工作原理

氢内燃机保留了传统内燃机的主要结构和系统，传统内燃机中的大部分零件，氢内燃机都可以通用，能够更大幅度降低制造成本。其本体与天然气发动机类似，增加了氢气喷射系统，后处理主要是处理氮氧化物，总体技术可靠性强，成本低，还能对现有车辆进行改装升级，在环保方面潜力很大。氢内燃机与汽油内燃机相比排放物污染少，系统效率高，发动机的寿命也长。由于氢气自身的物理化学特点，氢内燃机的空燃比控制、燃料喷射方式不同于天然气和汽油发动机。氢气更易燃，相比汽油发动机，氢内燃机更容易出现早燃、回火、爆震等问题，以及烧机油导致的氮氧化物大气污染排放等，是过去难以逾越的技术门槛。

图 4-15 所示为吉利公司开发的氢内燃机。吉利公司的这款氢内燃机，氧气消耗量降至 65g/（kW·h），可有效降低氮氧化物的排放，同时最大功率接近 110kW，最大转矩可达 230N·m。

图 4-15　吉利公司开发的氢内燃机

### 2. 氢燃料电池与氢内燃机的区别

（1）工作原理不同　氢内燃机采用的是传统燃烧反应，而氢燃料电池采用的则是电化学反应，两者有着本质上的区别。氢内燃机遵循热力学定律，而氢燃料电池遵循的是电化学定律。氢内燃机是热机，其最大效率受到卡诺循环的限制。相比之下，氢燃料电池的效率受到吉布斯自由能的限制，吉布斯自由能通常高于卡诺循环的自由能。

（2）排放性不同　氢燃料电池排放只有水；而氢内燃机会产生氮氧化物。

（3）经济性不同　氢燃料电池系统成本很高，尤其是质子交换膜主要依赖进口，此外，氢燃料电池需要氢的纯度很高，这无疑大大增加了制氢的成本；而氢内燃机不需要高纯氢即可工作，甚至也可以烧汽油，即混合氢系统，允许车辆单独使用汽油和氢燃料或与内燃机同时使用。

（4）舒适性不同　氢燃料电池工作安静；而氢内燃机由于燃烧会有震动噪声产生。

（5）动力性不同　氢内燃机由于受卡诺循环的限制，其热效率不如氢燃料电池高；氢燃料电池系统的效率可以达到60%，但是目前氢内燃机的热效率仍在40%附近。

氢内燃机和氢燃料电池目前都有各自对应的运用场景和目标市场，这两条技术线路能够形成互补。

### 3. 氢燃料电池车型与氢内燃机车型的区别

氢燃料电池车型的底盘结构和常见的电动车型比较接近，同样配置有电机、电控以及电池"三电"系统等部件，不过在此基础上，氢燃料电池车型还增加了燃料电池和储氢罐等部件。氢燃料电池车型现主要采用质子交换膜燃料电池技术，其中燃料电池相当于是一种能量转化装置，依靠氢燃料电池堆中的氢气与氧气产生电化学反应，产生电能驱动。简单来讲，氢燃料电池车型就是通过氢气和氧气在燃料电池中产生电力来给电机供电，从而推动车型在路上行驶，有着比较高的能量转换效率。燃料电池发出来的电能经控制器、逆变器等多组电气部件后，可直接驱动电机，为车辆提供行驶的动能。由于分解后的氢气需要经过质子交换膜来不断地产生电能，氢离子和电子到达阴极板之后并不会凭空消失，而是与氧原子重新结合为水，几乎是零排放，零污染。虽然氢燃料电池是目前主流的氢能技术路线之一，但其制造成本高昂，需要整体更新驱动系统。现阶段氢燃料电池车型只适用于部分特定场景，短时间内很难在商用车上实现全面普及。

氢内燃机车型底盘布局与传统燃油车型更为接近，只不过是对发动机与燃料喷射系统等部件进行了重新改造和匹配，把燃油变成氢气。由于氢内燃机的主体结构与柴油机相差不大，因此两者之间的零部件通用性极高。康明斯推出的燃料不限定平台，氢内燃机与柴油机之间有高达80%的部件可以通用，更换发动机气缸盖以及燃料喷射系统以及发动机电脑板等部件，即可由柴油机转为氢内燃机。因此，氢内燃机技术线路不太会影响到企业的生产链条，可以有效降低制造成本。并且氢内燃机的技术与柴油机也比较接近，主流厂商都有足够的技术积累和研发条件，能够相对较快地进行普及和推广。

## 四、氢燃气轮机

所谓轮机就是利用工质（比如高温高压空气、蒸汽）来带动叶片运动做功的机器。从结构上讲，燃气轮机的核心部件包括三部分：压气机、燃烧室、涡轮（透平），如图4-16所示。

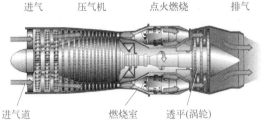

进气　　　压气机　　　点火燃烧　　　排气

进气道　　　　　燃烧室　　透平(涡轮)

图 4-16　燃气轮机的核心部件

以重型燃气轮机常用的轴流式构型为例，进气道吸入新鲜空气后，压气机里的十几级叶片会把空气加压成为高压气体。这些高压空气随后进入燃烧室，在这里，喷射出来的燃油和高压空气混合并被点燃，形成高温高压气体。然后，剧烈膨胀的高温高压气体便射向位于后端的涡轮，带动涡轮旋转最后输出机械能——这些机械能一部分用来驱动压气机，另一部分则对外输出，可以带动发电机发电，也可以带动舰船主轴和螺旋桨转动。

氢燃气轮机是以 100% 氢气为燃料的燃气轮机，用清洁的氢燃料通过升级改造后的燃气轮机发电，空气和氢气分别经压气机与泵增压后送入燃烧室，燃烧并释放出热能。燃烧所产生的燃气吸热后温度升高，然后流入燃气轮机膨胀做功，产生的废气排入余热锅炉进行热交换，提升余热锅炉中的水温后，经烟气脱硝系统排入大气。

氢燃气轮机以 100% 氢气代替化石燃料，整个过程中完全不会产生二氧化碳及有害气体，实现真正意义上的"零碳排放"。氢燃气轮机工作原理化学方程式为

$$2H_2+O_2 \xrightarrow{\text{点燃}} 2H_2O$$

氢燃气轮机工作所需氢气，以电解水制氢的形式产生，化学方程式为

$$2H_2O \xrightarrow{\text{通电}} 2H_2+O_2$$

制氢过程所需的大量电能，有效消纳了新能源，推动新能源制氢成为大比例消纳绿电的有效方案。

氢燃气轮机作为未来新型电力系统的主要设备，将在未来能源系统中发挥重要作用，是实现碳中和的主要技术路径之一。燃氢燃气作为轮机工程技术、燃气轮机氢能发电企业技术在全球经济范围内方兴未艾。燃氢燃气轮机的发展可以成为未来的碳中和技术，以支持国际社会实现能源和气候目标。事实上，燃氢燃气轮机将实现能源行业长期的深度减碳，同时整合更多的可再生能源。燃气轮机已经在能源系统中发挥了关键的平衡作用。通过将燃气轮机的燃烧能力扩展到氢气，它们的作用不仅在能源转型时期，而且在长期能源战略中也将占据主导地位。

① 基于燃气轮机的燃气蒸汽联合循环是目前最清洁的燃用化石燃料的热力循环发电形式，事实上，在相同的发电量下，与燃煤电厂相比，使用天然气为燃料发电的燃气轮机的二氧化碳排放量减少了 50%。

② 可再生气体（如绿氢、沼气、合成气）与天然气混合可以进一步减少二氧化碳的排放，这可以通过直接注入天然气管网或在电厂内部来实现。

③ 工业界致力于到 2030 年使燃气轮机完全使用可再生气体燃料，从而具备 100% 碳中和的燃气发电的能力。随后的目标是在联合循环配置中实现电厂的热效率达到 65% 以上。

④ 燃气轮机具有灵活性，非常适合频繁启停，能够快速响应电网需求，使其与波动的可再生能源互补。

## 五、氢燃料动力船舶

海洋工业对导致气候变化的温室气体排放有显著影响，而且随着海上运输需求的增加，预计其影响也会加大。现在需要采取行动，大多数船舶运营商正在采用或计划采用零排放解决方案，以适应即将到来的减排目标。氢燃料电池是一项关键的零排放技术，将成为现在和未来海洋工业脱碳的关键推动因素。

### 1. 氢燃料动力船舶的应用现状

燃料电池船由混合电力系统提供动力，该系统需要燃料电池和动力电池无缝地协同工作，以提供高效的零排放电力。混合动力系统旨在使燃料电池能够在稳定状态下运行，以实现最佳燃料效率，并且电池的尺寸可满足瞬态功率要求。燃料电池通过电化学过程高效产生电力，燃料电池的能量以氢燃料的形式单独存储。因此，如果有燃料可用，燃料电池模块就会产生电力。其使用的唯一副产品是水、蒸汽和热量，当使用可再生能源产生的氢气作为燃料时，燃料电池解决方案就会成为真正的零排放电源。

燃料电池长期以来一直被认为是海洋工业的一个有前途的解决方案。凭借成熟可靠的技术，越来越多的燃料电池生产商正在致力于为船舶行业开发特定的解决方案。2020年，加拿大巴拉德氢能动力有限公司推出了用于船舶应用的200kW燃料电池，并于2022年4月获得了世界首个挪威船级社型式认证。该认证确认该模块满足海洋部门部署零排放运营下一步所需的严格安全、功能、设计和文件要求。通过型式认证，确保一次性设计和批准，避免重复设计审查，消除了采用的许多主要障碍。它降低了潜在影响产品安全的风险，并简化了集成规划、复杂性和时间。

2023年3月17日，国内首艘入级中国船级社的500kW级氢燃料电池动力工作船"三峡氢舟1"号在广东省中山市下水，如图4-17所示。

图4-17　"三峡氢舟1"号氢燃料电池动力工作船

"三峡氢舟1"号氢燃料电池动力船是以氢燃料电池为主、辅以磷酸铁锂电池动力的双体交通船，采用了我国自主开发的氢燃料电池和锂电池动力系统，具有高环保性、高舒适性和低能耗、低噪声等特点，将主要用于三峡库区及三峡、葛洲坝两坝间交通、巡查、应急等工作。该项目是新能源船艇领域的一次重要突破，对于探索氢能源技术在内河船舶的应用具有积极示范意义，标志着我国氢燃料电池船舶关键技术领域应用水平迈上了新台阶。

### 2. 发展氢燃料动力船舶需要突破的关键技术

发展氢燃料动力船舶需要突破以下关键技术。

（1）高效低碳的氢气制取技术　当前，氢气主要利用化石能源来获得，约占世界氢气生产量的 95%，生产过程排放二氧化碳；利用可再生能源获得的电能来进行电网规模级别的电解水制氢，生产过程属于零碳排放，但所占比例仅为 4% ~ 5%。碳捕集、利用与封存技术可应用于传统的化石能源制氢过程以降低碳排放量，但考虑现有技术和基础设施的成熟度，预计 2030 年前基于碳捕集、利用与封存技术的化石能源制氢难有明显突破。因此，基于可再生能源的电解水制氢是未来氢气制取的发展趋势。在"双碳"目标背景下，随着技术提升和配套制造业的完善，2030 年、2060 年我国电解水制氢设备装机容量将分别达到 25GW、750 GW，分别占世界总量的 15%、40%。

（2）大规模低成本的氢气运输技术　可实现规模化运输氢气的方式主要有高压气氢长管拖车、低温液氢槽车、氢气管道。高压气氢长管拖车方式技术成熟，适用于运输距离较近、输送量较低、氢气日用量为吨级的用户，与当前的氢能产业发展规模相适应。低温液氢槽车的运氢能力强，是高压气氢长管拖车的 10 倍以上，在 200km 以上距离的运输成本仅为高压气氢长管拖车的（1/8）~（1/5），但氢气液化能耗较高。此外，氢气液化装备的初始投资成本不容忽视。在解决相关成本和效率问题后，液氢罐车在中远距离的输氢领域将有良好的应用前景。

基于气态氢的管道运输分为两类：纯氢的管道运输和天然气掺氢的管道运输。管道运输适用于大规模、长距离的氢气运输，但前期投资较大。当氢气储运设施尚不完善时，将氢气掺入天然气中并利用天然气管道进行运输，是一种兼顾技术与成本的大规模运氢方式（当掺氢天然气的含氢量约为 15% 时，仅需对原有管道进行适当改造即可），主要涉及天然气运输管道与氢气的相容性、氢气泄漏与检测、终端氢气分离等。随着氢能产业规模的扩大和应用需求的增加，具有运输规模优势的管道输氢将成为优选方式。

（3）船舶大容量储氢技术　储氢技术发展呈现出低储氢密度向高储氢密度转变的趋势。高密度储氢技术仍不成熟，技术路线仍在进行多方案探索，包括超高压气态储氢、液化储氢、金属氢化物储氢、液态有机物储氢等。

高压储氢是当前船舶适用的方式，储氢瓶有 35MPa、70MPa 两种规格，对应的体积储氢密度分别为 25g/L、41g/L。国外的 70MPa 高压储氢技术基本成熟并实现商业化。我国的 35MPa 高压储氢瓶技术标准成熟，70MPa 高压储氢逐渐商业化。

液氢的密度为 70.8g/L，在储存密度上较高压储氢有明显优势；随着氢能产业的快速发展，低温液态储氢将逐步扩大民用范围，有望成为未来的主流储氢方式。考虑到现有高压储氢技术的储存密度较低，无法满足未来船舶续航力的要求，船舶储氢将朝着能量密度更高的方向发展。金属氢化物储氢方式具有储氢体积密度大、压力低、安全性高等优点，在潜艇上具有良好的应用前景，推广应用过程需着力解决成本、吸脱氢温度、反应速率等问题。

（4）快速安全加氢技术　现有的氢燃料动力船舶储氢方式多样，相应的加氢方式和耗时不尽相同。例如，在"Alsterwasser"游船示范项目中，林德集团在码头建立加氢站为该船提供稳定氢源，船上最多可存储 50kg 氢气，单次加氢过程耗时约为 12min；德国 212A 型潜艇采用基于金属氢化物储氢方式，完成 80%、100% 加氢量分别耗时 10h、25h。鉴于陆上车用高压气态储氢及加氢技术相对成熟，在氢动力船舶发展初期采用车用方案是可行的发展模式。

与车用加氢相比，船舶加氢具有加注量大和持续时间长的特点，加注设备应采用更加可靠的加注连接方式，同时应具有船岸之间紧急切断的联动功能以满足紧急脱开需要。船舶在码头进行燃料加注时一般不允许船舶断电，因而既保证加氢时燃料电池系统正常工作（供电）以及装卸货等同步操作的需要，又保障氢燃料加注操作的安全性，是亟须解决的问题。

（5）船舶大功率燃料电池技术　船用燃料电池技术表现为小功率向大功率转变的发展趋势。燃料电池主要分为以质子交换膜燃料电池为代表的低温燃料电池，以熔融碳酸盐和固体氧化物为代表的高温燃料电池：前者技术成熟，正在进行产业化、规模化发展，力求实现价格更低、寿命更长、功率更高；后者因其功率高、效率高、氢气纯度要求低等技术优势，更适合船舶应用，也是未来大型船舶的发展方向。

船舶功率需求与船型、操作工况相关。质子交换膜燃料电池系统可作为小型船舶的主动力或大型船舶的辅助动力。在现有的氢动力船舶示范项目中，质子交换膜燃料电池系统输出功率基本为百千瓦级。为了拓宽氢动力船舶的适用场景，未来质子交换膜燃料电池系统的输出功率应提高至兆瓦级，这是船舶燃料电池亟需攻克的关键技术。

（6）船舶氢内燃机技术　氢气燃烧火焰传播速度快、放热集中，因而氢内燃机相对传统内燃机具有更高的热效率。氢内燃机虽然具有输出功率高、热效率高、节能环保的优点，但存在爆燃、早燃、回火等技术难题，也会产生一氧化氮，因而提升动力系统性能、降低一氧化氮排放是后续氢内燃机研究亟待攻关的方面。

氢内燃机相比质子交换膜燃料电池系统具有输出功率优势，待攻克相关技术难题后，将在船舶领域获得广泛应用。2017 年，比利时海事集团推出了世界首艘柴氢双燃料客船，搭载的 Behydro 发动机，输出功率为 1000 ～ 2670kW。

（7）船舶多能源协同控制技术　常规船舶采用船舶柴油机并以燃用轻 / 重柴油为主，部分采用柴油发电机的电力推进系统，能源结构相对单一。船舶供能形式的多样化是未来发展趋势，如 "Energy Observer" 游艇搭载了太阳能光伏发电系统、风力发电系统、锂电池系统、海水淡化系统、质子交换膜电解水制氢系统、质子交换膜燃料电池系统等。

在船舶能源供给趋于多样化的形势下，多种供能系统之间的协同控制技术日益显现出重要性。未来氢动力船舶的动力系统涉及燃料电池、动力蓄电池（或超级电容）、变流装置、推进电机等设备，这就需要利用多能源协同控制技术来进行各类设备之间的优化匹配与协同控制，保障动力系统的安全性、可靠性、经济性。

（8）船舶氢应用安全技术　船舶航行环境复杂，易受气象、水文、航道等因素的影响；船舶系统相对孤立，若发生安全事故，人员不易迅速逃离而需等待救援。因此，船舶需要有较高的安全性。在氢能源及燃料电池的推广应用过程中，需将与燃料相关的火灾、爆炸等风险发生概率及后果限制在极低水平，确保相关装置拥有与基于化石燃料的常规主机 / 辅机具有同等安全水平。氢应用安全技术是氢动力船舶安全运行的基础，采用数值模拟方法预测船舶氢气泄漏扩散及其风险演变规律，是制定相关风险应对措施的有效途径。

（9）氢动力船舶标准及规范　在陆上领域，氢能及燃料电池技术标准基本成熟，然而氢动力船舶标准及规范尚不成熟，相关燃料电池系统以及储氢、加氢系统主要沿用陆上标准。

氢动力船舶技术标准环节存在的问题在于：规范法规缺项、操作规范缺项、安全研究不足。例如，船用氢气加注标准（包括液氢加注和金属氢化物的船舶加氢技术）、70MPa储氢瓶上船标准、船舶重整制氢标准等均处于缺失状态。面向氢动力船舶快速发展需求，相关船舶标准及规范需要尽快进行补充完善。

### 3. 我国氢燃料动力船舶的发展目标

应对"双碳"发展目标，我国乃至全世界在航运业碳减排问题上都面临着巨大压力。发展氢燃料动力船舶，全面牵引水路交通领域从氢能基础设施到终端应用的建设，革新水路交通运输装备的用能构成，支持实现清洁能源转型。推动传统船舶制造行业的转型与升级，催生新型船舶设计与研究单位及产业链配套企业，引领船舶制造业高质量发展。实施大功率燃料电池、大容量储氢、快速加氢、多能源协同控制、氢利用安全等关键核心技术攻关，制定氢燃料动力船舶标准及规范，完善氢能配套设施，推动多类型氢燃料动力船舶的示范应用。

（1）至2025年为技术积累阶段　借助燃料电池汽车技术进展，重点突破船用氢燃料电池等关键技术，制定氢燃料动力船舶标准及规范；完成氢燃料动力船舶装备研发，在内河、湖泊等场景实现氢燃料动力船舶示范应用。

（2）2025～2030年为完善产业阶段　构建氢燃料动力船舶设计、制造、调试、测试、功能验证、性能评估体系，建立配套的氢气"制储运"基础设施；扩大内河、湖泊等场景的氢燃料动力船舶示范应用规模，完善水路交通相关基础设施。

（3）2030～2035年为提升质量阶段　降低燃料电池和氢气成本，提高船用氢燃料电池系统寿命、转化效率和船上储氢量，研发高温燃料电池和余热利用技术；构建完备的水路交通载运装备技术和产业体系，在近海场景实现氢动力船舶应用示范。

（4）2035～2060年为推广应用阶段　优化氢燃料动力船舶的综合性能，推广本土商业化应用；与绿氨、液化天然气（LNG）/甲醇等动力形式船舶协同，实现我国水路交通运输装备领域碳中和目标；在国际航线上开展氢燃料动力船舶应用示范，提升我国氢燃料动力船舶产业的国际竞争力。

### 4. 我国氢燃料动力船舶的氢燃料供应体系建设路径

我国氢燃料动力船舶的氢燃料供应体系建设路径如图4-18所示。

近期，化石能源制氢仍占据主导地位，主要分为煤制氢、天然气制氢、化工副产品制氢。煤制氢具有成熟可靠、生产成本低的优势，就生产潜力而言完全可以满足氢能发展需要；在更强调清洁低碳的背景下，碳捕集、利用与封存技术应用会对煤制氢路线产生重要影响。中期，可再生能源制氢比重将逐步提高，与碳捕获技术结合生产蓝氢也将形成一定的规模。远期，利用可再生能源发电，再通过水电解制氢将是重要的制氢方式。

适合大规模工程化应用的氢气运输方式主要有高压气氢长管拖车运输、低温液氢槽车运输。目前以高压气氢储运为主，后续将逐步过渡到以低温液氢储运为主、以高压气氢储运为辅。未来随着氢气的广泛应用及规模化生产，涉及纯氢的管道运输、天然气掺氢的管道运输的输氢管网建设（或改造）将是能源基础设施的建设重点。

在内河航运领域加大氢能利用范围与规模，形成以船舶为重点、以港口为中心的航运氢能产业生态，将支撑水路交通绿色化发展。积极拓展氢能的港口应用，探索在途氢燃料补给模式，既是制氢产业绿色化发展的需要，也可支持氢动力船舶应用并完善水路交通氢能生态链。

图 4-18　我国氢燃料动力船舶的氢燃料供应体系建设路径

　　我国沿江经济发达、化工园区集中，工业副产氢产能多临近港口，氢能来源较丰富；氢源附近的港口可就地集中消纳氢能，同时利用航运在供需港口间进行远距离的氢能运输，以氢气规模化运输来降低运氢成本。加氢站布局可考虑与现有油气加注站合建，充裕的工业用地和远离城镇的区位也为加氢站建设审批提供便利条件，还可考虑更加灵活的移动式加氢站。

　　海上风电制氢是指直接通过水电解制氢设备将海上风力发电转化为氢气，再以氢为能源载体实现清洁能源的长期存储，这就为氢动力船舶的海上补充氢燃料提供了可能性。发达国家积极布局海上风电制氢项目，认为未来的枢纽设施可由设置在海上风电场周边的氢燃料中心组成；我国能源体系规划鼓励建设海上风电基地，推动海上风电场向深水远岸区域布局。开展海上风电制氢项目具有一定的趋势性，海上绿氢生产基地有望成为氢燃料供应体系的重要组成部分。

## 六、氢能港口

　　氢能港口主要是指利用氢能源、氢工业和氢贸易等功能的港口。目前，主要集中在临港的氢能产业培育和港口设备的氢能源应用等方面。中长期来看，随着氢能技术的成熟，将逐步展开氢能源贸易，形成一个完整的"产 - 储 - 销 - 用"全产业链。

### 1. 国内氢能港口建设的主要做法

　　国内氢能港口的建设主要有以下做法。

　　（1）确立氢能发展总体规划和政策支持　为了支持氢能产业发展，山东省青岛市、上海市临港新片区、天津市滨海新区、江苏省张家港市、浙江省宁波市、深圳市盐田港、大连市太平湾等港口都相继发布氢能未来发展规划，明确提出港口氢能发展的阶段性目标，为港口氢能发展提供政策支持。

（2）打造氢能产业生态圈，推进氢能产业集群式发展 盐田港打造盐田区国际氢能产业园、龙岗国际低碳城、龙华求雨岭（正在建设中），以产业园为核心，集中建设配套服务平台和基础设施，推动产业集聚、营造发展生态。嘉兴港区依托工业副产氢资源优势，聚集产业链龙头企业，组建氢能产业链党建联盟，加速构建产业生态圈，推动氢能上下游产业链强链补链。

（3）大力支持推动氢能技术研究 当前，氢能产业在关键核心组件和制备工艺方面依旧存在瓶颈，例如膜电极、双极板、空压机、氢循环泵等方面还与国际先进水平存在较大差距；氢燃料电池关键材料催化剂、质子交换膜和炭纸等，主要依靠进口。为进一步加快发展港口氢能，嘉兴港、青岛港、天津港围绕氢能存储技术、加氢设备、氢燃料电池关键材料等环节，加强前沿性技术研发。

（4）结合港口运营特点，丰富氢能多元化应用场景 嘉兴港区首座集加氢和充电于一体的综合能源服务站开业，首条氢能公交线路开通，首辆氢能重卡示范运行，上海市支持洋山港、东海大桥等区域开展氢能示范应用，加大氢能在港口固定式装卸机械设备、流动式装卸运载设备和水平运输车辆等多个场景的覆盖，推进港区加氢站规划建设，建设领先的绿色、智慧氢能综合性示范港口。

### 2. 港口氢能产业的发展路径

港口氢能产业发展应立足自身区位优势和基础产业优势，以产业培育与市场应用双向突破为主线，以构建涵盖"制氢 - 加氢 - 用氢 - 氢交易"的氢能产业生态圈为重点，大力发展港口氢能产业。

（1）增强氢能生产能力，保障下游氢能供给 增强氢气供给能力是发展氢能产业的基础。未来，在"双碳"目标背景下，绿色低碳的制氢方式将成为氢气的重要来源。建设可再生能源发电基础设施，可以为绿氢制备奠定坚实基础。港口具有沿海区位优势，具有丰富的海上风能、光照资源，通过提前布局新能源发电基础设施，既可以提升新能源利用率，也可以为发展绿氢提供电力保证。

积极构建清洁化、低碳化、低成本的多元制氢体系，重点发展可再生能源制氢，增强氢能供给能力。

① 加大可再生能源发电基础设施建设。近海区域提前布局海上风电、陆地风电等发电项目，在港区码头土地闲置率较高的地面布局集中式光伏电站，充分利用办公楼顶、闲置码头及仓储空间，发展分布式光伏项目。探索潮汐发电等模式的可行性，提前布局潮汐发电站。加大可再生能源制备绿氢项目，为零碳制氢提供丰富的电力保证。

② 提前布局绿氢制备产业。加快建设电解水制氢项目，加快氢能分布式储 / 供能站建设，与分布式光伏、风电、潮汐发电机组联用，打造储能和发电应用示范工程，充分发挥氢能消纳可再生能源的功能。

③ 探索打造工业副产氢制造基地。聚集区域内、外化工企业，通过长管拖车、气体管道等运输渠道，对其生产的工业副产氢进行汇集，建设氢气集中交易平台，打造氢能资源供给基地。

（2）建设氢能传输网络，打造氢能枢纽港口 伴随氢能产业发展成熟，氢能需求日益增多，围绕氢能开展的国际贸易将逐步增加。港口作为全球能源贸易的重要枢纽，未来有望成为氢能贸易的主要载体。把握氢能源的跨境贸易与海运增长新机遇，打造氢能贸易新平台。

① 提前布局氢能贸易基础设施。依托港口航运优势和天然气管道的硬件基础设施，与能源企业共同建设氢能管道设施，布局氢能登陆站，探索建设氢能专用航运输入和中转码头，为氢能贸易提供便利条件，打造国际氢能贸易枢纽港口。

② 建立辐射内陆地区的氢能供给体系。加快铺设氢能输送管道网络建设，满足内陆地区氢能需求。

③ 探索发展高压气态储氢和液化储氢产业。建设液氢工厂和液氢加氢站，通过液氢工厂的建设和液氢储运，构建沿海液氢枢纽与生产基地。

（3）加大加氢站投入，打通氢能供求接驳点　加氢站是氢能产业发展的重要环节，是氢能源由供给端过渡到消费端的直接接驳点。随着氢能应用场景日益丰富，氢燃料电池电动汽车数量上涨，对补能需求急剧增加，加氢站作为氢能加注的基础设施必不可少，港口区域内车辆运行较为集中且使用频次高，对加氢站集中度的敏感性低，通过建设较少数量的加氢站便可覆盖港口内所有车辆的运行管理及使用需求。完善氢能基础设施，打造全域氢能供给网络。

① 加大内部加氢站建设。围绕港口物流、港口船舶、港内设备等氢能应用场景，科学合理布局加氢站，在氢燃料电池重卡集聚区域加大加氢站布局，港口内加氢站可以通过管道输氢模式进行补能。后期随着氢能需求增加，可在加氢站的基础上扩建制氢站，满足氢能需求。探索使用撬装站的安装形式，减少占地面积，增强氢能供给的灵活性。

② 推动城市内部氢能供给网络建设。坚持港城和谐发展的原则，结合港城发展规划、公共交通线路、氢能运输管道的基本情况，在港城生活区域建设加氢站，配置长管拖车、气体管道等进行补能，保障城区氢能使用需求。

③ 打造智能互联氢能供给网络。通过基础管网建设、第五代移动通信技术（5G）等信息化管理技术、先进智能化决策方法等，实现车与加氢站、加氢站与加氢站、加氢站与高速公路等互联的氢供应网络化管理，实现整体网络的连通互补和完善协调。

（4）丰富氢能应用场景，实现港口绿色升级　稳步有序推进氢能示范应用，对于推进产业转型升级、助力实现"双碳"目标、保障能源安全具有重大意义。同时，丰富氢能应用场景，打造绿色低碳港口。

① 打造"氢能＋"示范港口示范区。聚焦港口作业的关键设备，用氢燃料电池设备替代港口环卫车、物流车、动力机械、燃料电池船舶等，对高能耗、高污染设备的更新替代，探索采用氢燃料电池作业设备。增加氢能在港区能源消费结构中的占比，包括燃料电池轨道交通、分布式发电、备用电源、港口机械等。

② 打造氢燃料船舶示范港口。针对氢燃料电池船舶对补能的特殊需求，探索建设氢燃料电池船舶专用码头，配备储氢、加氢等基础设施，满足氢燃料电池补能需求。联合氢燃料电池生产、研发企业，共同开展氢燃料电池船舶应用研究，推动氢燃料电池船舶在内陆航线的使用，提升交通领域氢能应用市场规模。

③ 打造氢能"零排放"运输试点示范线路。港口公司与氢燃料电池研究机构深度合作，共同开展氢能燃料电池应用研究，推动搭载氢燃料电池物流车、集卡车、重卡车的应用。打造氢燃料物流车运输示范区，构建以电气化铁路、节能环保船舶为主的中长途绿色货运系统，开辟氢燃料运输车专用作业区，鼓励氢燃料运输集卡、重卡车的应用。

④ 研究制定未来氢燃料电池车的示范推广计划。开展氢燃料电池车示范运行重点工程，

包括开通氢燃料电池公交线路、重卡车线路、旅游大巴线路、通勤车线路以及省际运输线（货运）。建设氢能商用车专用运输、泊车通道，打造氢能低碳示范港口应用基地。

## 七、机场氢能化

机场氢能化主要分为地面交通氢能化及飞机氢能化两大部分，其中地面交通氢能化在于将机场物流用车、摆渡车等地面车辆能源氢能化，而飞机氢能化则为将传统燃油替换为氢动力或以氢为原料的绿色航煤。

一辆长 14.5m、宽 3m，可载客 100 余人的六乘客门大尺寸氢能源机场摆渡车在国内已经下线，如图 4-19 所示。针对这款摆渡车开发了氢 - 电联控系统来确保氢堆运行在高效区间，续航里程达 400km 以上，可完成中大型机场 20 余次航班接送作业。每次补充氢能源只需 10 ～ 15min，相比纯电动机场摆渡车更加高效。

图 4-19　氢能源机场摆渡车

与其他清洁能源相比，氢能源作为飞机燃料具有突出优势。在重量上，氢燃料电池能量密度接近 40kW·h/kg，是同为清洁能源的锂电池的约 200 倍，这意味着续航里程相同时，氢燃料电池组重量轻得多；在循环寿命和燃料补充上，氢燃料电池系统的循环寿命可达 15000 次，加氢单次全程不超过 20min。但氢能源飞机要满足民航业规模化使用，还有很长的一段路要走。第一，为了确保全程使用"绿色氢气"，氢能源飞机会有额外成本，比如启动电池所需要的额外清洁能源价格不菲。第二，氢能源燃料电池组虽然重量轻，但是体积大，会导致燃料舱体积增大，占用可盈利的座位数量。第三，氢燃料电池发动机存在提供动力较弱的技术问题，即使是取得突破性进展的空客飞机，目前其功率也无法满足大型民航客机飞行时的需求。

## 八、氢能环卫车

氢能环卫车是指利用氢能作为燃料的环卫车。环卫车作为氢燃料电池的重要应用领域，包括垃圾车、洒水车、多功能抑尘车、清洗车、吸粪车、洗扫车、扫路车等。因为城市有较高的环保要求、较为固定的行驶路线而有利于加氢站的布置和建设，已经进入商业化示范阶段。图 4-20 所示为氢能环卫车。

图 4-20 氢能环卫车

氢能环卫车具有以下优点。

① 续航能力长，相对纯电动环卫车，氢能环卫车补能时间短，加氢只要 10 ~ 20min，作业工况下可续航超过 300km。

② 能量转换效率高，最高效率可达 60%。

③ 作业过程实现零碳排放，对比同类型 18t 燃油环卫车，每辆氢能环卫车每年将减少 60t 以上的二氧化碳排放量。

④ 环境适应性强，可在炎热、干旱、潮湿、沙尘、寒冷等复杂气候环境下正常作业，能有效解决低温工况下电池性能衰减问题，提高作业效率。

氢能环卫车也面临制造成本高、加氢设施建设成本高等缺点，氢能环卫车总成本中氢燃料电池发动机系统占比最高，目前功率为 100kW 的氢燃料电池发动机价格可达 40 万 ~ 50 万元，需要政府补贴购买。氢能环卫车为了提高竞争力，应尽早实现燃料电池规模化生产，提升燃料电池降本速度。

# 第五节　质子交换膜燃料电池

质子交换膜燃料电池采用可传导离子的聚合膜作为电解质，所以也叫聚合物电解质燃料电池、固体聚合物燃料电池或固体聚合物电解质燃料电池，是目前应用非常广泛的燃料电池。质子交换膜燃料电池属于第四代燃料电池，具有较高的能量效率和能量密度，体积小，重量轻，冷启动时间短，运行安全可靠，正逐渐拓展其商业应用。满足车用的质子交换膜燃料电池属于第五代燃料电池，它必须满足汽车对燃料电池的苛刻要求。

## 一、质子交换膜燃料电池工作原理

质子交换膜燃料电池在原理上相当于水电解的"逆"装置，其单电池由阳极、阴极和质子交换膜组成，阳极为氢燃料发生氧化的场所，阴极为氧化剂还原的场所，两极都含有加速电极电化学反应的催化剂，质子交换膜为电解质。质子交换膜燃料电池的工作原理如图 4-21 所示。

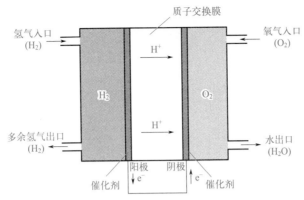

图 4-21　质子交换膜燃料电池的工作原理

导入的氢气通过双极板经由阳极气体扩散层到达阳极催化层，在阳极催化剂的作用下，氢分子分解为带正电的氢离子（即质子）并释放出电子，完成阳极反应；氢离子穿过质子交换膜到达阴极催化层，而电子则由双极板收集，通过外电路到达阴极，电子在外电路形成电流，通过适当连接可向负载输出电能。在电池另一端，氧气通过双极板经由阴极气体扩散层到达阴极催化层，在阴极催化剂的作用下，氧气与透过质子交换膜的氢离子及来自外电路的电子发生反应生成水，完成阴极反应；电极反应生成的水大部分由尾气排出，一小部分在压力差的作用下通过质子交换膜向阳极扩散。阳极和阴极发生的电化学反应为

$$2H_2 \longrightarrow 4H^+ + 4e^-$$
$$4e^- + 4H^+ + O_2 \longrightarrow 2H_2O$$

燃料电池总的电化学反应为

$$2H_2 + O_2 \longrightarrow 2H_2O$$

上述过程是理想的工作过程，实际上，整个反应过程中会有很多中间步骤和中间产物存在。

## 二、质子交换膜燃料电池特点

### 1. 质子交换膜燃料电池的优点

① 能量转化效率高，通过氢氧化合作用，直接将化学能转化为电能，不通过热机过程，不受卡诺循环的限制。

② 可实现零排放，唯一的排放物是纯净水，没有污染物排放，是环保型能源。

③ 运行噪声低，可靠性高。质子交换膜燃料电池无机械运动部件，工作时仅有气体和水的流动。

④ 质子交换膜燃料电池内部构造简单，电池模块呈现自然的"积木化"结构，使得电池组的组装和维护都非常方便，也很容易实现"免维护"设计。

⑤ 发电效率平稳，受负荷变化影响很小，非常适合用作分散型发电装置（作为主机组），也适合用作电网的"调峰"发电机组（作为辅机组）。

⑥ 氢气来源极其广泛，是一种可再生的能源资源。可通过石油、天然气、甲醇、甲烷

等进行重整制氢；也可通过电解水制氢、光解水制氢、生物制氢等方法获取氢气。

⑦ 氢气的生产、储存、运输和使用等技术，目前均已成熟、安全、可靠。

### 2.质子交换膜燃料电池的缺点

① 因为膜材料和催化剂均十分昂贵，所以成本高。

② 对氢气的纯度要求高。这种电池需要纯净的氢气，因为它们极易受到一氧化碳和其他杂质的污染。

因为质子交换膜燃料电池的工作温度低，启动速度较快，功率密度较高（体积较小），所以很适合用作新一代交通工具的动力。从目前的发展情况看，质子交换膜燃料电池是技术非常成熟的燃料电池电动汽车动力源，质子交换膜燃料电池电动汽车被业内公认为是电动汽车的未来发展方向。

## 三、燃料电池的基本结构

燃料电池的基本结构由质子交换膜、催化层、气体扩散层和双极板组成，如图 4-22 所示，其中催化层与气体扩散层分别在质子交换膜两侧构成阳极和阴极。阳极为氢电极，是燃料发生氧化反应的电极；阴极为氧电极，是氧化剂发生还原反应的电极；阳极和阴极上都需要含有一定量的电催化剂，用来加速电极上发生的电化学反应；两电极之间是电解质，即质子交换膜；通过热压将阴极、阳极与质子交换膜复合在一起而形成膜电极。

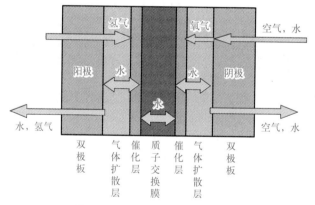

图 4-22　燃料电池的基本结构示意

### 1.质子交换膜

质子交换膜作为电解质，起到传导质子、隔离反应气体的作用。在燃料电池内部，质子交换膜为质子的迁移和输送提供通道，使得质子经过膜从阳极到达阴极，与外电路的电子转移构成回路，向外界提供电流。质子交换膜的性能对燃料电池的性能起着非常重要的作用，它的好坏也直接影响电池使用寿命的长短。

### 2.催化层

催化层是由催化剂和催化剂载体形成的薄层。催化剂主要采用铂炭（Pt/C）、铂合金炭（Pt 合金/C），载体材料主要是碳纳米颗粒、碳纳米管等。对材料的要求是导电性好，载体耐蚀，催化活性大。

### 3. 气体扩散层

气体扩散层是由导电材料制成的多孔合成物，起着支撑催化层，收集电流，并为电化学反应提供电子通道、气体通道和排水通道的作用。

### 4. 双极板

双极板又称集流板，放置在膜电极的两侧，其作用是阻隔燃料和氧化剂，收集和传导电流，导热，将各个单电池串联起来并通过流场为反应气体进入电极及水的排出提供通道。

## 四、质子交换膜

质子交换膜是指以质子为导电电荷的聚合物电解质膜，它是燃料电池的核心材料，是一种厚度仅为微米级的薄膜片，其微观结构非常复杂。

### 1. 质子交换膜的作用

质子交换膜在燃料电池中的位置如图 4-23 所示，它具有以下作用。

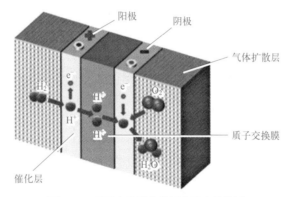

图 4-23　质子交换膜在燃料电池中的位置

① 为质子（$H^+$）传递提供通道，质子传导率越高，膜的内阻越小，燃料电池的效率越高。

② 为阳极和阴极提供隔离，阻止阳极的燃料（$H_2$）和阴极的氧化剂（$O_2$ 或空气）直接混合发生化学反应。

③ 作为电子绝缘体，阻止电子（$e^-$）在膜内传导，从而使燃料氧化后释放出的电子只能由阳极通过外线路向阴极流动，产生外部电流以供使用。

质子交换膜与一般化学电源中使用的隔膜有很大不同，它不仅是一种隔离阴阳极反应气体的隔膜材料，而且是电解质和电极活性物质（电催化剂）的基底，即兼有隔膜和电解质的作用；另外，质子交换膜还是一种选择透过性膜，在一定的温度和湿度条件下具有可选择的透过性，在质子交换膜的高分子结构中，含有多种离子基团，它只允许氢离子（氢质子）透过，而不允许氢分子及其他离子透过。

### 2. 质子交换膜的要求

质子交换膜是氢燃料电池中的核心部件之一，它和电极一起决定了整个氢燃料电池的性能、寿命和价格。用于氢燃料电池的质子交换膜必须满足以下要求。

① 质子传导率高，可以降低燃料电池内阻，提高电流密度。

② 较好的稳定性，包括物理稳定性和化学稳定性，阻止聚合物链降解，提高燃料电池耐久性。

③ 较低的气体渗透率，防止氢气和氧气在电极表面发生反应，造成电极局部过热，影响电池的电流效率。

④ 良好的力学性能，适合膜电极的制备组装，以及工作环境变化引起的尺寸形变。

⑤ 较低的尺寸变化率，防止膜吸水和脱水过程中的膨胀及收缩引起的局部应力增大造成膜与电极剥离。

⑥ 适当的性价比。目前，氢燃料电池在成本上尚未与内燃机汽车和纯电动汽车持平，这在很大程度上是由于尚未实现规模经济效应，且用于制造质子交换膜的原材料成本较高所导致的。

目前能同时满足以上所有条件的膜材料只有商业化的全氟化磺酸膜。

3. 质子交换膜的类型

质子交换膜主要分为全氟化质子交换膜、部分氟化质子交换膜和非氟化质子交换膜等。

（1）全氟化质子交换膜　全氟化质子交换膜是指在高分子链上的氢原子全部被氟原子取代的质子交换膜。全氟化磺酸型质子交换膜（以下简称"全氟化磺酸膜"）由碳氟主链和带有磺酸基团的醚支链构成，具有极高的化学稳定性，目前应用最广泛。

全氟化磺酸膜的优点是机械强度高、化学稳定性好和在湿度大的条件下电导率高；低温时电流密度大，质子传导电阻小。但是全氟化磺酸膜也存在一些缺点，如温度升高会引起质子传导性变差，高温时膜易发生化学降解；单体合成困难，成本高；价格昂贵；用于甲醇燃料电池时易发生甲醇渗透等。

全氟化磺酸型质子交换膜主要有以下几种类型：美国杜邦公司生产的全氟化磺酸（Nafion）系列膜；美国陶氏化学公司生产的 XUS-B204 膜；日本旭化成生产的 Aciplex 膜；日本旭硝子生产的 Flemion 膜；日本氯工程公司生产的 C 系列为代表的长支链全氟化磺酸膜；加拿大 Ballard 公司生产的 BAM 型膜。其中最具代表性的是由美国杜邦公司研制的全氟化磺酸（Nafion）系列膜。

（2）部分氟化质子交换膜　针对全氟化磺酸型质子交换膜价格昂贵、工作温度低等缺点，研究人员除了对其进行复合等改性外，还开展大量新型非全氟化磺酸膜的研发工作，部分氟化磺酸型质子交换膜便是其中之一，如聚三氟苯乙烯磺酸膜、聚四氟乙烯 - 六氟丙烯膜等。

部分氟化膜一般体现为主链全氟化，这样有利于在燃料电池苛刻的氧化环境下保证质子交换膜具有相应的使用寿命。质子交换基团一般是磺酸基团，按引入的方式不同，部分氟化磺酸型质子交换膜分为全氟化主链聚合，带有磺酸基的单体接枝到主链上；全氟化主链聚合后，单体侧链接枝，最后磺化；磺化单体直接聚合。采用部分氟化结构会明显降低薄膜成本，但是此类膜的电化学性能都不如美国杜邦公司生产的全氟化磺酸（Nafion）系列膜。

（3）非氟化质子交换膜　非氟化质子交换膜是指不含任何氟原子的质子交换膜。与全氟化磺酸膜相比，非氟化磺酸膜具有很多优点：价格便宜，很多原材料都容易买到；含极性基团的非氟化聚合物亲水能力在很宽温度范围内都很高，吸收的水分聚集在主链上的极性基团周围，膜保水能力较强；通过适当的分子设计，稳定性能够有较大改善；废弃非氟化聚合物易降解，不会造成环境污染。

磺化芳香型聚合物具有良好的热稳定性和较高的机械强度，磺化产物被广泛用于质子交换膜。

目前车用质子交换膜逐渐趋于薄型化，由先前的几十微米降低到几微米（如 8μm），这样能降低质子传递的欧姆极化，以达到较好的性能。

## 五、电催化剂

电催化剂是指加速电极反应过程但本身不被消耗的物质，它是质子交换膜燃料电池的关键材料之一，直接影响燃料电池的性能，也简称为催化剂。催化剂在反应前后不发生任何变化，不出现在反应式中，却能加快反应速率。

### 1. 电催化剂的作用

催化剂在燃料电池中位于质子交换膜两侧，如图 4-24 所示。

电催化剂的主要作用是加快膜电极电化学反应速率。由于燃料电池的低运行温度，以及电解质酸性的本质，故需要贵金属催化剂。

电催化剂按作用部位可分为阴极催化剂和阳极催化剂两类。氢燃料电池的阳极反应为氢的氧化反应，阴极反应为氧的还原反应。因氧的催化还原作用比氢的催化氧化作用更为困难，所以阴极是最关键的电极。

阳极催化层和阴极催化层是膜电极最重要的部分，阳极使用催化剂促进氢的氧化反应，涉及氧化反应、气体扩散、电子运动、质子运动、水的迁移等多种过程；阴极使用催化剂促进氧的还原反应，涉及氧气的还原、氧气的扩散、电子运动、质子运动、反应生成的水的排出等。

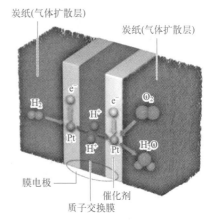

图 4-24 催化剂在燃料电池中的位置

### 2. 电催化剂的要求

燃料电池对催化剂的要求是具有足够的催化活性和稳定性，阳极催化剂还应具有抗一氧化碳（CO）中毒的能力，对于使用烃类燃料重整的氢燃料电池发电系统，阳极催化剂系统尤其应注意这个问题。由于氢燃料电池的工作温度低于 100℃，因此目前只有贵金属催化剂对氢气氧化和氧气还原反应表现出了足够的催化活性。现在所用的非常有效的催化剂是铂或铂合金催化剂，它对氢气氧化和氧气还原都具有非常好的催化能力，且可以长期稳定工作。由于燃料电池是在低温条件下工作的，因此，提高催化剂的活性，防止电极催化剂中毒很重要。

催化剂中毒是指反应过程中的一些中间产物，覆盖在催化剂上面致使催化剂的活性、选择性明显下降或丧失的现象。中毒现象的本质是微量杂质和催化剂活性中心的某种化学作用，形成没有活性的物质。

铂作为燃料电池的催化剂，具有以下不足。

① 铂资源匮乏。公开资料显示，全球铂储量仅 1.4 万吨。

② 价格昂贵。铂是一种贵金属，价格昂贵，这也使得燃料电池成本居高不下，进而影响其商业化与推广普及。1g 催化剂价格在 300 元左右。

③ 抗毒能力差。铂基催化剂与燃料氢气中的一氧化碳、硫等物质发生反应会导致其失去活性，无法再进行催化，进而导致燃料电池堆寿命缩减。

铂属于贵金属，随着燃料电池电动汽车的增多，铂的需求量会显著增加。例如，如果我国有 5 万辆燃料电池电动汽车上路行驶，平均每辆车的铂含量为 20g，那么累计就是 1t 的铂消耗量；如果有 100 万辆燃料电池电动汽车上路行驶，每辆车铂含量为 10g，那么累计铂消耗量就达到 10t。

由于铂的价格昂贵，资源匮乏，造成燃料电池成本很高，大大限制了其广泛的应用。这样，降低贵金属催化剂用量，寻求廉价催化剂，提高电极催化剂性能，成为电极催化剂研究的主要目标。

### 3. 电催化剂的类型

氢燃料电池的电催化剂分为非贵金属催化剂和合金催化剂。

（1）非贵金属催化剂 非贵金属催化剂是指不含任何贵金属成分的催化剂，贵金属元素包括锇（Os）、铱（Ir）、钌（Ru）、铑（Rh）、铂（Pt）、钯（Pd）、金（Au）、银（Ag）。

非贵金属催化剂的研究主要包括过渡金属原子簇合物、过渡金属螯合物、过渡金属氮化物与碳化物等。在这方面，各种杂原子掺杂的纳米碳材料成为研究热点，如氮掺杂的非贵金属催化剂显示了较好的应用前景。

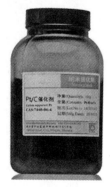

非贵金属催化剂价格较贵金属便宜，但催化活性较低。

（2）合金催化剂 合金催化剂是指由两种或两种以上金属形成的合金构成的催化剂。氢燃料电池的电催化剂一般采用合金催化剂，主要是铂基（Pt）电催化剂，也称为贵金属催化剂。

Pt/C（铂炭）催化剂是氢燃料电池常用的电催化剂，图 4-25 所示为某企业生产的 Pt/C 催化剂，其组成（质量分数）为 40%Pt 和 60%C；电化学活性面积为 $85m^2/g$；粒径为 2.8nm。

铂合金（Pt-Co/C、Pt-Fe/C、Pt-Ni/C 等）催化剂，在提高稳定性的同时，也能提高质量比活性，还可降低贵金属的用量。

图 4-25 某企业生产的 Pt/C 催化剂

Pt/C 催化剂和铂合金催化剂的比较见表 4-2。

表4-2 Pt/C催化剂和铂合金催化剂的比较

| 类型 | 构成 | 特点 |
| --- | --- | --- |
| Pt/C 催化剂 | Pt/C 催化剂是将铂的纳米颗粒分散在炭粉载体上的搭载性催化剂；铂含量为 20%～70% | 优势：选择性及活性更高，使用寿命长；可在低温低压及常温常压下进行催化，使用场景更广；可以回收提纯再加工；稳定性强且耐腐蚀<br>瓶颈：贵金属含量多，成本更高；贵金属催化剂易中毒 |

| 类型 | 构成 | 特点 |
|---|---|---|
| 铂合金催化剂 | 通过加入铁、钴、镍等金属元素，与铂结合形成核壳结构；例如铂钴（Pt-Co）催化剂，外层的纯铂包裹着由铂原子和钴原子交替形成的核心，有较好的活性及耐久性，显著降低了铂的含量 | 优势：稳定性及活性高；降低了贵金属用量，成本低；通过掺杂金属元素可以解决催化剂中毒现象<br>瓶颈：稳定性和腐蚀性较差 |

贵金属催化剂的起燃温度低，活性高，但在较高的温度下易烧结，因升华而导致活性组分流失，使活性降低，而且贵金属资源有限，价格昂贵，难以大规模使用。但其在低温时的催化活性是其他催化剂不能比的，所以现在还用于氢燃料电池的催化剂。

燃料电池的催化剂有别于普通的催化剂，对于催化的活性、稳定性和耐久性的指标，要高于普通催化剂。以现有技术来实现电池阴极的氧化还原反应，就需要大量使用贵金属铂作为电极催化剂。

## 六、气体扩散层

气体扩散层扮演燃料电池膜电极与双极板之间沟通的桥梁角色，其作用是支撑催化层、稳定电极结构，并具有质/热/电的传递功能，同时为电极反应提供气体、质子、电子和水等多个通道。

### 1. 气体扩散层的作用

燃料电池的气体扩散层位于双极板和催化层之间，不仅起着支撑催化层、稳定膜电极结构的作用，还承担着为膜电极反应提供气体通道、电子通道和排水通道等多重任务。气体扩散层在燃料电池中的位置如图 4-26 所示。

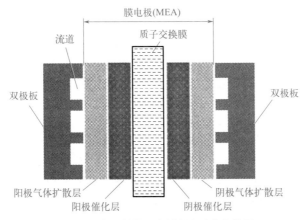

图 4-26　气体扩散层在燃料电池中的位置

氢燃料电池的气体扩散层具有以下主要作用。

（1）导气排水功能　在氢燃料电池的膜电极中，气体扩散层主要起到传输气体和水分的作用，负责将双极板中的氢气和氧气引导到催化层中，为催化层提供足够的气体用于反应；同时将催化层中生成的水传递到双极板，防止生成物在催化层中堆积，阻碍反应的进一步进行，也就是"水淹"。所以扩散层必须是多孔的材料，具备良好的透气性和良好的排水特性。

（2）导电及支撑功能　气体扩散层需要具有良好的电子导电性，这样从催化层中生成的电子，才能顺利地穿过气体扩散层，移动到双极板上。除了这些主要功能之外，气体扩散层还为膜电极提供了一定的支撑强度。气体扩散层是膜电极中厚度最厚的部分，通常大于 $100\mu m$。

### 2. 气体扩散层的要求

气体扩散层材料的性能直接影响着电化学反应的进行和燃料电池的工作效率。选用高性能的气体扩散层材料，有利于改善电池的综合性能。理想的气体扩散层材料应具备以下要求。

① 气体扩散层的孔隙多集中分布在 $0.03 \sim 300\mu m$，其中直径小于 $20\mu m$ 的孔占总孔体积的80%。另外，可以将气体扩散层中的孔分为微孔（$0.03 \sim 0.06\mu m$）、中孔（$0.06 \sim 5\mu m$）和大孔（$5 \sim 20\mu m$），气体扩散层必须同时控制水的进入/流出电极和提高反应气体透过率，微孔可以传递凝结水，而大孔对缓解水淹时的传质受限有贡献。当小孔被水填满时，大孔可提供气体传递的通道，但接触电阻较大。气体扩散层较大的孔隙率会导致较高的电流密度，在一定程度上会使电池性能提高，但高孔隙率伴随着气体扩散层被水淹，又会显著降低电池的电压。大孔有利于反应气体有效扩散到催化层，但不利于其对微孔层的支撑，催化剂和炭粉易于从大孔上脱落，降低催化剂利用率，不利于电流的传导，降低材料的导电性。

② 低的电阻率赋予它高的电子传导能力；炭纸的电阻包括平行于炭纸平面方向的面电阻、垂直于炭纸平面方向的体电阻、催化剂与扩散层间的接触电阻；良好的导电性要求炭纸结构紧密且表面平整，以减小接触电阻，进而提高其导电性能。

③ 具有一定的机械强度，有利于电极的制作和提供长期操作条件下电极结构的稳定性。

④ 具有化学稳定性和热稳定性，以保证电池温度均匀分布和散热，在一定载荷下不发生蠕变，维持一定的力学性能。

⑤ 合适的制造成本，高的性价比。

目前，关于气体扩散层的研究工作多集中在改善和优化扩散层的性质方面。如通过浸渍聚四氟乙烯和 Nafion 乳液改善扩散层的亲疏水性。

### 3. 气体扩散层的材料

常用于氢燃料电池电极中的气体扩散层材料有炭纸、炭布、炭黑纸及无纺布等，也有利用泡沫金属、金属网等来制备的。炭纸、炭布和炭黑纸的比较见表4-3。

表4-3　炭纸、炭布和炭黑纸的比较

| 参数 | 炭纸 | 炭布 | 炭黑纸 |
|---|---|---|---|
| 厚度 /mm | $0.2 \sim 0.3$ | $0.1 \sim 1.0$ | $< 0.5$ |
| 密度 /（g/cm$^3$） | $0.4 \sim 0.5$ | 不适用 | 0.35 |

| 参数 | 炭纸 | 炭布 | 炭黑纸 |
|---|---|---|---|
| 强度 /MPa | 16 ～ 18 | 3000 | 不适用 |
| 电阻率 / ( Ω·cm ) | 0.02 ～ 0.10 | 不适用 | 0.5 |
| 透气性 /% | 70 ～ 80 | 60 ～ 90 | 70 |

炭纸是把均匀分散的碳纤维黏结在一起后而形成的多孔纸状型材，如图 4-27 所示。炭纸凭借制造工艺成熟、性能稳定、成本相对低和适于再加工等优点，成为目前商业化的气体扩散层首先材料。

图 4-27　炭纸

## 七、膜电极

膜电极是燃料电池的电化学反应场所，是燃料电池的核心部件，有燃料电池"心脏"之称，它的设计和制备对燃料电池性能与稳定性起着决定性作用。

### 1. 膜电极的作用

膜电极是由质子交换膜和分别置于其两侧的催化层及气体扩散层通过一定的工艺组合在一起构成的组件。膜电极是燃料电池发电的关键核心部件，膜电极与其两侧的双极板组成了燃料电池的基本单元——燃料电池单电池。在实际应用中可以根据设计的需要将多个单电池组合成为燃料电池堆以满足不同大小功率输出的需要。图 4-28 所示为由膜电极与极板组成的燃料电池单体结构示意。

氢气通过阳极极板上的气体流场到达阳极，通过电极上的阳极扩散层到达阳极催化层，并吸附在阳极催化层上，氢气在催化剂铂的催化作用下分解为 2 个氢离子，即质子 $H^+$，并释放出 2 个电子，这个过程称为氢的阳极氧化过程。

在电池的另一端，氧气或空气通过阴极极板上的气体流场到达阴极，通过电极上的阴极扩散层到达阴极催化层，吸附在阴极催化层，同时，氢离子穿过电解质到达阴极，电子通过外电路也到达阴极。在阴极催化剂的作用下，氧气与氢离子和电子发生反应生成水，这个过程称为氧的阴极还原过程。

与此同时，电子在外电路的连接下形成电流，通过适当连接可以向负载输出电能，生成的水通过电极随反应尾气排出。

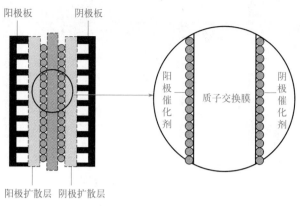

图 4-28　由膜电极与极板组成的燃料电池单体结构示意

### 2. 膜电极的要求

燃料电池对膜电极具有以下要求。

① 能够最大限度减小气体的传输阻力，使得反应气体顺利由扩散层到达催化层发生电化学反应，即最大限度发挥单位面积和单位质量的催化剂的反应活性。因此，气体扩散电极必须具备适当的疏水性，一方面保证反应气体能够顺利经过最短的通道到达催化剂，另一方面确保生成的产物水能够润湿膜，同时多余的水可以排出，防止阻塞气体通道。

② 形成良好的离子通道，降低离子传输的阻力。氢燃料电池采用的是固体电解质，磺酸根固定在离子交换膜树脂上，不会浸入电极内，因此必须确保反应在电极催化层内建立质子通道。

③ 形成良好的电子通道。膜电极中炭载铂催化剂是电子的良导体，但是催化层和扩散层的存在将在一定程度上影响电导率，在满足离子和气体传导的基础上还要考虑电子传导能力，综合考虑以提高膜电极的整体性能。

④ 气体扩散电极应该保证良好的机械强度及导热性。

⑤ 膜具有高的质子传导性，能够很好地隔绝氢气和氧气，防止互窜，有很好的化学稳定性、热稳定性及抗水解性。

### 3. 膜电极的分类

目前，膜电极的制备工艺已经发展了三代。

（1）第一代膜电极　第一代膜电极制备工艺主要采用热压法，如图 4-29 所示。具体是将催化剂浆料涂覆在气体扩散层上，构成阳极和阴极催化层，再将其和质子交换膜通过热压结合在一起，形成的这种膜电极称为 GDE 结构膜电极。该技术优点在于膜电极的通气性能良好，制备过程中质子交换膜不易变形；缺点是催化剂涂覆在气体扩散层上，易通过孔隙嵌入气体扩散层内部，造成催化剂的利用率下降，并且热压黏合后的催化层和质子交换膜之间黏力较差，导致膜电极总体性能不高。

图 4-29　第一代热压法制取膜电极工艺流程简图

（2）第二代膜电极　第二代膜电极制备技术是催化剂直接涂膜（catalyst coated membrane，CCM）技术，如图4-30所示。具体是将催化层直接涂覆（利用含全氟化磺酸树脂黏合剂）在质子交换膜的两侧，再通过热压的方式将其和气体扩散层结合在一起形成CCM结构膜电极。该技术提高了催化剂的利用率，并且由于使用质子交换膜的核心材料作为黏合剂，使催化层和质子交换膜之间的阻力降低，提高了氢离子在催化层的扩散和运动，从而提高性能，是目前的主流应用技术。

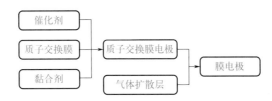

图4-30　第二代催化剂直接涂膜法制取膜电极工艺流程简图

　　近年来，随着燃料电池电动汽车产业的发展，业内对膜电极的性能提出越来越高的要求，第二代膜电极制取方法还存在着反应过程中催化层结构不稳定、铂颗粒易脱落的问题，影响着膜电极的使用寿命。针对该现象，各大研究机构结合高分子材料技术及纳米材料技术，向催化层的有序化方向发展，制成的有序化膜电极具有优良的多相传质通道，大幅度降低了膜电极中催化剂铂的载量，并提升了膜电极的性能和使用寿命。

　　（3）第三代膜电极　第三代膜电极是有序化膜电极。有序化膜电极通过构建有序化的多相物质传输通道，使气体、质子、电子、水、热等可以得到高效传输。这种有序的结构在一定程度上提高了贵金属催化剂的利用率，降低了铂负载量（35μg/cm²），并且保持了较高的功率密度，同时有序的结构起到水管理的作用，减少了催化剂的聚集现象，有效地延长了膜电极的寿命。依据实现有序化的方式不同将有序化膜电极分为三类：载体材料有序化催化层；催化剂有序化催化层；Nafion纳米结构有序化。

　　① 载体材料有序化催化层。载体材料有序化是指将铂颗粒分散在有序的载体材料上，使铂更均匀分布，在加强三相传输的同时，有效地提高铂的利用率。并且载体材料相较于炭黑在高电位下具有更好的稳定性，能够提升膜电极的耐久性。一般来说有序化载体的选择分为两大类：碳材料（碳纳米管、碳纤维、介孔炭）和金属氧化物阵列。

　　② 催化剂有序化催化层。催化剂有序化膜电极是催化剂本身具有有序结构的一类膜电极，同样可以实现水、热、电子、质子的有序化传输。比如催化剂纳米线（铂纳米线）、铂纳米棒、铂纳米管以及纳米结构薄膜催化剂。

　　③ Nafion纳米结构有序化。上述两类膜电极的制作都是先将催化层有序化阵列生长出来后热压或者转印到质子交换膜上，这样在一定程度上破坏了原有的有序结构，并且增加了接触阻抗。而Nafion纳米结构有序化膜电极是在质子交换膜上原位生长出的有序化结构，没有其他两类膜电极存在的问题，并且由于是Nafion阵列，其质子传导率也会更高。与其他两类有序化膜电极相比，Nafion纳米结构有序化膜电极的发展较晚，但是发展潜力依旧巨大。

　　膜电极的结构和材料对其电化学性能起着关键性作用，第三代膜电极的有序结构对于燃料电池运行过程中电子、质子、气体和水的传输非常有利，不仅有效地降低了传质阻力，增加了电池催化活性从而降低铂载量，而且提高了膜电极的耐久性。有序化膜电极是膜电极的发展方向。

## 八、双极板

双极板由以下五个部件构成：阳极侧密封圈、阳极金属板、阴极金属板、焊缝、阴极侧密封圈，如图 4-31 所示。双极板通过将阳极金属板和阴极金属板焊接在一起而成，其阴极侧板和阳极侧板的边缘会有槽，用于布置密封圈，防止反应气和冷却液互窜，同时也防止反应气和冷却液外漏。

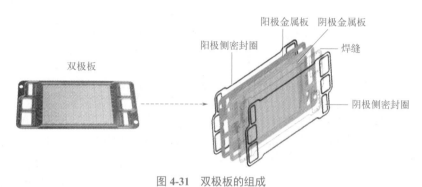

图 4-31　双极板的组成

### 1.双极板的作用

双极板在燃料电池中的位置如图 4-32 所示，它位于膜电极两侧，具有以下作用。

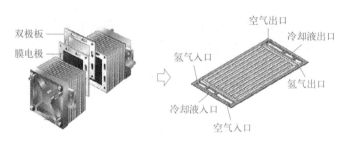

图 4-32　双极板在燃料电池中的位置

① 与膜电极连接组成单电池。

② 提供气体流道，输送氢气和氧气，并防止电池气室中的氢气与氧气串通。

③ 电流收集和传导，在串联的阴阳两极之间建立电流通路。

④ 支撑燃料电池堆和膜电极。

⑤ 排出反应中产生的热量。

⑥ 排出反应中产生的水。

### 2.双极板的要求

燃料电池对双极板具有以下要求。

① 良好的导电性。双极板具有集流作用，必须具有尽可能小的电阻以确保电池性能。

② 良好的导热性。以确保电池在工作时温度分布均匀并使电池的废热顺利排出，提高电极效率。

③ 良好的化学稳定性和抗腐蚀能力。双极板被腐蚀后表面电阻增大，进而使电池性能下降，故双极板材料必须在其工作温度与电位范围内，同时具有在氧化介质（如氧气）和还原介质（如氢气）两种条件下的耐腐蚀能力。

④ 均匀分布流体。均匀分布流体可确保燃料和氧化剂均匀到达催化层，有利于充分利用催化剂，从而大大提高燃料电池的性能。

⑤ 良好的气密性。双极板用以分隔氧化剂与还原剂，因此双极板应具有阻气功能，不能采用多孔透气材料制备。如果采用多层复合材料，至少有一层必须无孔，防止在燃料电池堆中阴、阳极气体透过流场板直接反应，降低燃料电池堆的性能甚至发生危险。

⑥ 质轻，体积小，容易加工。双极板质轻和体积小可使燃料电池的质量比功率和体积比功率变大，而容易加工则可提高生产效率，大大降低电池的成本。

### 3.双极板的类型

双极板按照材料大致可分为三类：炭质材料双极板、金属材料双极板以及金属与炭质的复合材料双极板。

（1）炭质材料双极板　炭质材料包括石墨、模压炭材料及膨胀（柔性）石墨。传统双极板采用致密石墨，经机械加工制成气体流道。石墨双极板化学性质稳定，与膜电极之间接触电阻小，常用于商用车燃料电池。

图 4-33 所示为石墨材料双极板。石墨材料双极板的优点是导电性高，导热性好，耐腐蚀性强，耐久性高；缺点是易脆，组装困难，厚度不易做薄，制作周期长，机械加工难，成本高。

（2）金属材料双极板　铝、镍、钛及不锈钢等金属材料可用于制作双极板。图 4-34 所示为金属材料双极板。

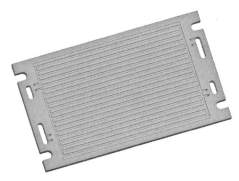

图 4-33　石墨材料双极板

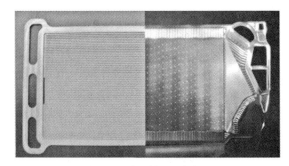

图 4-34　金属材料双极板

金属材料双极板的强度高，韧性好，而且导电、导热性能好，功率密度更大，可以方便地加工制成很薄的氢燃料电池的双极板（0.1～0.3mm）；缺点是易腐蚀，表面需要改性。金属双极板主要应用于燃料电池乘用车，如丰田 Mirai 采用的就是金属材料双极板，其燃料电池模块功率密度达到 3.1kW/L；英国新一代金属材料双极板燃料电池模块的功率密度更是达到了 5kW/L。金属材料双极板使氢燃料电池模块的功率密度大幅提升，已成为乘用车燃料电池的主流双极板。

（3）金属与炭质的复合材料双极板　若双极板与膜电极之间的接触电阻大，欧姆电阻产生的极化损失多，运行效率会下降。在常用的各种双极板材料中，石墨材料的接触电阻最小，不锈钢和钛的表面均形成不导电的氧化物膜使接触电阻增高。

金属与炭质的复合材料双极板兼具石墨材料双极板和金属材料双极板的优点，密度低，抗腐蚀，易成型，使燃料电池堆装配后达到更好的效果。但加工周期长，长期工作可靠性差，因此没有大范围推广，未来将向低成本化方向发展。

常用双极板的比较见表4-4。

表4-4　常用双极板的比较

| 双极板类型 | 优势 | 劣势 |
| --- | --- | --- |
| 炭质材料双极板 | 导电性、导热性、耐腐蚀性好，重量小，技术成熟 | 体积大，强度和加工性能较差 |
| 金属材料双极板 | 强度高，导电性、导热性好，成本低 | 密度较大，耐腐蚀性差 |
| 金属与炭质的复合材料双极板 | 兼具石墨材料的耐腐蚀性和金属材料的高强度特点，阻气性好 | 重量大，加工烦琐，成本高 |

## 九、燃料电池的单电池

单电池是氢燃料电池的基本单元，由一组阳极和阴极及分开它们的电解质（液）组成。单电池相当于单个电芯，理论电压为1.2V左右，实际运作过程中有损耗，工作电压一般小于1.0V。氢燃料电池的单电池应包含以下全部或部分组件。

（1）一片膜电极组件　电极面积应足够大以满足参数测量要求。虽然较大的燃料电池采用较大面积的电极可能会得到与实际应用更相关的数据，但仍建议电极面积在25cm²左右。

（2）密封件　密封件材料应当与电池反应气体、各组件和反应物以及运行温度相匹配，应能阻止气体的泄漏。

（3）一块阳极侧的双极板和一块阴极侧的双极板　双极板应由具有可忽略的气体渗透性、高导电性的材料制成。推荐使用树脂浸渍、高密度合成石墨、聚合物/碳复合材料，或者耐腐蚀的金属材料，如钛或不锈钢。如果使用金属材料，其表面应有涂层或镀层以减少接触电阻。流场板应当耐腐蚀，有合适的密封。

（4）一块阳极侧的集流板和一块阴极侧的集流板　集流板应由具有高电导率的材料（如金属）制成。对于金属集流板，可以在表面涂覆/镀上降低接触电阻的材料，如金或银；但要注意选择涂层材料，该涂层材料应与电池的组件、反应气体和产物相容。集流板应有足够的厚度以减小电压降，同时应有用于导线连接的输出端。如果双极板同时起到集流板的作用，则不再需要单独的集流板。

（5）一块阳极侧的端板和一块阴极侧的端板　端板（夹固板）应为平板且表面光滑，应具有足够的机械强度以承受螺栓紧固时产生的弯曲压力。如果端板具有导电性，应将其与集流板隔绝以防止发生短路。

（6）电绝缘片（薄板）　电绝缘片用于隔绝集流板和端板。

（7）紧固件（可能包括螺栓、弹簧和垫圈等）　紧固件应具有高的机械强度，以承受电池组装和运行时产生的压力。可以使用垫片和弹簧保持作用在单电池上的压力恒定均匀。应使用扭力扳手或其他测量仪器确定电池上的压力的精确。建议使用电绝缘的紧固件。

（8）温控装置　为了使单电池保持恒温且沿流场板和通过电池方向温度分布均匀，应提供温控装置（加热或冷却）。温控装置的设计可遵循一定的温度曲线图。温控装置应能防止过热。

（9）其他辅助部件　能够满足单电池发电的辅助部件。

图4-35所示为氢燃料电池的单电池结构示意。质子交换膜、阴阳极气体扩散层和催化层共同构成了膜电极，膜电极两侧为阴阳极双极板。

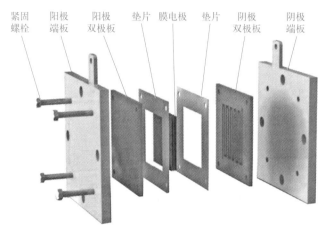

图4-35　氢燃料电池的单电池结构示意

图4-36所示为丰田第二代Mirai单电池结构。

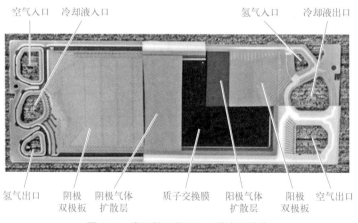

图4-36　丰田第二代Mirai单电池结构

## 十、车用氢燃料电池发电系统

车用氢燃料电池发电系统是使用多个燃料电池模块产生电能和热的发电系统。燃料电池发电系统一般由燃料电池模块、DC/DC转换器、车载储氢系统、热管理系统、系统附件组成，其中燃料电池模块又包括燃料电池堆、氢气供给系统、空气供给系统、电子控制系统、模块附件等，如图4-37所示。

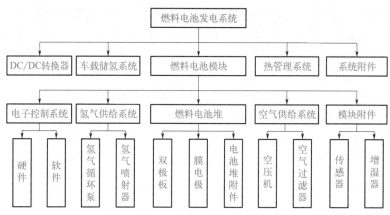

图 4-37 车用氢燃料电池发电系统的组成

图 4-38 所示为丰田第二代氢燃料电池发电系统简图。

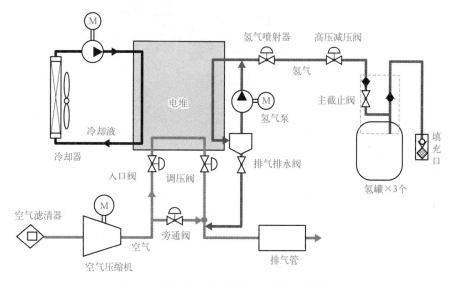

图 4-38 丰田第二代氢燃料电池发电系统简图

## 1. 燃料电池堆

燃料电池堆是由两个或多个单电池和其他必要的结构件组成的、具有统一电能输出的组合体，如图 4-39 所示。必要结构件包括端板、膜电极、双极板、密封件、紧固件、壳体等。将双极板与膜电极交替叠合，各单体之间嵌入密封件，经前、后端板压紧后用紧固件紧固拴牢，封装于壳体内，即构成燃料电池堆。

（1）端板 端板的主要作用是控制接触压力，因此足够的强度和刚度是端板最重要的特性。足够的强度可以保证在封装力作用下端板不发生破坏，足够的刚度则可以使得端板变形更加合理，从而均匀地传递封装载荷到密封层和膜电极上。

（2）膜电极 膜电极是氢燃料电池的核心组件，它一般由质子交换膜、催化层和气体扩散层组成。氢燃料电池的性能由膜电极决定，而膜电极的性能主要由质子交换膜性能、气体扩散层结构、催化层材料和性能、膜电极本身的制备工艺所决定。

（3）双极板 双极板又称流场板，是燃料电池堆的核心结构零部件，起到均匀分配气体、排水、导热、导电的作用，占整个燃料电池 60% 的重量和约 20% 的成本，其性能优劣直接影响电池的输出功率和使用寿命。双极板材料主要包括金属双极板、石墨双极板和复合双极板，丰田 Mirai、本田 Clarity 和现代 NEXO 等燃料电池乘用车均采用金属双极板，而商用车一般采用石墨双极板。

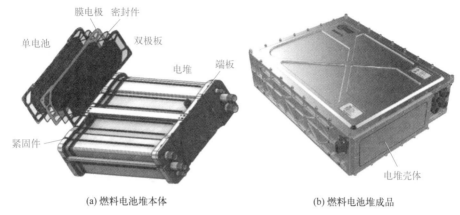

(a) 燃料电池堆本体　　　　　　　　(b) 燃料电池堆成品

图 4-39　燃料电池堆的组成

（4）密封件　氢燃料电池堆对于密封有很高的要求，不允许有任何泄漏。

（5）紧固件　紧固件的作用是维持燃料电池堆各组件之间的接触压力。燃料电池堆紧固方式有螺栓紧固式和绑带捆扎式。螺栓紧固式是较早采用的方式，其装配简单，设计要点为螺栓数量、分布、预紧力的大小以及螺栓预紧力的次序。绑带紧固的优势在于结构紧凑，可实现相对高的功率密度。其设计要点包括绑带材料、绑带宽度和厚度、绑带分布数量和位置。

（6）壳体　在实际应用中，燃料电池堆本体及其他附件都封装于一个壳体之内，即实际应用中看到的成品燃料电池堆。

2. 氢气供给系统

氢气供给系统作为燃料电池模块的重要组成部分，其作用是调节燃料电池堆入口氢气的流量和压力。来实现氢气的循环利用和燃料电池堆内部的水平衡管理。

图 4-40 所示为丰田 Mirai 燃料电池发电系统的氢气供给系统示意。氢循环泵最大功率为430W，峰值转速为 6200r/min，通过在空间上紧邻燃料电池堆强化电机散热性能。供氢部分采用三支喷嘴并行交替工作，通过电控策略实现 Mirai 燃料电池堆阳极氢气进气动态精确调控。

燃料电池发电系统进行氢气循环具有以下必要性。

（1）提高氢气利用率　为了提高燃料电池的反应效率，减少燃料电池电动汽车在加速时的反应时间，燃料电池的氢气供给量要大于氢气的理论消耗量。如果不做氢气循环，将这些过量供应的氢气直接随尾气排放，会造成氢气的大量浪费。

以燃料电池发电系统的某一运行工况为例，在一个循环测试工况下，燃料电池堆侧的理论氢气消耗量为 2.35kg，而其实际消耗量为 3.84kg，也就是说，有 1.49kg（占实际消耗量的38.8%）的氢气没有被利用。因此，为提高氢气利用率，提高氢燃料的经济性，进行氢气循环很有必要。

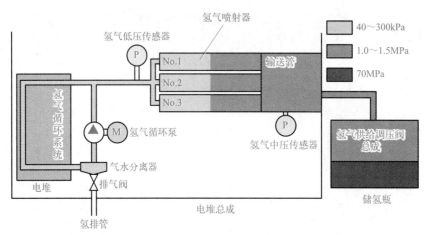

图 4-40　丰田 Mirai 燃料电池发电系统的氢气供给系统示意

（2）提高涉氢安全性　比氢气浪费更让人关注的是氢气的排放安全，如果不进行氢气循环，那么大量未反应的氢气直接经尾排口排放至大气会造成极大的高浓度排氢隐患。而如果想通过空气路稀释掉高浓度氢气，以满足涉氢排放安全，则会对空气路的空压机等带来巨大负担和压力。

（3）改善燃料电池质子交换膜的湿度　将燃料电池堆内部由于电化学反应生成的水循环至氢气入口，起到给进气加湿的作用，改善燃料电池堆内的水润水平，提高水管理能力，进而提升燃料电池堆的输出特性。

（4）有助于精简燃料电池发电系统结构　氢气循环泵将燃料电池堆电化学反应生成的部分水与外界氢气相混合，进而起到进气增湿的作用，帮助燃料电池堆实现"自增湿"，由此越来越多的系统厂商逐渐取消了增湿器这个部件，有助于精简燃料电池的系统结构，使燃料电池发电系统的体积更小。

燃料电池发电系统氢气循环方案见表 4-5。

表4-5　燃料电池发电系统氢气循环方案

| 氢气循环方案 | 优势 | 劣势 |
| --- | --- | --- |
| 循环泵方案 | 能够对回流量进行主动控制，并且在全工况范围内具有良好的循环效果 | 噪声大，重量大，成本高，冷启动存在结冰问题，消耗多余的功率等 |
| 单引射器方案 | 结构稳定，成本低，满足全工况范围需求，不消耗多余功率 | 循环量不可主动控制 |
| 双引射器方案 | 结构稳定，重量小，成本低 | 不能满足全工况范围需求，循环量不可主动控制 |
| 引射器和循环泵并联方案 | 满足全工况范围需求 | 体积大，重量大，冷启动存在结冰问题，成本高 |
| 引射器旁通喷射器方案 | 循环量可控，体积小，成本低 | 双喷射器和引射器的匹配控制难度高 |

以上几种技术方案从成本、效率、技术成熟度、资源可行性等不同的角度进行分析，综合考量的结果，引射器将成为未来发展的热点，越来越多的整车厂将设计研发的重点放在了

全功率范围工作的引射器上，并且在应用层面逐步优化控制策略，从而提高系统应用的合理性和寿命。

### 3. 空气供给系统

燃料电池的空气供给系统的作用是对进入燃料电池的空气进行过滤、加湿及压力调节，为燃料电池的阴极供给适宜状态的空气（氧气）。以丰田 Mirai 燃料电池为例，空气供给系统主要由空气滤清器、空压机、中冷器、三通阀、背压阀以及消声器等部件组成，如图 4-41 所示。有的空气供给系统还有加湿器。

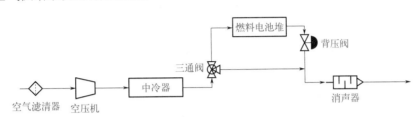

图 4-41　丰田 Mirai 燃料电池空气供给系统

空气供给系统设计应遵循以下原则。

① 需防止空压机润滑油等污染物进入燃料电池堆，影响正常工作。

② 通过采用传感器实时采集空气供给管路中空气温度和压力信号，并输入燃料电池控制器中，而且提供温度和压力过高及过低报警功能。

③ 根据燃料电池运行工况，动态调节中冷器、加湿器等部件的运行条件，保证各个部件运行在工作最佳状态。

为了保证燃料电池堆的反应效率，反应空气需要具有一定压力，故采用空压机对环境大气进行压缩。燃料电池用空压机主要有离心式、罗茨式、双螺杆式三种。

（1）离心式空压机　离心式空压机通过旋转叶轮对气体做功，在叶轮与扩压器流道内，利用离心升压和降速扩压作用，将机械能转化为气体内能，具有结构紧凑、响应快、寿命长和效率高的特点。但离心式空压机工作区域窄，在低流量、高压时会发生喘振，喘振严重影响其使用寿命。图 4-42 所示为两级离心式空压机。

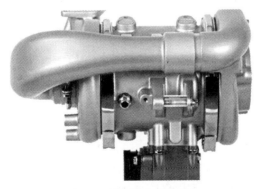

图 4-42　两级离心式空压机

（2）罗茨式空压机　罗茨式空压机的转子间的容腔不发生变化，把空气挤压到外部较小的容腔中，外部容腔中空气密度不断升高，从而产生压力，称为"外压缩"。罗茨式空压机工作范围宽广，适用于全功率燃料电池发电系统。但是罗茨式空压机高频噪声很大，每个工况点的噪声频谱都不同，需要针对性设计消声器。

（3）双螺杆式空压机　通过在螺杆之间形成压缩腔，公母螺杆之间的容腔逐渐缩小，气体压力逐渐升高，称为"内压缩"。双螺杆式空压机工作范围宽广，适用于全功率燃料电池发电系统。但是双螺杆式空压机高频噪声很大，每个工况点的噪声频谱也都不同，同样需要针对性设计消声器。

从国内的氢燃料电池市场来看，双螺杆式空压机所占市场份额相对较多，但现在已经有越来越多的燃料电池和系统厂商开始采用离心式空压机替换。

### 4. 热管理系统

燃料电池热管理系统的主要作用是维持燃料电池发电系统的热平衡，回收多余的热量，并在燃料电池发电系统启动时能够进行辅助加热，保证燃料电池堆内部能够迅速达到适合的温度区间，同时保证阴极与阳极两侧温度处于最佳的工作区域。

一个典型的燃料电池热管理系统主要包括水泵、节温器、去离子器、中冷器、PTC 加热器、散热器、循环管路等，如图 4-43 所示。

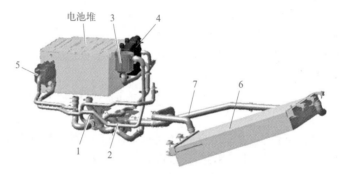

图 4-43　燃料电池热管理系统示意

1—水泵；2—节温器；3—去离子器；4—中冷器；5—PTC 加热器；6—散热器；7—循环管路

热管理系统是保障燃料电池正常工作的基础，它的设计应遵循以下原则。

① 热管理系统应能有效对燃料电池堆进行散热和降温，以确保燃料电池堆工作温度始终在正常范围内，以免温度过高影响燃料电池堆的使用寿命。

② 为确保特定区域使用的燃料电池发电系统低温启动性能，应设计加热元器件。在燃料电池发电系统内置加热元器件进行热设计时，应具备相应的安全设计，当加热元器件温度过高时，能够自动切断加热元器件电源。

③ 对于热管理系统中的液冷流路，当系统可能发生泄漏甚至产生安全隐患时，热管理设计应考虑具有相应的检测手段，并发出报警信号。

④ 燃料电池发电系统零部件应尽量选用阻燃等级较高或不燃烧的材料，即使在热失控的极端条件下，系统内零部件至少不会加剧燃烧反应。

⑤ 在燃料电池热管理中，燃料电池的最大耐受温度应考虑燃料电池局部热点问题，防止燃料电池局部温度过高造成危险。当燃料电池的温度达到最大耐受温度时，需要限定燃料电池的输出功率，直至燃料电池达到安全温度后，方可放开限定功率。

⑥ 燃料电池运行一段时间后，冷却液电导率上升，导致燃料电池堆内部有短路的风险，

热管理系统需要实时采集冷却液的电导率，提供电导率报警功能。若电导率超过一定值，则需要更换离子过滤器，降低冷却液的电导率。

⑦ 热管理系统能提供液位报警、流量报警等功能，当液位和流量过高或过低时进行报警，及时发现冷却液泄漏等现象，保证冷却液的流量稳定。

热管理系统根据冷却液流经通道不同一般分为大循环（内循环）和小循环（外循环）。当温度不高时，冷却液经由节温器出口直接进入电堆，带出氢气、氧气以及废热后直接进入冷却液水泵形成又一次的循环称为小循环（内循环）。当冷却液温度过高时，冷却液经由节温器进入散热器，将其中的热量置换出去，经由散热器出口后再进入电堆的循环称为大循环（外循环）。

根据不同燃料电池发电系统厂家的方案和布局结构，会呈现不同的热管理系统的设计。

### 5. 电子控制系统

燃料电池电子控制系统也称为燃料电池控制器，它是包含传感器、执行器阀、开关、控制逻辑部件等的总成，保证空气供给系统、氢气供给系统及热管理系统的各部件能够协调和高效工作，使其可以发挥出最大效能。

燃料电池发电系统的控制原理是基于反馈控制系统和电子控制系统，通过测量燃料电池发电系统各个部分的参数，如电压、电流、温度等，对燃料电池发电系统进行实时监测和控制，以保证系统的稳定性和安全性。

燃料电池发电系统的控制主要包括以下几个方面。

（1）氢气供应控制　燃料电池需要不断供应氢气，以保证其正常运行。电子控制系统可以根据燃料电池堆的负载情况，控制氢气的供应量，以避免过量或不足。

（2）氧气供应控制　燃料电池需要氧气来作为反应的另一方。电子控制系统可以根据氧气储存罐的氧气含量，控制氧气的供应量，以确保燃料电池的正常运行。

（3）冷却控制　燃料电池发电系统需要不断排放热量，否则会导致系统过热而损坏。因此，电子控制系统需要控制冷却系统（热管理系统）的运行，以保证系统的温度在合理范围内。

（4）压力控制　燃料电池发电系统需要保持一定的压力才能正常运行。电子控制系统可以根据氢气和氧气储存罐的压力情况，控制燃料电池堆的压力，以确保系统的稳定性。

燃料电池发电系统控制技术具有以下主要发展方向。

（1）高效能控制技术　为了提高燃料电池发电系统的能量利用率，采用高效能控制技术可以最大限度地利用燃料电池发电系统的能量，从而提高其效率。

（2）智能化控制技术　把人工智能技术应用于燃料电池发电系统控制中，可以自动地调整燃料电池发电系统的参数，以适应不同的运行环境和负载变化。

（3）多元化控制技术　车载燃料电池发电系统需要同时满足加速、刹车等不同需求，因此需要开发多元化的控制技术来满足不同的需求。

（4）安全可靠控制技术　燃料电池发电系统的安全性是非常重要的，因此需要开发更加安全可靠的控制技术。

### 6. DC/DC 转换器

以燃料电池作为电源直接驱动负载，一方面输出特性偏软，另一方面燃料电池的输出电压较低，在燃料电池与汽车驱动之间加入 DC/DC 转换器，燃料电池和 DC/DC 转换器共同组成电源对外供电，从而转换成稳定、可控的直流电源。

DC/DC 转换器用于将燃料电池输出的低压直流电升压为高压直流电输出，为燃料电池电动汽车提供电能，同时为动力蓄电池充电。DC/DC 转换器通过对燃料电池发电系统输出功率的精确控制，实现整车动力系统之间的功率分配以及优化控制。图 4-44 所示为丰田 Mirai 燃料电池堆与 DC/DC 转换器的位置关系。

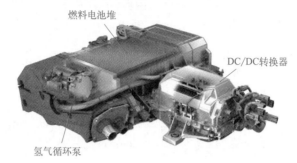

图 4-44　丰田 Mirai 燃料电池堆与 DC/DC 转换器的位置关系

## 十一、燃料电池的关键技术

燃料电池的关键技术有膜电极、双极板和燃料电池堆。

### 1. 膜电极

膜电极由质子交换膜、催化层和气体扩散层三部分组成。

（1）质子交换膜　燃料电池的核心元件是一种聚合物电解质膜（质子交换膜），目前质子交换膜的主流趋势是全氟化磺酸增强型复合膜。质子交换膜逐渐趋于薄型化，由几十微米降低到十几微米，降低质子传递的欧姆极化，以达到更高的性能。质子交换膜是影响电池性能和寿命的关键因素，目前技术难点主要包括质子交换膜导电机理与降解机理，开发化学与力学稳定性高、导电性强、具有自加湿能力的高性能质子交换膜材料以及质子交换膜的成型技术。

（2）催化层　燃料电池目前"卡脖子"的关键技术就是氢能的催化剂，催化层是由催化剂和催化剂载体形成的薄层。催化层主要搭载的是催化剂，催化剂可以促进氢、氧在电极上的氧化还原过程并在氢燃料电池堆中产生电流，电极上氢的氧化反应和氧的还原反应过程主要受催化剂控制。催化剂是保证燃料电池电化学反应活性的关键，也是影响氢燃料电池活化极化的主要因素，被视为氢燃料电池的关键材料。目前氢燃料电池的催化剂主要分为三个大类：铂催化剂、低铂催化剂和非铂催化剂。其中低铂催化剂分为核壳类催化剂与纳米结构催化剂，非铂催化剂分为钯基催化剂、非贵金属催化剂与非金属催化剂。目前燃料电池中常用的催化剂是铂炭（Pt/C）。可以通过铂的各种合金来降低其含量以摆脱燃料电池对铂的依赖。

（3）气体扩散层　气体扩散层包括碳纤维基层和碳微孔层，位于流场和膜电极之间，主要作用是为参与反应的气体和产生的水提供传输通道，并支撑膜电极。气体扩散层必须具备良好的机械强度、合适的孔结构、良好的导电性、高稳定性、高导热性和良好的疏水性。

## 2. 双极板

双极板（又称隔板）的功能是提供气体流道，防止电池气室中的氢气与氧气串通，并在串联的阴阳两极之间建立电流通路。在保持一定机械强度和良好阻气作用的前提下，双极板的厚度应尽可能地薄，以减少对电流和热的传导阻力。它的主要作用是分隔燃料与氧化剂，阻止气体透过；收集、传导电流，电导率高；设计与加工的流道，可将气体均匀分配到电极的反应层进行电极反应；能排出热量，保持电池温场均匀。

在实际的车辆应用中，氢燃料电池主要经历四种工况：启/停工况、怠速工况、高负载工况和变载工况。工况的变化可能会导致反应气体不足，而反应气体不足和启/停工况则会带来高电势。双极板材料是电与热的良导体，具有一定的强度以及气体致密性等；稳定性方面，要求双极板在燃料电池酸性、电位、湿热环境下具有耐腐蚀性，且对燃料电池其他部件与材料的相容无污染性。

双极板分为石墨双极板、复合双极板、金属双极板三大类。金属双极板因其在超薄状态下的成形性能优于其他材料，所以在高功率燃料电池堆中得到广泛应用，而石墨双极板和复合双极板一般用于中、低功率燃料电池堆中。各大汽车公司都采用金属双极板技术，其技术难点在于成形技术、金属双极板表面处理技术，比如筛选导电、耐腐蚀兼容的涂层材料与保证涂层致密、稳定的制备技术。

## 3. 燃料电池堆

燃料电池堆由多个单电池以串联方式层叠组合而成。单电池由双极板与膜电极（催化剂、质子交换膜、炭纸/炭布）组成。单体之间嵌入密封件，经前、后端板压紧后用螺杆紧固拴牢，即构成燃料电池堆。

对于燃料电池堆的设计，上承系统运行要求，下接关键材料性能。燃料电池堆运行的可靠性、燃料电池堆发电效率、功率密度的提高和成本的减控、燃料电池堆批量生产过程中的质量监控是燃料电池堆设计的关键技术。燃料电池堆通常由数百节单电池串联而成，而反应气、生成水、制冷剂等流体通常是并联或按特殊设计的方式（如串并联）流过每节单电池的。燃料电池堆的均一性是制约燃料电池性能的重要因素。

# 十二、我国燃料电池核心部件技术进展

目前我国燃料电池核心部件技术迭代十分迅速，详见表4-6。

表4-6　我国燃料电池核心部件技术状况

| 核心部件 | 技术状况 |
| --- | --- |
| 燃料电池发电系统 | 系统额定功率接近300kW，系统额定工况能量效率达43%，系统质量功率密度提升到902W/kg |
| 燃料电池堆 | 石墨堆：燃料电池堆额定功率达到309kW，功率密度达到4.7kW/L<br>金属堆：燃料电池堆额定功率达到300kW，功率密度达到6.2kW/L |
| 膜电极 | 单片有效面积从260～350cm² 向400cm² 以上延伸<br>膜电极功率密度从1.0～1.3W/cm² 向1.5～1.8W/cm² 提升 |

| 核心部件 | 技术状况 |
|---|---|
| 质子交换膜 | 质子交换膜国产化率不断提升，已超过 20%<br>乘用车用耐低湿、高温薄膜，厚度达到 8μm |
| 催化剂 | 催化剂国产化率不断提升，已接近 30%<br>催化剂铂载量≤ 0.3mg/cm$^2$ |
| 气体扩散层 | 炭纸已经能够批量生产，但国产化率不高<br>国内气体扩散层的电流密度为 1.5A/cm$^3$，而国外先进的气体扩散层的电流密度达到 2.5 ～ 3.0A/cm$^3$ |
| 双极板 | 石墨板：厚度达到 1.6mm<br>金属板：厚度达到 0.075mm（基材） |
| 空压机 | 转速达到 15 万转 /min，具有能量回收功能 |
| 氢循环 | 采用双引射器；由罗茨泵向漩涡泵发展；引射器 + 氢循环泵 |
| 增湿器 | 能够给≥ 200kW 的燃料电池发电系统配套增湿器 |

## 十三、燃料电池的技术竞争力

为了提高燃料电池电动汽车的竞争力，必须提高燃料电池的技术竞争力。燃料电池的技术竞争力见表 4-7。

表4-7　燃料电池的技术竞争力

| 技术竞争力 | 趋势 | 影响因素 | 变化趋势分析 |
|---|---|---|---|
| 燃料电池成本 | 降低 | 技术、产量 | 近几年，国产燃料电池堆成本从 7000 ～ 8000 元 /kW 降到低于 3000 元 /kW，国产质子交换膜售价为 800 ～ 1000 元 /m$^2$，后续燃料电池堆成本和质子交换膜售价将进一步降低 |
| 储氢成本 | 降低 | 材料、技术 | 车载储氢罐碳纤维的原材料依赖进口，技术标准缺失和技术成本高等因素制约着储氢价格。随着技术进步，储氢罐的成本也在不断下降 |
| 绿氢成本 | 降低 | 电价 | 绿氢主要来源于可再生能源制氢，如光电和风电等。光电和风电投资成本不断下降，降低了绿氢成本 |
| 电解槽 | 降低 | 推广率 | 电解槽是可再生能源制氢的关键设备，其技术路线、性能水平、成本是重要发展因素。质子交换膜电解水和碱性电解水技术目前已商业化推广，未来具备较强的商业价值 |
| 功率密度 | 提升 | 技术、材料 | 目前燃料电池的功率密度较低，但随着技术的发展，其功率密度也在不断提升。如丰田 Mirai 第二代燃料电池堆功率密度达到 5.4kW/L，比第一代燃料电池堆功率密度高出 1.5 倍 |
| 氢耗 | 降低 | 车型、技术 | 氢燃料电池重卡耗氢量为 10kg/100km 左右，按照补贴后氢气价格 35 元 /kg 测算，与燃油车成本基本持平，可视为重卡领域减排脱碳的重要替代方案与发展方向。随着成本和氢耗降低，燃料电池重卡将具备与纯电动重卡相比更优的经济性 |

## 十四、燃料电池的发展现状与趋势

### 1. 燃料电池的发展现状

（1）核心零部件研发逐步深入，性能逐年提升　燃料电池的性能水平极大地取决于其关键零部件的性能。目前国际市场上的膜电极功率密度为 $1.4 \sim 1.6W/cm^2$，国内的膜电极功率密度已达到 $1.4W/cm^2$ 左右。而随着新型催化剂、有序化膜电极制备技术、高效质子交换膜技术等方面的突破，膜电极功率密度可继续提高，有望达到 $2W/cm^2$ 以上。提高膜电极功率密度对燃料电池降本增效十分关键。在燃料电池功率相同的情况下，膜电极的功率密度提高一倍，可以约降低膜面积或膜片数一半，从而节约一半质子交换膜、气体扩散层、双极板等的需求，降低生产成本与燃料电池体积。质子交换膜厚度不断减小，质子电导率提升；国产产品性能接近国际先进水平。国内车规级质子交换膜以美国戈尔的产品为主，且仍在不断进行产品升级，降低厚度，提高电导率。2022 年左右开始推广 8μm 质子交换膜，此外实验室还在开发 5μm 产品。国内山东东岳、国电投武汉绿动等企业已实现质子交换膜量产，厚度最低可达 8μm，在质子电导率、机械强度等方面也已达到国际同类竞品水准，且已实现了超百辆燃料电池电动汽车的装车使用与验证。但是，保证 8μm 质子交换膜长寿命以及稳定性难度较高，推广难度高，预计短期内国内产品仍以 10μm 以上为主。

（2）燃料电池堆体积功率密度逐渐提高　2019 年，国内石墨板燃料电池堆体积功率密度不到 4kW/L。到 2022 年，国内石墨板燃料电池堆体积功率密度最高已达到 4.9kW/L，且多款达到 4.5kW/L；同时，新发布的金属板电堆中，体积功率密度最高达到了 6.4kW/L 以上。国产燃料电池体积功率密度已居于国际领先地位。

（3）系统总功率继续攀升　根据工信部数据，2018 年，国内燃料电池重卡的单台系统功率最高仅 63kW；到 2021 年，燃料电池重卡的单台系统功率提高到 162kW。到 2022 年，燃料电池重卡的单台系统功率最高仍为 162kW，但 14t 以下的燃料电池电动汽车最高系统功率由 2021 年的 110kW 提高到了 121kW；同时，2022 年多家燃料电池企业发布了 200kW 以上乃至 250kW 以上的燃料电池产品。

### 2. 燃料电池的发展趋势

（1）加速推进质子交换膜的研究　质子交换膜作为氢燃料电池内部的核心部件，目前虽已研制出相应的交换膜在市场上应用，但应用到实际中发现，其效率低且成本较高，成为当下氢燃料电池发展的瓶颈之一。因此，通过寻找新型材料（如聚醚醚酮、壳聚糖等）对材料分子结构、官能团进行改造等方法实现膜的稳定化、高质子传导率化、低成本化，使燃料电池达到耐久性的要求，将会是未来研究的热门之一。

（2）积极探索寻找低成本、高效率的催化剂　催化剂促进燃料电池内的化学反应，对于氢燃料电池的应用非常重要。现在市场上的氢燃料电池催化剂主要是铂基催化剂，成本高，耐久性差。加速低成本、高效率催化剂的研究是当前普及氢燃料电池电动汽车的必经之路。因此，金属表面改性、合金研制、非金属复合材料改造、石墨烯应用技术的开发等研究方向，将会是未来开发高活性、高稳定性、高抗衰性氢燃料电池催化剂的重点方向之一。

（3）有效推动双极板材料改性和流场设计共同发展　双极板材料的性质及价格会影响氢燃料电池的寿命、使用感和制作成本；流场的合理设计影响电池内部的排水效果和工作效率。因此，寻找合适的双极板材料、设计合理的双极板的构型都是必不可少的工作。通过对成本低、导电性高的金属性双极板进行表面改性，以合适的涂层为辅助，提高其耐腐蚀性和稳定性以及结合仿生学、自然规律等帮助，加强对极板表面的流场创新性研究，都将会是未来增强双极板性能、延长氢燃料电池寿命的重点方向之一。

（4）空压机的合理制造　空压机作为空气供应系统的主要部件，其性能的优劣将会显著影响氢燃料电池的使用感和电机的效率。因此，通过选择合适的空压机并对其进行改造后应用到燃料电池中，降低燃料电池成本，是当前空压机研究的核心。离心式和涡旋式空压机具有低成本、高稳定等特点，将会是未来空压机优化改造、燃料电池效率提高的重点。

（5）合理发展制氢、氢纯化和储氢技术　氢气价格居高不下，不仅与当前氢燃料电池电动汽车未普及有关，还与氢气的制造成本高、纯化难、氢气储存罐技术难关未攻破有关。因此，加快氢气制造产业整合，研究新型制氢技术，开发氢气纯度实时检测系统，优化膜分离技术等氢气纯化方式，突破氢气储存 70MPa 瓶颈，研制氢气储存罐新型材料，都是当下研究的热点方向。同时，发展固态和液态储氢技术也将会是促进氢燃料电池发展的途径之一。

# 第六节　加氢站

加氢站作为氢能应用的重要保障，是氢燃料电池汽车实现商业化的关键基础设施，加氢站的建设数量和普及程度决定了氢燃料电池汽车的商业化进程。加氢站与燃料电池汽车的关系，犹如加油站与传统燃油汽车、充电站与纯电动汽车的关系，是支撑氢能产业链发展必不可少的基石。

## 一、加氢站的分类

加氢站是氢燃料电池产业化、商业化的重要基础设施，是氢能在交通领域应用的重要支撑。通过将不同来源的氢气利用压缩机增压储存在站内的高压罐中，再通过加氢机为燃料电池汽车加注氢气。

2022 年年底，全球共有 814 座加氢站投入运营，我国已经建成 310 座加氢站，是全球加氢站数量最多的国家。全国很多地方都制定了促进氢能发展的各种政策，加氢站的建设也将进入快速发展时期。

加氢站的划分有多种方法，可以根据氢气来源划分、根据加氢站内氢气储存相态划分、根据供氢压力等级划分、根据国家标准划分。

### 1.根据氢气来源划分

根据氢气来源不同，加氢站分为站外供氢加氢站和站内制氢加氢站。

（1）站外供氢加氢站　站外供氢加氢站是指通过长管拖车、液氢槽车或管道输送氢气至加氢站，在站内进行压缩、存储、加注等操作。

（2）站内制氢加氢站　站内制氢加氢站是指在加氢站内配备了制氢系统，得到的氢气经纯化、压缩后进行存储、加注。站内制氢包括电解水制氢、天然气重整制氢等方式，可以省去较高的氢气运输费用，但是增加了加氢站系统复杂程度和运营水平。

加氢站工艺流程如图 4-45 所示。

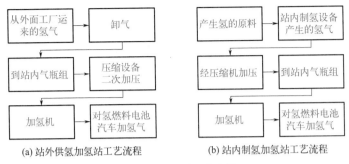

(a) 站外供氢加氢站工艺流程      (b) 站内制氢加氢站工艺流程

图 4-45 加氢站工艺流程

## 2. 根据加氢站内氢气储存相态划分

根据加氢站内氢气相态不同，加氢站分为气氢加氢站和液氢加氢站。

（1）气氢加氢站 气氢加氢站是指通过外部供氢和站内制氢获得氢气后，经过调压和干燥系统处理后转化为压力稳定的干燥气体，随后在氢气压缩机的输送下进入高压储氢罐储存，最后通过氢气加注机为燃料电池电动汽车进行加氢。

（2）液氢加氢站 液氢加氢站由液氢储罐、高效液氢增压泵、高压液氢气化器及氢气储罐、加氢机和控制系统等关键模块组成。由于液氢温度低，需要在换热器中与空调载冷剂换热后再通入车厢。

加氢站原理如图 4-46 所示。

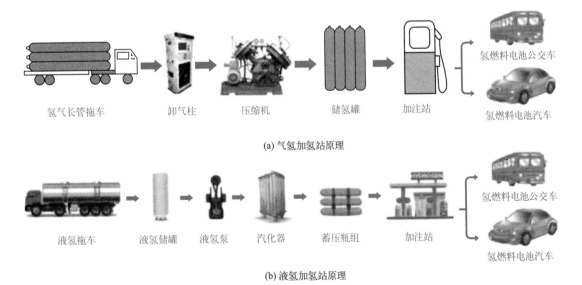

(a) 气氢加氢站原理

(b) 液氢加氢站原理

图 4-46 加氢站原理

## 3. 根据供氢压力等级划分

根据供氢压力等级不同，加氢站有 35MPa 和 70MPa 压力供氢两种。用 35MPa 压力供氢时，氢气压缩机的工作压力为 45MPa，高压储氢瓶工作压力为 45MPa，一般供乘用车使用；用 70MPa 压力供氢时，氢气压缩机的工作压力为 98MPa，高压储氢瓶工作压力为 87.5MPa。

### 4. 根据国家标准划分

根据国家相关标准，加氢站分为独立加氢站、加氢合建站。

（1）独立加氢站　独立加氢站是指为氢能车辆，包括氢燃料电池车辆或氢气内燃机车辆或氢气混合燃料车辆等的车用储氢瓶充装燃料的固定的专门场所，如图 4-47 所示。

图 4-47　独立加氢站

（2）加氢合建站　加氢站与汽车加油、加气站和电动汽车充电站等设施两站合建或多站合建的场所称为加氢合建站，如图 4-48 所示。

图 4-48　加氢合建站

## 二、加氢机

加氢机是指给燃料电池电动汽车提供氢气燃料充装服务，并带有计量和计价等功能的专用设备，如图 4-49 所示。

图 4-49　加氢机

加氢机系统通常主要由高压氢气管路及安全附件、质量流量计、加氢枪、控制系统和显示器等组成，其典型流程如图 4-50 所示。图中虚线框内为加氢机的主要组成部分，虚线框外是加氢机与外部的主要接口。氢气从气源接口进入加氢机进气管路，依次经过气体过滤器、进气阀、质量流量计、加氢软管、拉断阀、加氢枪后通过燃料电池电动汽车加氢口充入车载储氢瓶。加氢机的控制系统自动控制加氢过程，并与加氢站站控系统、汽车加氢通信接口等实时通信。

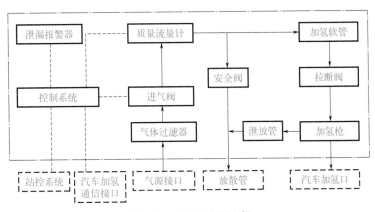

图 4-50　加氢机典型流程

## 三、加氢口

加氢口是指燃料电池电动汽车上与加氢枪相连接的部件总成，如图 4-51 所示。加氢口外保护盖内侧应有明显的工作压力、氢气标志等，如"35MPa、氢气""70MPa、氢气""35MPa、$H_2$""70MPa、$H_2$"。

图 4-51 加氢口

加氢口有以下性能要求。

（1）气密性要求　按规定方法进行气密性试验，首先用检漏液检查，如果 1min 之内无气泡产生则为合格；如果有气泡产生，则继续采用检漏仪或其他方式进行测量，其等效氢气泄漏率（标准状况）不应超过 0.02L/h。

（2）耐震性要求　按规定的方法进行耐震性试验后，所有连接件都不应松动，其气密性符合要求。

（3）耐温性要求　按规定的方法进行耐温性试验后，不应有气泡产生。

（4）液静压强度要求　加氢口的承压零件按规定的方法进行液静压强度试验后，应不出现任何裂纹、永久变形。

（5）耐久性要求　加氢口的单向阀按规定进行耐久性试验后，不应出现异常磨损，且应符合气密性的要求和液静压强度的要求。

（6）耐氧老化要求　加氢口与氢气接触的密封件，按照规定的方法进行耐氧老化试验后，不应出现明显变形、变质、斑点及裂纹等现象。

（7）耐臭氧老化要求　加氢口与空气接触的密封件，按照规定的方法进行耐臭氧老化试验后，不应出现明显变形、变质、斑点及裂纹等现象。

（8）相容性要求　加氢口与氢气接触的非金属零件，按规定的方法进行相容性试验后，其体积膨胀率应不大于 25%，体积收缩率应不大于 1%；质量损失率应不大于 10%。

（9）耐盐雾腐蚀要求　按规定方法进行耐盐雾腐蚀试验后，加氢口不应出现腐蚀或保护层脱落的迹象；加氢口应符合气密性的要求。

（10）耐温度循环性要求　按规定的方法进行耐温度循环性试验，试验中气体压力不应低于 70% 的公称工作压力，试验后加氢口应符合气密性要求和液静压强度要求。

## 四、加氢枪

加氢枪安装在加氢机加氢软管末端，用于连接加氢机与车辆的加注接口。加氢枪主要有 35MPa 和 70MPa 两种。加氢枪工作压力为 35MPa 时，主要用于公交车、城市物流车的充氢需求；70MPa 加氢系统因其单位体积气瓶充氢质量高的特点，用以满足需要长行驶要求的轿车和重型卡车等。轿车加注时间约为 3min，大客车和重卡加注时间约为 10min。

加氢枪的结构如图 4-52 所示。其质量为 2.4kg，额定工作压力为 70MPa，最大工作压力为 87.5MPa，工作温度为 -40 ～ 85℃，吹扫流量（标准状况）为 500L/h。

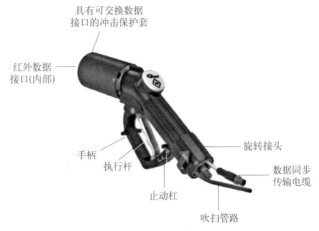

图 4-52　加氢枪的结构

加氢枪具有开关控制、吹扫系统（氮气系统）、回收检测以及加满自动关闭等功能。带有可更换的喷嘴接收器，可在不使用时冲洗加注喷嘴。配有吹扫管路，允许在加注过程中或之后用氮气冲洗软管，这样可以防止在加注预冷氢气时水分的进入和冰晶的形成。

带有红外通信功能的加氢枪需要配备红外通信模块，它位于加氢枪的前端，使得车辆和加氢站之间的数据信息传输更加流畅，可以读取到加氢工作中氢瓶压力、温度、容量等信息，确保加氢的安全性，从而实现最佳加注水平。

## 五、制氢加氢一体化站

制氢加氢一体化站是指在加氢站内设置制氢设备。制氢加氢化一体站的流程及主要设备相对简约，它采用"分布式制氢＋站内加注设备"提供稳定氢源的氢气供应方式，可以实现氢气的现制现用、自给自足，最大限度减少氢气储运过程带来的高额费用和安全风险，能有效降低车用加氢站氢源成本，降低氢燃料电池汽车用氢价格，并且省去了氢气运输成本，避免了高压卸气、加气、运输环节的安全隐患，同时可作为加氢母站向周边加氢站供氢，帮助"氢荒"地区解决气源供应问题。

图 4-53 所示为某天然气制氢加氢一体化站的工艺流程，主要工艺装置包括天然气重整制氢设备、天然气变压吸附设备、储氢设备、氢气压缩机及加氢机等。

① 原料天然气通过转化炉预热到 280℃进入脱硫槽，脱硫槽内的二氧化锰及氧化锌脱硫剂将天然气中的硫质量浓度降至 0.02mg/m³ 之下，以满足后续反应要求。脱硫后的天然气与饱和蒸汽混合，进入转化炉预热盘管进一步加热到 550℃，在转化炉辐射段发生转化反应。转化反应为

$$CH_4 + H_2O \longrightarrow CO + 3H_2$$

② 转化后产品气温度约为 800℃，进入废热锅炉及换热器，给锅炉用脱盐水预热，产品气降温至 330℃后进入中变炉，发生变换反应。变换反应为

$$CO + H_2O \longrightarrow CO_2 + H_2$$

③ 变换反应为放热反应，变换后产品气再次进入废热锅炉及换热器，与锅炉用脱盐水换热进行降温。产品气降温至 50℃后进入中变气冷却分离器，分离出来的冷凝液可接入脱盐水系统或通过地沟排放。

④ 产品气进入 PSA 变压吸附装置。经过 PSA 变压吸附后的氢气纯度及杂质含量满足燃料电池汽车用燃料标准。吸附塔再生过程中产生主要组分为甲烷、氢气、一氧化碳及二氧化碳的解析气，用作转化炉的燃料，既可以解决再生尾气排放问题，又能节约燃料天然气的消耗。

⑤ 将 2.0MPa 氢气送至加氢装置。首先通过储氢压缩机将氢气压力升至 20MPa，并充入低压储氢瓶组中。再通过加氢压缩机将氢气进一步升至 45MPa，并分别充入高、中、低压储氢瓶组。加氢机根据燃料电池汽车内储气瓶压力情况选择合适压力的储氢瓶组进行供气。站内设置氢气充装卸气柜一套。当站内生产氢气大于加氢需求时，可通过氢气长管拖车将多余氢气运走。当站内氢气不能满足加氢需求时，可用外来氢气补充。

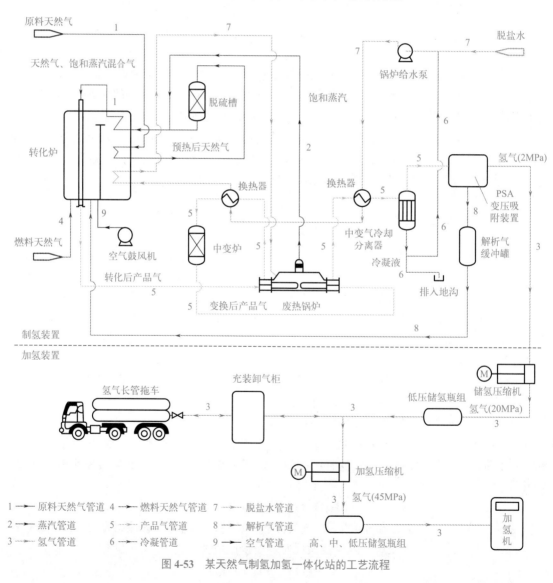

图 4-53 某天然气制氢加氢一体化站的工艺流程

站内所需原料天然气引自本站旁天然气调压站，制氢规模 1000kg/d，35MPa 加氢设备两套，并预留 70MPa 加氢能力。

除天然气制氢加氢一体化站外，还有电解水制氢加氢一体化站和甲醇制氢加氢一体化站等。

图 4-54 所示为某电解水制氢加氢一体化站的工艺流程。电解水制氢装置将水进行电解，生成氢气，氢气经过纯化设备后，进入一级加压系统，将氢气压力从 1.5MPa 加压至 20MPa，送入氢气管束，一期工程设置 200m³/h（标准状况）电解水制氢装置，二期工程设置 1000m³/h（标准状况）电解水制氢装置。一期工程设置 1 套高压储氢罐，单套容积为 26m³，压力为 20MPa，二期工程增加 3 套高压储氢罐，单套容积为 26m³，压力为 20MPa。同时设置外运长管拖车位，一用一备，单辆拖车容量 370kg。加氢站系统容量为 500kg/d，压力为 20MPa 的高压氢气经过二级压缩机压缩后送至 45MPa 高压氢气储罐（总容积为 9m³），然后设置 35MPa 加氢机给氢燃料电池汽车进行加注。

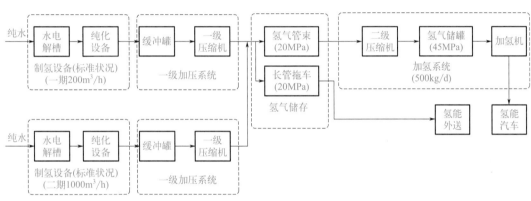

图 4-54　某电解水制氢加氢一体化站的工艺流程

由中国石化北方能源（大连）有限公司建设的国内首个分布式甲醇制氢加氢一体化站在大连自贸区正式投用，如图 4-55 所示。该站采用了制、储、加、运一体化发展的全产业链模式。相比传统加氢站，该站增加了制造环节，用氢成本约可降低 20% 以上。目前，该站每天可产出 1000kg 99.999% 的高纯度氢气，约可满足 100 辆氢能公交车的加注服务。

图 4-55　中国石化大连甲醇制氢加氢一体化站

# 第七节　氢能应用产业发展实施路径

## 一、有序推进交通领域示范应用

立足本地氢能供应能力、产业环境和市场空间等基础条件，结合道路运输行业发展特点，重点推进氢燃料电池中重型车辆应用，有序拓展氢燃料电池等新能源客、货汽车市场应用空间，逐步建立燃料电池电动汽车与锂电池纯电动汽车的互补发展模式。积极探索燃料电池在船舶、航空器等领域的应用，推动大型氢能航空器研发，不断提升交通领域氢能应用市场规模。

在矿区、港口、工业园区等运营强度大、行驶线路固定区域，探索开展氢燃料电池货车运输示范应用及 70MPa 储氢瓶车辆应用验证。在有条件的地方，可在城市公交车、物流配送车、环卫车等公共服务领域，试点应用燃料电池商用车。结合重点区域生态环保需求和电力基础设施条件，探索氢燃料电池在船舶、航空器等领域的示范应用。

例如，2023 年 8 月 15 日上午，"氢装上阵，向绿而行，携手共筑低碳未来"主题活动在天津港保税区临港区域天津市氢能示范产业园广场举行。保税区启动了首批氢燃料电池重卡示范运营项目。本次交付的 49t 氢燃料电池重卡满载综合工况续驶里程 ≥ 400km，适合多种运营场景。该批车辆所搭载的大功率燃料电池系统具备高效率、高集成、高耐久、低氢耗、高安全等技术特点，且补能速度快、续航里程长。此批车辆投入运营后，将为天津持续扩大氢能运输示范场景、能源结构调整、绿色化转型提供有力保障。

图 4-56 所示为示范用的氢燃料电池重卡。

图 4-56　示范用的氢燃料电池重卡

## 二、积极开展储能领域示范应用

发挥氢能调节周期长、储能容量大的优势，开展氢储能在可再生能源消纳、电网调峰等应用场景的示范，探索培育"风光发电＋氢储能"一体化应用新模式，逐步形成抽水蓄能、电化学储能、氢储能等多种储能技术相互融合的电力系统储能体系。探索氢能跨能源网络协同优化潜力，促进电能、热能、燃料等异质能源之间的互联互通。

重点在可再生能源资源富集、氢气需求量大的地区，开展集中式可再生能源制氢示范工程，探索氢储能与波动性可再生能源发电协同运行的商业化运营模式。鼓励在燃料电池汽车示范线路等氢气需求量集中区域，布局基于分布式可再生能源或电网低谷负荷的储能/加氢一体站，充分利用站内制氢运输成本低的优势，推动氢能分布式生产和就近利用。

例如，宁夏太阳能电解制氢储能及综合应用示范项目，该项目是国内最大一体化可再生能源制氢储能项目，将涉及太阳能电解水制氢、氢气储运、加氢站、氢能交通示范应用、与现代煤化工耦合制高端化工新材料等多个领域，对推广发展清洁"绿氢"具有重要的示范作用。该项目总投资 14 亿元，新建 2 万立方米/时（标准状况）电解水制氢装置及配套公辅设施和 2×100MW 复合型光伏电站、宁东能源中心示范站，1 座银川 1000kg/d 加氢站，并将企业现有的 2 座油气共建站改造成油、气、氢共建示范站。另外，通过与城市氢能源示范公交线路协作等方式多维度实现太阳能制氢、氢气储运、氢能利用全流程一体化"绿氢"应用。

## 三、合理布局发电领域多元应用

根据各地既有能源基础设施条件和经济承受能力，因地制宜布局氢燃料电池分布式热电联供设施，推动在社区、园区、矿区、港口等区域内开展氢能源综合利用示范。依托通信基站、数据中心、铁路通信站点、电网变电站等基础设施工程建设，推动氢燃料电池在备用电源领域的市场应用。在可再生能源基地，探索以燃料电池为基础的发电调峰技术研发与示范。结合偏远地区、海岛等用电需求，开展燃料电池分布式发电示范应用。

结合增量配电改革和综合能源服务试点，开展氢电融合的微电网示范，推动燃料电池热电联供应用实践。鼓励结合新建和改造通信基站工程，开展氢燃料电池通信基站备用电源示范应用，并逐步在金融、医院、学校、商业、工矿企业等领域引入氢燃料电池应用。

例如，宁波慈溪氢电耦合直流微网示范工程位于慈溪滨海经济区，将氢能与风力、光伏等可再生能源耦合运行，在能源供给侧促进清洁能源 100% 消纳，减少供给侧碳排放。同时，通过氢能支撑的微网，满足用户对电、氢、热多种能源的需求，实现从清洁电力到清洁气体能源转化及供应的全过程零碳，助力氢能终端应用，加速消费侧深度脱碳。投运后，每日可满足慈溪滨海经济开发区 10 辆氢能燃料电池公交车加氢、50 辆纯电动汽车直流快充需求。未来，将形成集科研、制取、储运、交易、应用为一体的氢能产业体系，加速当地氢能产业集群高质量发展。

## 四、逐步探索工业领域替代应用

不断提升氢能利用经济性，拓展清洁低碳氢能在化工行业替代的应用空间。开展以氢作为还原剂的氢冶金技术研发应用。探索氢能在工业生产中作为高品质热源的应用。扩大工业领域氢能替代化石能源应用规模，积极引导合成氨、合成甲醇、炼化、煤制油气等行业由高碳工艺向低碳工艺转变，促进高耗能行业绿色低碳发展。

结合国内冶金和化工行业市场环境及产业基础，探索氢能冶金示范应用，探索开展可再生能源制氢在合成氨、甲醇、炼化、煤制油气等行业替代化石能源的示范。

例如，国际氢能冶金化工示范区项目是全球首个实现碳中和的氢能冶金化工综合示范项目，也是国家氢能产业创新中心示范项目，由明拓集团有限公司和国际氢能中心合作建设。氢能冶金化工综合示范项目以零碳排放的可再生能源电解水制绿氢为切入点，围绕可再生能源全部就地消纳模式，建设全国规模最大的500万千瓦风力发电、150万千瓦光伏发电和30万吨电解水制绿氢项目；围绕以绿氢作为还原剂，建设我国首台（套）氢直接还原技术的2×55万吨直接还原铁和80万吨铁素体不锈钢绿色冶金项目，并逐步形成绿色低碳冶金产业群；围绕以绿氢、空气捕捉的氮为原料，建设中国首台（套）氢电催化合成技术的30万吨绿氢、120万吨绿氨化工项目，推动形成绿色低碳化工产业链，实现冶金化工产业的全面碳中和。

# 参 考 文 献

[1] 崔胜民.燃料电池与燃料电池电动汽车 [M].北京：化学工业出版社，2022.

[2] 中华人民共和国国家质量监督检验检疫总局.GB/T 20042.1—2017：质子交换膜燃料电池　第 1 部分：术语 [S].北京：中国标准出版社，2017.

[3] 国家电投集团氢能产业创新中心.氢能百问 [M].北京：中国电力出版社，2022.

[4] 梁严，吴旋，王军，等."双碳"背景下天然气制氢先进技术及应用场景 [J].当代化工研究，2023（16）：101-103.

[5] 黄燕青，陈辉.丙烷脱氢工艺对比 [J].山东化工，2020，49（15）：89-92.

[6] 李雅欣，何阳东，刘韬，等.甲烷裂解制氢工艺研究进展及技术经济性对比分析 [J].石油与天然气化工，2022，51（3）：38-46.

[7] 欧正佳，郝兰锁，骆鑫雨，等.氢气纯化和压缩技术研究进展 [J].油气与新能源，2023，35（3）：39-47.

[8] 王昊成，杨敬瑶，董学强，等.氢液化与低温高压储氢技术发展现状 [J].洁净煤技术，2023，29（3）：102-113.

[9] 孙潇，朱光涛，裴爱国，等.氢液化装置产业化与研究进展 [J].化工进展，2023，42（3）：1103-1117.

[10] 宋鹏飞，张超，肖立，等.我国站内小型撬装天然气制氢技术现状与发展趋势 [J].低碳化学与化工，2023，48（1）：164-169.

[11] 周忻吾，胡周海，黄一兴，等.制氢加氢一体化站自控系统设计 [J].煤气与热力，2022，42（6）：19-23.